Guttentagsche Sammlung
Nr. 212 Deutscher Reichsgesetze Nr. 212
Kommentare und erläuternde Textausgaben

Wasser- und Bodenverbandrecht

erläutert von

Dr. Alfred Bochalli
Regierungspräsident a. D.
Gerichtl. Sachverständiger
für Wasser- u. Wegesachen
in Münster i. W.

und

Karl Linckelmann
Rechtsanwalt in Hannover

**Gleichzeitig
zweite vermehrte und verbesserte Auflage
des Kommentars zum Wasserverbandgesetz und
zur 1. Wasserverbandverordnung von Dr. Bochalli**

Walter de Gruyter & Co. / Berlin 1949

vormals G. J. Göschen'sche Verlagshandlung — J. Guttentag, Verlagsbuchhandlung — Georg Reimer — Karl J. Trübner — Veit & Comp.

Archiv-Nr. 21 1 212

Druck von Dr. F. P. Datterer & Cie., Freising.

Vorwort zur zweiten Auflage.

Bei der Besprechung der ersten Auflage des Kommentars in der Zeitschrift für Agrar- und Wasserrecht (Bd. 24 § 187) hat der verstorbene Ministerialdirektor Niermann, der Leiter der wasserwirtschaftlichen Abteilung des Reichsernährungsministeriums im Jahre 1938 das Buch als einen zuverlässigen Führer bezeichnet, dessen besonderer Vorzug darin bestehe, daß es die Judikatur in umfangreichem Maße heranziehe und würdige und daß es ferner auf diejenigen Rechtsfragen eingehe, die, ohne Wasserverbandrecht zu sein, dem allgemeinen Wasserrechte angehörten.

In der nunmehr erforderlich gewordenen zweiten Auflage mußten die zur Ausführung der Wasserverbandverordnungen ergangenen Vorschriften, Verordnungen und Ministerialerlasse sowie die einschlägigen Gesetze und Verordnungen der Militärregierungen berücksichtigt werden.

Die Verfasser der zweiten Auflage haben sie in allen Teilen gemeinsam bearbeitet. Sie konnten dabei ihre langjährigen, in der praktischen Anwendung des Wasserverbandrechts gewonnenen Erfahrungen verwerten. Der erstere hat 40 Jahre lang in der Verwaltung und in der Verwaltungsgerichtsbarkeit die Angelegenheiten der Wasser- und Bodenverbände bearbeitet, der zweite war über 20 Jahre als Geschäftsführer des Reichsverbandes der Wasser- und Bodenverbände, später der Vereinigung deutscher Wasser- und Bodenverbände.

Mai 1949. **Die Verfasser.**

Seite

Inhaltsübersicht.

Abkürzungs- und Literaturverzeichnis 13
Vorbemerkung zum Kommentar 17
Grundzüge der Wasserverbandverordnung 22
Gesetz über Wasser- und Bodenverbände (Wasserverbandgesetz, WVG.)
vom 10. Februar 1937 27
Erste Verordnung über Wasser- und Bodenverbände (Erste Wasserverbandverordnung. WVO.)
vom 3. September 1937 31
Erster Teil.
Das Recht des Wasser- und Bodenverbandes 32
I. Abschnitt.
Rechtsgestalt. Arten 32
§ 1. Rechtsgestalt. Arten 33
§ 2. Aufgaben 37
§ 3. Mitglieder 45
§ 4. Selbstverwaltung. Hoheitrechtliche Befugnisse 48
§ 5. Bezeichnung 50
§ 6. Sitz 50
§ 7. Gründung unanfechtbar 51
II. Abschnitt.
Verordnung und Satzung 52
§ 8. Inhalt der Verordnung 52
§ 9. Inhalt der Satzung 54
§ 10. Ergänzung. Änderung der Satzung 55
III. Abschnitt.
Mitgliedschaft 57
§ 11. Verzeichnis der Mitglieder 57
§ 12. Streit um die Mitgliedschaft 58

Seite

§ 13. Zuweisung neuer Mitglieder 59
§ 14. Entlassung von Mitgliedern 62
§ 15. Einmannverband 65
§ 16. Mitgliedschaft unanfechtbar 65

IV. Abschnitt.

Aufgabe und Unternehmen . . . 66

§ 17. Begriffe. Angabe in der Satzung. Verzeichnis . 66
§ 18. Änderung der Aufgabe 69
§ 19. Beschwerde über Änderung der Aufgabe. Inkrafttreten 70
§ 20. Aufsicht über das Unternehmen 70
§ 21. Änderung des Unternehmens, des Planes . . 72
§ 22. Benutzung der Grundstücke für das Unternehmen 73
§ 23. Deichvorland 76
§ 24. Grundstücke mit öffentlichen Zwecken . . . 78
§ 25. Einwendungen gegen die Benutzung 78
§ 26. Entschädigung für die Benutzung 79
§ 27. Entschädigungsverfahren 82
§ 28. Nutzrechte 83
§ 29. Grunderwerb für das Unternehmen 85
§ 30. Enteignung für das Unternehmen 85
§ 31. Enteignung von Restgrundstücken 87
§ 32. Zulassung der Enteignung 87
§ 33. Verfahren der Enteignung 88
§ 34. Vollziehung der Enteignung 89
§ 35. Anwendung der Enteignungsgesetze 89
§ 36. Befugnisse der Verbände von Körperschaften 90
§ 37. Erleichterter Grunderwerb 91
§ 38. Bereinigung der Flureinteilung 92
§ 39. Freiheit von Gebühren 93
§ 40. Freiheit von Steuern 94
§ 41. Polizeiverordnung 98
§ 42. Verbandschau 99
§ 43. Die Schaubeauftragten 100
§ 44. Teilnahme der Behörden an der Schau . . 100
§ 45. Aufzeichnung. Schaubuch. Abstellung der Mängel 101

Seite

V. Abschnitt.

Verfassung

Verfassung 102
§ 46. Allgemeines 102
§ 47. Vorstand: Mitglieder, Stellvertretung 103
§ 48. Bildung des Vorstandes 105
§ 49. Geschäfte des Vorstehers, des Vorstandes. Vertreter 108
§ 50. Vertretung des Verbandes 110
§ 51. Sitzungen des Vorstandes 111
§ 52. Beschließen im Vorstande 112
§ 53. Aufgaben des Ausschusses 113
§ 54. Anzahl der Mitglieder des Ausschusses. Stellvertretung 114
§ 55. Wahl des Ausschusses 115
§ 56. Stimmrecht bei der Ausschußwahl 116
§ 57. Hilfe der Gemeinden bei der Ausschußwahl . 118
§ 58. Bestätigung des Ausschusses 118
§ 59. Sitzungen des Ausschusses 119
§ 60. Vorsitzer im Ausschusse. Teilnahme des Vorstandes 119
§ 61. Beschließen im Ausschusse 120
§ 62. Verbandversammlung 120
§ 63. Anhörung der Mitglieder des Verbandes . . 121

VI. Abschnitt.

Haushalt

Haushalt 122
§ 64. Wirtschaftliches, sparsames Haushalten . . 123
§ 65. Haushaltsplan 123
§ 66. Vermögen 126
§ 67. Tilgung der Schulden 126
§ 68. Kassenkredit 127
§ 69. Schuldübernahme 128
§ 70. Einnahmen 129
§ 71. Beiträge 129
§ 72. Aufstellung des Haushaltsplanes 130
§ 73. Festsetzung des Haushaltsplanes 131
§ 74. Nicht planmäßige Ausgaben 131
§ 75. Zwangsfestsetzung des Haushaltsplanes . . . 132
§ 76. Prüfung des Haushaltes 134
§ 77. Entlastung 136

Seite

VII. Abschnitt.

Beiträge der Mitglieder, der Nutznießer . 136

§ 78. Beitraglast 137
§ 79. Gegenstand der Beiträge 139
§ 80. Rechtliche Eigenschaft der Beiträge 141
§ 81. Allgemeine Maßstäbe des Beitragsverhältnisses 143
§ 82. Besondere Maßstäbe des Beitragsverhältnisses 146
§ 83. Ausfall von Beiträgen 148
§ 84. Befreiung von Beiträgen 149
§ 85. Schutz der Gläubiger 149
§ 86. Ermittlung des Beitragverhältnisses 150
§ 87. Beitragbuch. Rechtsmittel 150
§ 88. Änderung des Beitragbuches 153
§ 89. Festsetzung, Hebung der Geldbeiträge . . . 156
§ 90. Hebung ohne Beitragbuch 159
§ 91. Streit um Sachbeiträge 159
§ 92. Zuschläge bei Rückstand 160
§ 93. Zwangsvollstreckung 160
§ 94. Zwangsvollstreckung gegen Nutzberechtigte . 162
§ 95. Beiträge der Nutznießer 164

VIII. Abschnitt.

Ordnungsgewalt. Polizei . . . 167

§ 96. Ordnungsgewalt 168
§ 97. Ordnungsstrafen 169
§ 98. Rechtsmittel 171
§ 99. Zwang 172
§ 100. Rechtsmittel gegen Zwang 173
§ 101. Zwangsvollstreckung 174
§ 102. Deichpolizei 175
§ 103. Erweiterte Deichpolizei 176
§ 104. Allgemeines Polizeirecht 177
§ 105. Wahrnehmung der Deichpolizei 178
§ 106. Wasserwehr 180

IX. Abschnitt.

Dienstkräfte. Besoldung 181

§ 107. Vorgestzte. Einstellung der Dienstkräfte . . 182
§ 108. Geschäftsführer. Techniker. Kassenverwalter 185
§ 109. Besoldung 186
§ 110. Beamte 187

Seite

X. Abschnitt.

Aufsicht 189

§ 111. Inhalt der Aufsicht 189
§ 112. Ordentliche Aufsichtsbehörden 190
§ 113. Unterverbände 192
§ 114. Besondere Aufsichtsbehörden 193
§ 115. Örtliche Zuständigkeit 194
§ 116. Satzung 194
§ 117. Ausschaltung der Aufsichtsbehörde 195
§ 118. Beratende Stellen 195
§ 119 Überwachung der Unterverbände 197
§ 120. Teilnahme an Sitzungen 198
§ 121. Unterrichtung der Behörde. Aufsichtschau . 198
§ 122. Genehmigung von Geschäften 199
§ 123. Unwirksamkeit nicht genehmigter Geschäfte 202
§ 124. Aufhebung von Maßnahmen 203
§ 125. Anordnung von Maßnahmen 203
§ 126. Durchführung der Aufsicht 204
§ 127. Besetzung offener Stellen 204
§ 128. Amtsenthebung 204
§ 129. Untersagung der Geschäfte 205
§ 130. Staatsbeauftragter 206
§ 131. Beschwerde gegen Aufsichtsanordnungen . . 207
§ 132. Ansprüche gegen die Mitglieder des Vorstandes. Verträge 209

XI. Abschnitt.

Spruchbehörden 209

§ 133. Spruchstelle 210
§ 134. Örtliche Zuständigkeit 212
§ 135. Mitglieder 212
§ 136. Zusammensetzung zur Sache 213
§ 137. Weitere Beschwerde 214
§ 138. Oberste Spruchstelle 216
§ 139. Mitglieder 216
§ 140. Verfahrenkosten 217
§ 141. Anwendung der Umlegungsordnung 217
§ 142. Besondere Spruchstellen 218

Seite

Zweiter Teil.

Verfahren zur Umgestaltung, Gründung, Auflösung von Wasser- und Bodenverbänden 219

XII. Abschnitt.

Die Neugestaltung der alten Wasser- und Bodenverbände 219

§ 143. Organe im Übergang 220
§ 144. Vorübergehende Regelung 221
§ 145. Erlaß der Satzung 221
§ 146. Inhalt der Satzung. Verordnung 222
§ 147. Mitgliedschaft 223
§ 148. Plan des Unternehmens 224
§ 149. Verkündung der Satzung 224
§ 150. Neue Organe. Abwicklung von Übergangsmaßnahmen 225

XIII. Abschnitt.

Die Umwandlung der privatrechtlichen Verbände 226

§ 151. 226

XIV. Abschnitt.

Die Gründung des Wasser- und Bodenverbandes 227

§ 152. Gründungsbehörden 227
§ 153. Dingliche Mitglieder 230
§ 154. Nicht dingliche Mitglieder 232
§ 155. Mitglieder, die nur Anlagen dulden 233
§ 156. Urkundliche Grundlagen 233
§ 157. Plan 235
§ 158. Planarbeiten auf Grundstücken 237
§ 159. Mitgliederverzeichnis 238
§ 160. Satzung 239
§ 161. Bekanntmachung. Ladung 240
§ 162. Anhörung 242
§ 163. Erklärungen der Mitglieder 243
§ 164. Ordnung in den Versammlungen 246

Seite

§ 165. Feststellung des Verhandlungsergebnisses. Mehrheit 247
§ 166. Verhandlungsergebnis nicht entscheidend . . 248
§ 167. Entscheidung über Einwendungen 249
§ 168. Beschwerde 250
§ 169. Erlaß der Satzung 251
§ 170. Erlaß der Satzung bei Einwendungen . . . 252
§ 171. Berufung der Organe 253
§ 172. Freiheit von Gebühren 254
§ 173. Kosten der Gründung 255

XV. Abschnitt.

Die Umgestaltung der Wasser- und Bodenverbände 256

§ 174. Ausdehnung des Verbandes 257
§ 175. Neuverteilung, Vereinigung der Aufgaben . 258
§ 176. Neuverteilung, Vereinigung der Aufgaben alter Verbände 261

XVI. Abschnitt.

Die Auflösung des Wasser- und Bodenverbandes 262

§ 177. Voraussetzung 263
§ 178. Verkündung. Inkrafttreten 264
§ 179. Abwicklung 264
§ 180. Aufforderung der Gläubiger 265
§ 181. Geschäfte der Abwicklung 265
§ 182. Übergabe an die Anfallberechtigten 266
§ 183. Hinterlegung 266

Dritter Teil.

Allgemeines.

XVII. Abschnitt 267

§ 184. Erbbaurecht. Erbpacht 267
§ 185. Polizeirecht 268
§ 186. Gemeinderechtliche Abgaben 268
§ 187. Rechtsbehelfe 270
§ 188. Übergang für Verfahren 270
§ 189. Fachminister 271

Seite

§ 190. Ausführung der Verordnung 271
§ 191. Früheres Recht 271
§ 192. Inkrafttreten der Verordnung 274

Zweite Verordnung über Wasser- und Bodenverbände. (Zweite Wasserverbandverordnung) vom 20. April 1942 275

Dritte Verordnung über Wasser- und Bodenverbände. (Dritte Wasserverbandverordnung) vom 20. April 1943 275

Erste Ausführungsvorschriften (Erste Wasserverbandvorschriften) vom 19. Januar 1938 277

Satzungsmuster A für landwirtschaftliche Wasser- und Bodenverbände 306

Zweite Ausführungsvorschriften (Zweite Wasserverbandvorschriften) vom 18. August 1939 337

Satzungsmuster B für Wasserbeschaffungsverbände 338

Dritte Ausführungsvorschriften (Dritte Wasserverbandvorschriften) vom 15. Oktober 1041 353

Kosten im Gründungsverfahren

Vierte Ausführungsvorschriften (Vierte Wasserverbandvorschriften) vom 20. April 1942 360

Verfahrenskosten

Wortverzeichnis 371

Abkürzungs- und Literaturverzeichnis.

AG.	=	Ausführungsgesetz.
AGBGB.	=	Ausführungsgesetz zum Bürgerlichen Gesetzbuch vom 20. September 1899 (GS. S. 177).
Albers	=	Das Deichrecht im Amte Ritzebüttel, 1938.
AusfAnw.	=	Ausführungsanweisung.
AV.	=	Ausführungsvorschriften zur Ersten Verordnung über Wasser- und Bodenverbände vom 3. 9. 1937 (Erste bis Vierte Wasserverbandvorschriften).
BayerWG.	=	Bayerisches Wassergesetz vom 23. März 1907.
BGB.	=	Bürgerliches Gesetzbuch für das Deutsche Reich.
Bochalli	=	Bochalli, Wassergenossenschafts- und Deichrecht nach dem Preußischen Wassergesetz, 2. Aufl. 1925.
DBG.	=	Deutsches Beamtengesetz.
DGO.	=	Deutsche Gemeindeordnung.
DLZ.	=	Deutsche Landeskultur-Zeitung.
DurchfVdg.	=	Durchführungsverordnung.
EGBGB.	=	Einführungsgesetz zum Bürgerlichen Gesetzbuche.
Erl.	=	Erlaß.
GBO.	=	Grundbuchordnung für das Deutsche Reich vom 24. März 1897/20. Mai 1898 (RGBl. S. 754).
GewO.	=	Gewerbeordnung für das Deutsche Reich vom 26. Juli 1900.
GS.	=	Preußische Gesetzsammlung.
Gruchot	=	Gruchot, Beiträge zur Erläuterung des deutschen Rechts.

Holtz-Kreuz-Schlegelberger = Holtz-Kreuz, Das Preußische Wassergesetz, neu bearbeitet von Schlegelberger, Bd. I, 3. u. 4. Aufl. 1927; Bd. II, 4. Aufl. 1931.

JW. = Juristische Wochenschrift.

KAG. = Kommunalabgabengesetz vom 17. Juli 1893 (GS. S. 152).

v. Kamptz-Delius = v. Kamptz u. Dr. Delius, Die Rechtsprechung des Reichs- und Kammergerichts auf den Gebieten des öffentlichen Rechts.

KabO. = Kabinettsorder.

KG. bei Johow = Jahrbuch der Entscheidungen des Kammergerichts, Johow und Ring.

Kleinsorg = Kleinsorg, Die Mitgliedschaft in den Wasser- und Bodenverbänden 1938.

KO. = Konkursordnung (RGBl. 1898, S. 612, 1915, S. 327).

Kreuz = Kreuz, Landwirtschaftliche Abwasserverwertung gegen Hungersnot. Verlag M. H. Schaper, Hannover-Walthausen (Erstes Heft der Schriftenreihe für Landeskultur und Wasserwirtschaft der Vereinigung deutscher Wasser- und Bodenverbände).

Kümmel = Kümmel, Die Wandlungen vom preußischen Wassergenossenschafts- und Deichrecht zum Recht der Wasser- und Bodenverbände in der Zeitschrift für Agrar- und Wasserrecht **24**, 197 ff.

Li. = Linckelmann, Aufsätze in der DLZ.

LWA. = Entscheidungen des vormaligen Preußischen Landeswasseramtes.

LwRMBl. = Ministerialblatt für Landwirtschaft, Reichsministerialblatt der Landwirtschaftlichen Verwaltung.

LwMErl. = Erlaß des Ministers für Landwirtschaft, Domänen und Forsten.

MBliV. = Ministerialblatt der inneren Verwaltung.

MErl. = Ministerialerlaß.

Peltzer = Gesetz über die Bildung von Bodenverbesserungsgenossenschaften vom 5. Mai 1920, erläutert von Peltzer, 1921.

Pfundtner-Neubert, Das neue deutsche Reichsrecht.

PrKAG. = Preußisches Kommunalabgabengesetz vom 14. Juli 1893 (GS. S. 152).

PrOVG. = Entscheidungen des Preußischen Oberverwaltungsgerichts.

PrVBl. = Preußisches Verwaltungsblatt.

PrWG. = Preußisches Wassergesetz vom 7. April 1933 (GS. S. 53).

PVG. = Polizeiverwaltungsgesetz vom 1. Juni 1931 (GS. S. 77).

RdErl. d. R. u. PrM. f. E. u. L. = Runderlaß des Reichsministers für Ernährung und Landwirtschaft.

RGBl. = Reichsgesetzblatt.

RGZ. = Entscheidungen des Reichsgerichts in Zivilsachen.

RUO. = Reichsumlegungsordnung v. 16. Juni 1937 (RGBl. I S. 639).

RVBl. = Reichs- und Preußisches Verwaltungsblatt.

RV. = Reichsverfassung vom 11. August 1919 (RGBl. S. 1383).

RVG. = Entscheidungen des Reichsverwaltungsgerichts.

SächsWG. = Sächsisches Wassergesetz vom 12. März 1909.

SaMu. = Satzungsmuster für landwirtschaftliche Wasser- und Bodenverbände, Anlage zu den Ersten Wasserverbandvorschriften vom 19. Januar 1938 (LandwMBl. S. 40).

StGB. = Strafgesetzbuch für das Deutsche Reich vom 15. Mai 1871/26. Februar 1876.

StriethArch. = Striethorsts Archiv für Rechtsfälle.

Surén-Loschelder = Kommentar zur Deutschen Gemeidenordnung, 1935.

ThürWG. = Thüringisches Wassergesetz vom 21. Dezember 1932.

Tö.	= Wasserverbandverordnung, erläutert von Tönnesmann, 2. Aufl., 1941.
Vdg.	= Verordnung.
Vorbem.	= Vorbemerkung.
WaBo.	= Wasser und Boden, Monatsschrift, Verlag Keune, Hamburg.
WaWi.	= Die Wasserwirtschaft, Monatszeitschrift, Franckscher Verlag, Stuttgart.
WVG.	= Wasserverbandgesetz, Gesetz über Wasser- und Bodenverbände v. 10. Februar 1937 (RGBl. I S. 188).
WVO.	= Erste Verordnung über Wasser- und Bodenverbände (Erste Wasserverbandverordnung) vom 3. September 1937 (RGBl. I S. 933).
WürttWG.	= Württembergisches Wassergesetz vom 1. Dezember 1900.
Wüsthoff	= Wüsthoff, Handbuch des Deutschen Wasserrechts — Abschnitt 6 N. Wasser- und Bodenverband-Recht, 1949.
ZAgr.	= Zeitschrift für Agrar- und Wasserrecht.
Z. Ak.	= Zeitschrift der Akademie für deutsches Recht.
ZPO.	= Zivilprozeßordnung vom 30. Januar 1877/13. Mai 1924 (RGBl. I S. 437).
ZVG.	= Gesetz über die Zwangsversteigerung und die Zwangsverwaltung vom 24. März 1897/20. Mai 1898 (RGBl. S. 713).

Vorbemerkung zum Kommentar.

1. Die grundsätzliche Fortgeltung der Wasserverbandverordnung auch für die Zeit nach der Kapitulation wird von den zuständigen Ministerien der Länder in den westlichen Besatzungszonen, auf die sich dieser Kommentar bezieht, übereinstimmend angenommen. Am eingehendsten hat der Niedersächsische Minister für Ernährung, Landwirtschaft und Forsten in seinem Erlasse vom 20. Juni 1947 hierzu wie folgt Stellung genommen:

Bislang ist keine Änderung der Ersten Wasserverbandverordnung vom 3. September 1937 geplant, da ich annehme, daß die Bestimmungen über die Verfassung der Wasser- und Bodenverbände, richtig angewandt, eine Verwaltung der Verbandsgeschäfte nach den Grundsätzen der Demokratie und der Selbstverwaltung durchaus ermöglichen werden.

Für die Wasserverbandverordnung gelten wie für alle Gesetze die Auslegungsvorschriften des Artikels III des Gesetzes Nr. 1 der Militärregierung, wonach die Gesetze nicht nach nationalsozialistischen Grundsätzen ausgelegt werden dürfen.

Die Wasserverbandverordnung stellt in § 4 (1) den Grundsatz der Selbstverwaltung der Verbände auf. Die Befugnisse der Aufsichtsbehörden sollen sich nach dem Willen des Gesetzgebers auf das durch die öffentlichen Belange gebotene Maß beschränken und mit einer entsprechenden Zurückhaltung ausgeübt werden (vgl. hierzu

Tönnesmann, Wasserverbandverordnung, 2. Auflage 1941, Bemerkung 5 zu § 48).

Die Verbandsmitglieder sind auch nach dem geltenden Recht keineswegs, wie aus den Darlegungen des Berichts geschlossen werden könnte, von einer entscheidenden Mitwirkung bei der Auswahl der Mitglieder des Verbandsausschusses und des Verbandsvorstandes ausgeschlossen. Der Ausschuß wird von den Mitgliedern gewählt (§ 55). Er wird von der Aufsichtsbehörde bestätigt, wenn das vorgeschriebene Wahlverfahren ordnungsmäßig durchgeführt ist (§ 58). In seinem Erläuterungsbuch bemerkt hierzu Tönnesmann unter Ziffer 1: „Hier dringt also die Selbstverwaltung des Verbandes gegenüber der staatlichen Oberleitung durch."

In das Ermessen der Aufsichtsbehörde gestellt ist allerdings die Berufung des Verbandsvorstehers und seines Stellvertreters (§ 48). Die Auswahl der hierfür geeigneten Persönlichkeiten liegt aber dem Verbandsausschuß ob. Die Aufsichtsbehörde kann nach den gesetzlichen Bestimmungen nicht etwa andere Personen nach Belieben in den Vorstand berufen, sondern nur die Entscheidung der oberen Aufsichtsbehörde herbeiführen, wenn sie zwecks Sicherung der öffentlichen Belange dem Vorschlage des Ausschusses nicht folgen zu dürfen glaubt. Falls die obere Aufsichtsbehörde dieser Auffassung beitritt, ist der Ausschuß zu einem neuen Vorschlage befugt.

Das Recht der Behörde, den Vorsteher und seinen Stellvertreter zu berufen und die vom Ausschuß berufenen übrigen Vorstandsmitglieder zu bestätigen (§ 48 Abs. 4), wird im Regelfalle nur eine völlig formelle Bedeutung haben, da die Beteiligten in ihrem eigenen Interesse geeignete Persönlichkeiten für die Leitung der Verbandsgeschäfte auswählen und die Aufsichtsbehörden bei aller gebotenen Zurückhaltung (vgl. die oben angeführte Bemerkung 5 zu § 48) nur in einem denkbaren Notfalle eingreifen werden, um einen Mißbrauch des Selbstverwaltungsrechtes zu verhüten. Die Aufsichtsbehörden werden, wie ich nicht bezweifle, ein sicheres Empfinden für die Notwendigkeiten einer gesunden Selbstverwaltung haben und diese in jeder Weise zu fördern suchen.

Solange nicht praktische Erfahrungen zu einer anderen Beurteilung führen, sehe ich einstweilen noch keine Veranlassung zu einer Änderung des Satzungsmusters A hinsichtlich der §§ 12 und 18. Es ist wichtiger, die Gesetze bei ihrer praktischen Anwendung mit dem richtigen Geiste zu erfüllen, als den Wortlaut der Gesetze in allen Einzelheiten einer veränderten Staatsauffassung äußerlich anzugleichen pp.

In ähnlichem Sinne hat das hessische Ministerium für Ernährung, Landwirtschaft und Forsten sich in einem Erlaß vom 26. September 1947 geäußert. Es hebt insbesondere hervor, daß „die reichlich vorgesehenen ‚Kannvorschriften' ohnedies Freizügigkeit in der Anwendung fragwürdiger Bestimmungen ermöglichten".

Die Verfasser schließen sich dieser Auffassung an. Die Wasserverbandverordnung bietet in der Tat weitgehend die Möglichkeit einer demokratischen Handhabung. Soweit insbesondere die Bestimmungen über die Befugnisse der Aufsichtsbehörden nach heutigen Grundsätzen sehr weitgehen, darf von den Aufsichtsbehörden eine erheblich größere Zurückhaltung erwartet werden, als sie nach nationalsozialistischen Gesichtspunkten geboten war. Hinsichtlich der Verfassung der Verbände ermöglichen „Kannvorschriften", insbesondere § 48 Abs. 5 und § 55 Abs. 2 Wasserverbandverordnung schon heute die Wahl der Organe nach demokratischen Grundsätzen, wenn man will, ohne jede Einwirkung seitens der Aufsichtsbehörden. Ebenso ist auch eine stärkere Verschiebung der Ausführungsgewalt des Vorstehers auf den mehrgliedrigen Vorstand zulässig (§ 49 Abs. 1). Es kommt nur darauf an, daß diese Möglichkeiten auch ausgenutzt werden. Für die wichtigsten Fälle sind von uns Änderungsvorschläge zum Satzungsmuster gemacht worden (vgl. Anm. 5 zu § 48 WVO. und zu §§ 12, 14, 15 und 18 des Satzungsmusters). Diese Änderungen kommen nicht nur bei Neugründungen in Frage, sondern können auch in die bereits an die Wasserverbandverordnung angepaßten Satzungen übernommen werden. In einigen anderen Fällen ist eine freiere Auslegung am Platze, als sie ursprünglich gedacht war, oder es sind Mußvorschriften als Kannvorschriften aufzufassen (z. B. §§ 108, 109).

Für die Dauer wird zwar auch in formeller Beziehung eine Angleichung der Wasserverbandverordnung an die heutigen Grundsätze unter gleichzeitiger, besonders von den süddeutschen Ländern gewünschter Vereinfachung am Platze sein. Bis dahin wird man sich aber der Wasserverbandverordnung als einem im allgemeinen „in sachlicher und rechtlicher Hinsicht mustergültigen Instrument" (so der hessische Minister für Landwirtschaft, Ernährung und Forsten in dem genannten Erlasse) bedienen können und müssen.

2. Die Wasserverbandverordnung (sog. Erste Wasserverbandverordnung) vom 3. September 1937 beruht auf dem Wasserverbandgesetz, dem Gesetz über Wasser- und Bodenverbände vom 10. Februar 1937 (RGBl. I S. 188). Durch dieses Gesetz wurde der Reichsernährungsminister ermächtigt, im Einvernehmen mit den beteiligten Fachministern das Wasserverbandrecht neu zu gestalten. Diese Ermächtigung muß gegenwärtig als weggefallen angesehen werden. Nicht nur deshalb, weil bei der Neugestaltung nationalsozialistische Grundsätze maßgebend sein sollten, sondern auch, weil eine derart weitgehende Übertragung gesetzgeberischer Befugnisse auf eine Anzahl Minister den heutigen Grundsätzen nicht entspricht. Die Neufassung und Änderung der Wasserverbandverordnung ist vielmehr in Zukunft Sache der ordentlichen Gesetzgebung.[1] Trotzdem wird das Gesetz des Verständnisses halber hierunter mit abgedruckt.

Die Zweite und Dritte Wasserverbandverordnung (am Schluß der Ersten Wasserverbandverordnung abgedruckt) regeln Einzelfragen.

[1] Nach Art. 75, Nr. 4 des vom Parlamentarischen Rat in Bonn erlassenen Grundgesetzes kann der Bund Rahmenvorschriften für die Bodenverteilung, die Raumordnung und den „Wasserhaushalt" erlassen. (Vgl. Li., „Wer ist der künftige Gesetzgeber des Wasserrechtes?" in WaWi. 48/49 Heft 9).

Grundzüge der Wasserverbandverordnung.

In Vollziehung des Wasserverbandgesetzes sollte die Erste Verordnung über Wasser- und Bodenverbände (Erste Wasserverbandverordnung) vom 3. September 1937 für das in den Gesetzen der deutschen Länder nicht einheitlich geordnete Recht dieser Verbände die Reichseinheit herstellen. Die Verordnung zerfällt in drei Teile. Der erste Teil — I. bis XI. Abschnitt, §§ 1 bis 142 — bildet den Hauptteil der Verordnung. Er enthält das materielle Recht des Wasser- und Bodenverbandes. Der zweite Teil — XII. bis XVI. Abschnitt, §§ 143 bis 183 — regelt das Verfahren zur Neugestaltung der alten, zur Umgestaltung der privatrechtlichen, zur Gründung neuer Verbände und zur Auflösung des Verbandes. Der dritte Teil „Allgemeines" — XVII. Abschnitt, §§ 184 bis 192 — enthält im wesentlichen Auslegungs- und Übergangsvorschriften und regelt das Verhältnis der WVV. zu den einschlägigen Landesgesetzen.

Nach ihrer Entstehung werden die Wasser- und Bodenverbände in drei Gruppen eingeteilt (§ 1), nämlich in:

1. die zur Zeit des Inkrafttretens der Verordnung bestehenden, auf Reichs- oder Landesrecht oder Herkommen beruhenden öffentlich-rechtlichen Wasser- und Bodenverbände (alte Verbände);

2. die auf Grund der Verordnung umgewandelten, vordem privatrechtlichen Verbände;
3. die auf Grund der Verordnung gegründeten (neuen) Verbände.

Die Aufgaben der Wasser- und Bodenverbände sind im Interesse der Förderung der Wasserwirtschaft und der Bodenkultur gegenüber dem bisherigen Landesrechte wesentlich erweitert worden (§ 2). Es gibt nicht mehr besondere Aufgaben und es besteht auch kein verschiedenes Recht mehr für die einzelnen Arten von Verbänden — Wassergenossenschaften, Deichverbände, Bodenverbesserungsgenossenschaften usw. —, sondern es gibt nur noch den einheitlichen Wasser- und Bodenverband für alle nur denkbaren Aufgaben auf dem Gebiete der Wasserwirtschaft und der Bodenkultur.

Der öffentlichrechtliche Charakter der Verbände, der in ihrer Zweckbestimmung, dem öffentlichen Wohle zu dienen, wurzelt, erleidet eine starke Einschränkung dadurch, daß die Verbände sich zugleich dem privaten wirtschaftlichen Nutzen ihrer Mitglieder widmen. Die Wasser- und Bodenverbände sind also öffentlichrechtliche Körperschaften mit wirtschaftlicher Betätigung.

An der Verteilung des Rechtsstoffes auf Gesetz und Satzung ist im wesentlichen festgehalten worden (§§ 8, 9), doch hat die Verordnung den Vorrang. Die Satzung darf von der Verordnung nur in den zugelassenen Fällen abweichen (§ 9 Abs. 2).

Der Grundsatz der Selbstverwaltung der Verbände ist bestehen geblieben, der Verband verwaltet sich selbst unter eigener Verantwortung, sein Wirken muß aber mit den Zielen der Staatsführung in Einklang stehen (§ 4). (Vgl. Vorbemerkung zum Kommentar.)

Entsprechend den wirtschaftlichen Eigenheiten der Wasser- und Bodenverbände läßt die Verordnung neben dem Vorsteher den mehrgliedrigen Vorstand zu (§ 47). Da der Vorsteher der Vertreter des Verbandes ist (§ 50) und die laufenden Geschäfte führt, ist für eine straffe Verbandführung gesorgt.

Eine unmittelbare Haftung der Verbandmitglieder besteht nicht. Die Gläubiger können sich nur an das Verbandvermögen halten. Reicht dieses nicht aus, so ist der Ausfall durch Beiträge, die vom Vorsteher auf die Mitglieder umzulegen sind, zu decken (§ 78 Abs. 1). Die Beiträge können in Geld (Geldbeiträge) oder in Sachen, Werken, Diensten oder in anderen Leistungen (Sachbeiträge) bestehen (§ 79) und sind öffentliche Lasten; als solche haften sie dinglich auf den am Verbande beteiligten Grundstücken usw. (§ 80) und können im Verwaltungswege beigetrieben werden (§ 93).

Das Verfahren zur Festsetzung des nach der Satzung ermittelten Beitragverhältnisses (Beitragbuches) zerfällt in das Einspruchsverfahren vor dem Vorstande und in das Beschwerdeverfahren vor der Spruchstelle (§ 87). Nach rechtskräftiger Feststellung des Beitragbuches ist das entsprechend gestaltete Verfahren zur Festsetzung der Hebeliste und das Einziehungsverfahren durchzuführen (§ 89).

Die Befugnisse der Aufsichtsbehörde sollen sich auf das durch die öffentlichen Belange gebotene Wahl beschränken. Sie soll grundsätzlich nur im Notfalle eingreifen, um einen Mißbrauch des Selbstverwaltungsrechts zu verhüten. (Vgl. hierzu die Vorbemerkung zum Kommentar.) Die Aufsichtsbehörde wird — außer von der technischen Fachbehörde — in landwirtschaftlichen Angelegenheiten von der landwirtschaftlichen Dienststelle beraten (§ 118).

Die Streitigkeiten, die im inneren Leben der Verbände vorkommen, insbesondere Beschwerden über Beitrag- und Entschädigungsfragen, sind den ordentlichen Gerichten und den Verwaltungsgerichten entzogen und den bei den oberen Umlegungsbehörden eingerichteten Spruchstellen für Wasser- und Bodenverbände zur Entscheidung übertragen worden, die für diese Entscheidungen durch einen höheren technischen unmittelbaren Staatsbeamten, bei erheblicher Beteiligung eines Bergwerks außerdem durch einen höheren staatlichen Bergbeamten verstärkt werden (§§ 133 ff.).

Im zweiten Teile der Verordnung (§§ 143 ff.) wird das Verfahren zur Umgestaltung, Gründung und Auflösung von Verbänden behandelt. Die Organe der bestehenden Verbände bleiben bis zu ihrer neuen Bildung bestehen. Die Aufsichtsbehörde ist aber ermächtigt, alle zur Anpassung an das neue Recht erforderlichen Anordnungen mit sofortiger Wirkung zu treffen. Sie kann insbesondere Organe einrichten und aufheben (§ 144). Sie erläßt für jeden Verband eine neue Satzung.

Das Verfahren zur Neugründung von Verbänden wird weitgehend durch die Gründungsbehörde bestimmt. Jedoch ist die Stellungnahme der Beteiligten nach wie vor wesentlich (Gründung gegen die Mehrheit nur mit Genehmigung der obersten Aufsichtsbehörde, § 166.) Über die Einwendungen wird nicht mehr im Beschlußverfahren entschieden, den Einwendenden steht vielmehr das Rechtsmittel der Beschwerde an die nächsthöhere Aufsichtsbehörde zu (§ 168). Die Gründungsbehörde gründet den Verband durch den Erlaß der Satzung (§ 169).

Die Wasserverbandverordnung beschränkt die Auflösung des Wasser- und Bodenverbandes nicht auf bestimmte Fälle, sondern läßt sie allgemein zu, wenn das Fortbestehen des Verbandes nicht erforderlich ist.

Für alle Wasser- und Bodenverbände besteht ein einheitliches Recht, mit Ausnahme der Wasserverbände, die für die Flußgebiete der Emscher, der Ruhr, der Lippe und für das linksrheinische Industriegebiet gebildet sind. Die für sie geltenden Gesetze sind unberührt geblieben (§ 191 Abs. 2).

Gesetz über Wasser- und Bodenverbände (Wasserverbandgesetz, WVG.).

Vom 10. Februar 1937 (RGBl. I, S. 188).

Vgl. Vorbemerkung zum Kommentar zu Nr. 2.

Die große wirtschaftliche Bedeutung der Wasser- und Bodenverbände ergibt sich daraus daß im Deutschen Reiche nach amtlichen Schätzungen etwa 15000 solcher Verbände 1937 bestanden haben. Die meisten dieser Verbände sind landwirtschaftlich und haben die Hebung der landwirtschaftlichen Erzeugung zur Aufgabe. Es gibt aber auch zahlreiche Verbände mit gewerblichen und städtischen Aufgaben (wie z. B. die Abwasserverbände) sowie mit der allgemeinen Aufgabe des Hochwasserschutzes (Deichverbände). Das Recht dieser Verbände war im Landesrechte zersplittert. Für einzelne Verbände waren besondere Reichs- und Landesgesetze ergangen [1] [2].

Das WVG. hat für die Wassergenossenschaften, Deichverbände, Sielverbände, Wasser-, Deich-, Sielachten, Deichkommunen, Abwasserverbände, Bodenverbesserungs-, Ödland-, Bodenkulturgenossenschaften, Wiesenverbände usw. des bisherigen Landesrechts die einheitliche Bezeichnung „Wasser- und Boden-

---

[1] Begründung zum WVG. in Z. Agr. **23**, S. 269.

[2] Über die Rechtsentwicklung in den einzelnen deutschen Ländern und Landesteilen, vgl. Bochalli a.a.O. S. 3 ff., 97 ff., Wormit im RVBl. **60**, S. 272.

verbände" eingeführt, weil es sich nicht um eine Vereinigung von Personen an sich, wie bei den privatrechtlichen Genossenschaften, handelt, sondern um eine Vereinigung von Personen, deren Mitgliedschaft verdinglicht, d. h. durch das Eigentum an einem der beteiligten Grundstücke, Bergwerke, gewerblichen Anlagen usw. bedingt ist und weil das WVG. im Gegensatz zu den meisten bisherigen Wassergesetzen auch wasserwirtschaftliche Vereinigungen zuläßt, die nur aus Gemeinden oder sonstigen Körperschaften bestehen (vgl. Tö. in der DLZ. 6. Jahrg., S. 93ff., im RV.. Bd. 58 S. 391).

Unter das WVG. fallen alle Körperschaften, die eine oder mehrere Aufgaben der in § 2 bezeichneten Art am Wasser oder in der Bodenkultur zu erfüllen haben. Diese Aufgaben sind gegenüber dem bisherigen Landesrechte wesentlich erweitert worden.

Das allgemeine Wasserrecht wird durch die WVO. nicht berührt, die es regelnden Landesgesetze bleiben bis zum Inkrafttreten des Reichswassergesetzes bestehen.

Das WVG. hat folgenden Wortlaut:

§ 1.

Um die Wasser- und Bodenverhältnisse als eine Grundlage der Selbstversorgung des deutschen Volkes zu verbessern und um Wasser- und Abwasserschaden von ihm abzuwenden, wird der Reichsminister für Ernährung und Landwirtschaft ermächtigt, im Einvernehmen mit den beteiligten Reichsministern das Recht der Wasser- und Bodenverbände, insbesondere ihre Selbstverwaltung, ihre Ordnungs- und Polizeigewalt, die Aufsicht und Polizei über sie, das Spruchverfahren und die Umgestaltung bestehender und die Gründung neuer Verbände durch Verordnung nach den Grundsätzen des nationalsozialistischen Staates neu zu gestalten[1].

§ 2.

Wasser- und Bodenverbände sind die auf Reichs- oder Landesrecht oder Herkommen beruhenden Körperschaften, die folgende Aufgaben haben:

1. Gewässer und ihre Ufer herzustellen, zu ändern, in ordnungsmäßigem Zustande zu halten, den Wasserabfluß zu regeln und Gewässer zu beseitigen;
2. Schiffahrt- und Flößereianlagen, Stauanlagen, Schleusen, Siele und dergleichen, Wasserkraftanlagen und Wassersammelbecken herzustellen, zu ändern, in ordnungsmäßigem Zustande zu halten, zu betreiben, auszunutzen und zu beseitigen;
3. Grundstücke zu entwässern und vor Hochwasser und Sturmflut zu schützen;
4. Abwasser abzuführen, zu verwerten, zu reinigen und unschädlich zu machen;
5. Trink- und Brauchwasser zu beschaffen;
6. den Boden im landwirtschaftlichen Kulturzustande zu verbessern und zu erhalten und die Kulturflächen zu bewirtschaften und zu nutzen;

[1] Nach Art. III des Gesetzes Nr. 1 der Militärregierung dürfen die Gesetze nicht nach nationalsozialistischen Grundsätzen ausgelegt werden.

7. das Grundwasser zu bewirtschaften;
8. Land aus Wasserflächen zu gewinnen;
9. Beiträge zu wasserwirtschaftlichen, wasserbaulichen und bodenkulturlichen und zu Abwassermaßnahmen aufzubringen;
10. die vorstehenden Aufgaben zu fördern und zu überwachen;
11. andere Aufgaben, wenn der Reichsminister für Ernährung und Landwirtschaft sie im Einvernehmen mit den beteiligten Reichsministern zuläßt.

§ 3.

Wenn die durch die Verordnung nach § 1 geänderten Gesetze oder anderen Vorschriften auch Vorschriften enthalten, die von dem Gesetze nicht berührt werden, kann der Reichsminister für Ernährung und Landwirtschaft im Einvernehmen mit den beteiligten Reichsministern diese durch Verordnung an den neuen Rechtszustand angleichen und in neuer Fassung und Ordnung bekanntgeben.

Erste Verordnung über Wasser- und Bodenverbände

Erste Wasserverbandordnung (WVO)

vom 3. September 1937.

Vorspruch:

Boden und Wasser sind Grundlage des Lebens. Das Wasser ist aber auch zerstörende Kraft. Das deutsche Volk will die Erträge seines Bodens vermehren und seinen Bestand auf seinem Boden sichern. Eins der Mittel dazu ist die Ordnung der Gewässer. Reich, Länder und Gemeinden sehen hierin eine ihrer Aufgaben, und neben ihnen suchen in den Wasser- und Bodenverbänden Landmann und Städter auf ihrem Boden Wasserschaden zu verhüten und Nutzen vom Wasser zu erzielen.

Das Recht der Wasser- und Bodenverbände ist in den Gesetzen der deutschen Länder nicht einheitlich geordnet. In Vollziehung des Reichsgesetzes über Wasser- und Bodenverbände vom 10. Februar 1937 soll die erste Verordnung die Einheit bringen. Sie ordnet das Leben fast aller bestehenden Wasser- und Bodenverbände nach den Grundsätzen des neuen Staats[1]) und erleichtert das Bilden neuer Verbände. Sie erhält die Selbstverwaltung der Verbände, und ermöglicht eine straffe Führung, gleicht aber die Gegensätzlichkeit der wirtschaftlichen Interessen durch die Mitwirkung der Beteiligten aus. Die Aufsicht über die Verbände führt der Staat.

---

1. In dem Gesetz Nr. 1 der britischen Militärregierung über die Aufhebung nationalsozialistischer Gesetze heißt es in Artikel 3 (Nr. 6):

„Deutsches Recht, das nach dem 30. Januar 1933 in Kraft trat und in Kraft bleibt, ist so auszulegen und anzuwenden, wie es seinem einfachen Wortlaut entspricht. Der Gesetzeszweck und Auslegungen, die in Vorsprüchen oder anderen Erklärungen enthalten sind, bleiben bei der Auslegung außer Betracht."

Auf Grund des Gesetzes über Wasser- und Bodenverbände vom 10. Februar 1937 (RGBl. I S. 188) wird im Einvernehmen mit dem Reichswirtschaftsminister. dem Reichsminister des Innern, dem Reichsminister der Justiz, dem Reichsverkehrsminister, dem Reichsminister der Finanzen und dem Reichsforstmeister folgendes verordnet:

Erster Teil.

Das Recht des Wasser- und Bodenverbandes.

Vorbemerkung.

Der erste, umfangreichste Teil der Verordnung (§§ 1 bis 142) behandelt das innere Leben des Wasser- und Bodenverbandes und regelt das materielle Verbandrecht gleichmäßig für die in § 1 aufgeführten drei Gruppen von Verbänden, nämlich für die alten, die auf Grund der Verordnung umgewandelten, vordem privatrechtlichen und für die auf Grund der Verordnung neu gebildeten Verbände.

I. Abschnitt.

Rechtsgestalt. Arten.

Vorbemerkung.

Die Wasserverbandverordnung bezieht sich auf die in § 1 aufgeführten drei Gruppen von Verbänden, welche eine oder mehrere der in § 2 unter Nr. 1—12 bezeichneten Aufgaben haben können. Die Aufgaben sind gegenüber dem bisherigen Landesrechte im Interesse der Förderung der Wasserwirtschaft und der Bodenkultur wesentlich erweitert worden, insbesondere durch Zulassung der neuen Aufgaben zu 7—11.

Mitglieder des Wasser- und Bodenverbandes können dingliche Mitglieder, Unterhalter, öffentlichrechtliche Körperschaften und andere, von der obersten Aufsichtsbehörde zugelassene Personen sein (§ 3).

Wasser- und Bodenverbände sind öffentlichrechtliche Körperschaften, die eine oder mehrere der in § 2 bezeichneten Aufgaben haben, aus Personen der in § 3 genannten Art bestehen und nicht ausschließlich dem Privatinteresse ihrer Mitglieder, sondern auch dem öffentlichen Wohle dienen (§ 4 Satz 1). Neben dem Gesetzesrechte gilt das Satzungsrecht nur in beschränktem Umfange. Die Satzung muß die Bezeichnung und den Sitz des Verbandes angeben (§§ 5, 6). Die Staatsbehörde, welche die Satzung aufstellt oder erläßt, kann sie auch — auf Antrag des Vorstandes oder nach dessen Anhörung — ergänzen oder ändern (§ 10). An dem Grundsatze der Selbstverwaltung der Verbände ist nichts geändert worden, der Verband verwaltet sich selbst unter eigener Verantwortung. Sein Wirken muß aber im Einklange mit den Gesetzen und den Zielen der Staatsführung stehen (§ 4 Satz 2 und 3). Daß das Bestehen des Verbandes nach dem Erlaß der Satzung nicht mehr angefochten werden kann (§ 7), entspricht dem Landesrechte.

§ 1. Rechtsgestalt. Arten [1a].

(1) Wasser- und Bodenverbände[1] sind die öffentlichrechtlichen Körperschaften, die Aufgaben nach § 2 haben und aus Mitgliedern nach § 3 bestehen, nämlich

1. die zur Zeit des Inkrafttretens dieser Verordnung bestehenden, auf Reichs- oder Landesrecht oder Herkommen beruhenden öffentlichrechtlichen Wasserverbände, Flußverbände, Wassergenossenschaften, Wasserachten, Deichverbände, Deichbände, Deichachten, Deichkommünen, Köge, Sielverbände, Sielachten, Wasserlösungsverbände, Wasserlösungskommünen, Schleusenverbände, Abwasserverbände, Wiesenverbände, Bodenverbesserungsgenossenschaften, Ödlandgenossenschaften, Bodenkulturgenossenschaften und anderen derartigen Körperschaften (alte Verbände)[2],
2. die auf Grund dieser Verordnung umgewandelten, vordem privatrechtlichen Verbände (§ 151)[3],

3. die auf Grund dieser Verordnung gegründeten (neuen) Verbände (§ 169).

(2) Wenn zweifelhaft ist, ob eine Körperschaft zu den alten Wasser- und Bodenverbänden gehört, entscheidet der Fachminister [4].

(3) Ein nach Gemeinderecht bestehender Zweckverband gehört zu den alten Wasser- und Bodenverbänden nur, wenn der Reichsminister für Ernährung und Landwirtschaft und der Reichsminister des Innern[5] es anordnen [6].

1a. § 1 bezweckt klarzustellen, daß die Verordnung sich sowohl auf die bereits bestehenden (alten), als auch auf die auf Grund der Verordnung umgewandelten, vordem privatrechtlichen, als auch auf die neu gegründeten Verbände erstreckt. Als öffentlichrechtliche Körperschaften (s. Vorbemerkung) werden sie durch einen staatlichen Akt gegründet und der Staatsaufsicht unterstellt. Ihr gesetzlicher Vertreter ist der Vorsteher (s. Anm. 1 zu § 50).

1. Bodenverbände sind diejenigen Verbände, die ausschließlich bodenwirtschaftliche Aufgaben haben oder bei denen die wasserwirtschaftlichen Aufgaben nur eine untergeordnete Rolle spielen.

2. Abs. 1, Nr. 1 enthält eine Aufzählung der für die bestehenden (alten) Verbände üblichen Bezeichnungen.

Unter Flußverbänden versteht das Gesetz die in den einzelnen Ländern meist durch Sondergesetze, z. B. für die Flußgebiete der Wupper, Lenne, Ruhr, Emscher, Lippe, Niers, Schwarze Elster, Mulde gebildeten Verbände (s. § 191 Abs. 2). Durch Reichsgesetze sind nur ganz wenige Flußverbände, die sich über mehrere Länder erstrecken, wie der Aller-Ohre-Verband (G. von 13. Januar 1934, RGBl. I, S. 29) und der Weißelsterverband (Vdg. vom 23. Juli 1934, RGBl. II S. 416) gebildet worden.

Wasserachten, Deichachten, Deichkommunen, Köge, Sielverbände usw. sind die auf dem Gebiete des Deichrechts herkömmlichen Verbandbezeichnungen (Bochalli, S. 98 ff.).

Wiesenverbände sind die auf Grund der Wiesenordnung für den Kreis Siegen am 28. Oktober 1846 (PrGS. S. 485) zu Bewässerungszwecken gebildeten Verbände; die Siegener Wiesenordnung war im PrWG. (§ 387) aufrechterhalten, ist aber durch die WVO. (§ 191, Satz 1) außer Kraft gesetzt worden, soweit sie Verbandrecht enthält; bei der Umgestaltung der Wiesenverbände ist das nach der Wiesenordnung geltende Recht in die neue Satzung aufzunehmen, soweit es mit der WVO. vereinbar ist (§ 146, Abs. 1).

3. Die Wassergenossenschaften des früheren Rechts waren ebenso wie die Deich- und Sielverbände öffentlichrechtliche Körperschaften; doch bestehen einige Ausnahmen.

Die in Preußen vor dem Inkrafttreten des Privatflußgesetzes vom 28. Februar 1843 (GS. S. 41) gegründeten Wassergenossenschaften galten nicht als öffentliche Genossenschaften (PrVBl. **30**, 119).

Nach dem WürttWG. vom 1. Dezember 1900 (Art. 75, 80) sind die Wassergenossenschaften Rechtspersönlichkeiten des Privatrechts, die allerdings der Staatsaufsicht im öffentlichen Interesse unterliegen.

In den Ländern, in denen die Wassergenossenschaften Körperschaften des öffentlichen Rechts sind, haben sich daneben auch privatrechtliche Vereinigungen für wasser- und bodenwirtschaftliche Zwecke — Vereine, Erwerb- und Wirtschaftsgenossenschaften, Aktiengesellschaften, Gesellschaften mit beschränkter Haftung — gebildet, die privatwirtschaftliche Ziele verfolgen. Sie sind keine Wasser- und Bodenverbände. Alle privatrechtlichen Verbände können aber nach § 1 Abs. 1 Nr. 2, § 3 Nr. 4, § 151 auf Anordnung der obersten Aufsichtsbehörde in öffentlich rechtliche Wasser- und Bodenverbände umgewandelt werden, vorausgesetzt, daß sie die in § 2 bezeichneten Aufgaben erfüllen, daß sie gemäß § 4 neben dem Nutzen ihrer Mitglieder zugleich dem öffentlichen Wohle dienen und daß ihre Mitglieder den in § 3 gestellten Anforderungen entsprechen (s. Anm. 7 zu § 3, Anm. 1, 2 zu § 151).

4. Durch die Entscheidung des Fachministers (§ 189), die in Form eines Erlasses ergehen kann, wird in einwandfreier, rechtlich unanfechtbarer Weise festgestellt, ob eine Körperschaft zu den Verbänden im Sinne dieser Verordnung gehört.

5. Jetzt die entsprechenden Minister der Länder.

6. Bereits mit der Anordnung, nicht erst mit der folgenden Neugestaltung der Satzung, wird der Zweckverband in einen Wasser- und Bodenverband umgewandelt. Haben Zweckverbände neben wasserwirtschaftlichen auch noch andere Aufgaben zu erfüllen, so kommt die ministerielle Anordnung nicht in Frage (vgl. Tö. im RVBl. **58,** 391).

Die Bestimmung des § 1 Abs. 3 bezieht sich nicht auf Zweckverbände, die erst nach dem 1. Januar 1938 gegründet worden sind, sondern nur auf solche, die beim Inkrafttreten der WVO. bereits bestanden haben. Zweckverbände, die auf Grund des für das Reich erlassenen Zweckverbandgesetzes vom 7. Juni 1939 (RGBl. I S. 979) gegründet sind, fallen daher nicht hierunter.

Wegen der Frage, ob die Form des Wasser- und Bodenverbandes die ausschließliche Rechtsform zur Erfüllung der in § 2 angeführten Aufgaben darstellt, wird im Kommentar von Pfundtner-Neubert, Das neue Reichsrecht (Zweckverbandgesetz, Anm. 5 zu § 1 S. 7), auf folgendes hingewiesen:

Wenn auch die Wasserverbandverordnung nicht verbietet, die in § 2 genannten Aufgaben auch durch Gründung eines Zweckverbandes zu erfüllen, so besteht doch bei den Reichszentralstellen Einigkeit darüber, daß für diese Aufgaben der Wasser- und Bodenverband die gegebene Rechtsform ist. Nur bei Wasserleitungsbauten städtischer Gemeinden soll der Zweckverband vorgezogen werden. Für ländliche Gemeinden soll dagegen auch hierbei die Form des Wasser- und Bodenverbandes genommen werden mit Ausnahme der Fälle, in denen nicht nur die Wasserbeschaffung, sondern auch die Verteilung an die Letztabnehmer Aufgabe des Verbandes ist.

§ 2. Aufgaben.

Aufgaben [1a] des Wasser- und Bodenverbandes können sein [1]:

1. Gewässer [2] und ihre Ufer herzustellen, zu ändern [3], in ordnungsmäßigem Zustande zu halten [4], den Wasserabfluß zu regeln [5] und Gewässer zu beseitigen;
2. Schiffahrt- und Flößereianlagen, Stauanlagen, Schleusen, Siele u. dgl., Wasserkraftanlagen und Wassersammelbecken herzustellen, zu ändern, in ordnungsmäßigem Zustande zu halten, zu betreiben, auszunutzen und zu beseitigen [6];
3. Grundstücke zu entwässern, zu bewässern und vor Hochwasser und Sturmflut zu schützen [7];
4. Abwasser abzuführen, zu verwerten, zu reinigen und unschädlich zu machen [8];
5. Trink- und Brauchwasser zu beschaffen [9];
6. den Boden im landwirtschaftlichen Kulturzustande zu verbessern und zu erhalten und die Kulturflächen zu bewirtschaften und zu nutzen [10];
7. das Grundwasser zu bewirtschaften [11];
8. Land aus Wasserflächen zu gewinnen [12];
9. Raseneisenerz abzubauen, abbauen zu lassen und zu verwerten und die Grundstücke nach dem Abbau wiederherzustellen [13];
10. Beiträge zur wasserwirtschaftlichen und zu wasserbaulichen, zu Bodenverbesserungs- und zu Abwassermaßnahmen aufzubringen [14];
11. die vorstehenden Aufgaben zu fördern und zu überwachen [15];

12. andere Aufgaben, wenn der Reichsminister für Ernährung und Landwirtschaft [16] sie im Einvernehmen mit den anderen Fachministern zuläßt [17].

1a. Die Aufzählung der Verbandaufgaben in den Nr. 2 bis 11 ist ziemlich erschöpfend, so daß die Zulassung anderer Aufgaben nach Nr. 12 selten vorkommen wird. Ein Verband kann auch — und wird in der Regel — mehrere der in § 2 bezeichneten Aufgaben haben.

Die Aufgabe verschafft dem Verband zunächst nur das Recht gegenüber seinen Mitgliedern, sie durchzuführen (vgl. § 22), zugleich aber auch die öffentlichrechtliche Pflicht hierzu. Diese kann z. B. bei der Unterhaltungsaufgabe gegenüber der Wasserpolizeibehörde bestehen; auch bei anderen Aufgaben ist grundsätzlich die Aufsichtsbehörde befugt, auf die satzungsmäßige Durchführung hinzuwirken. Die Mitglieder können ihrerseits nur auf Vorstand und Aufsichtsbehörde einwirken, einen klagbaren Anspruch haben sie nicht. Über den Unterschied zwischen Aufgabe und Unternehmen vgl. Anm. 2 zu § 17.

1. Unter die WVO. fallen nur solche Körperschaften — juristische Personen — des öffentlichen Rechts, die eine oder mehrere der im § 2 bezeichneten Aufgaben auf dem Gebiete der Wasserwirtschaft und der Bodenkultur zu erfüllen haben. Als juristische Person kann der Verband als solcher selbständig Träger von Rechten und Verbindlichkeiten sein, Eigentum und andere dingliche Rechte an Grundstücken erwerben, vor Gericht klagen und verklagt werden, er ist mithin rechts- und prozeßfähig. Er haftet für eine vom Vorsteher oder einem Vorstandsmitgliede begangene, zum Schadenersatz verpflichtende Handlung nach §§ 31, 89 BGB. und bei Ausübung öffentlicher Gewalt nach § 839 BGB. in Verbindung mit Art. 131 RV. Der Verband erlangt Rechtsfähigkeit mit dem Erlaß der Satzung und verliert sie nur durch Auflösung. Die Geschäftsfähigkeit des Verbandes tritt erst nach Berufung des Vorstandes ein (Anm. 2 zu § 171).

2. Gewässer sind Wasserläufe, Quellen, Kanäle, Gräben, Seen, (Teiche, Weiher und ähnliche Wasseransammlungen).

3. Zum Ändern gehört das Ausbauen, das Verbessern.

4. Die Unterhaltung ist bei allen wichtigeren Wasserläufen nach den meisten Landesgesetzen eine öffentlichrechtliche Last. Über die Frage, wann der Verband nach pr. Recht zur Unterhaltung verpflichtet ist, vgl. §§ 115 f., 245 PrWG. Der Verband, dem sie obliegt, ist an die gesetzlichen Vorschriften für die Unterhaltung gebunden, doch kann das Rechtsverhältnis zwischen ihm und den Grundeigentümern anders als im Wassergesetz geordnet sein. (3. Agr. **26**, 366). Eine Teilung der Last ist nicht ausgeschlossen, z. B. so, daß die gewöhnliche Unterhaltung (Erhaltung) eines Wasserlaufs einem Unterverbande, die außergewöhnliche Unterhaltung (die Wiederherstellung eines zerstörten Wasserlaufs) dagegen einem Oberverbande zugewiesen ist (s. Anm. 1 zu § 113).

5. Eine Regelung des Wasserabflusses kann durch Beseitigung von Hindernissen des Hochwasserabflusses, z. B. von Bäumen, Sträuchern, Dämmen erfolgen.

6. Zur Herstellung usw. von Schiffahrt- und anderen Anlagen an Reichswasserstraßen bedarf der Verband nach Art. 97 Abs. 2 RV. der Zustimmung der Wasserstraßendirektion. Der Ausdruck Flößerei umfaßt sowohl die Flößerei mit verbundenen Hölzern (in Bayern Floßfahrt genannt, bayerWG. Art. 1) wie die sogenannte wilde Flößerei (in Bayern als Flößerei oder Trift bezeichnet, bayerWG. Art. 31). Der Umstand, daß eine Wasserbauanlage eine nur vorübergehende Bestandsdauer hat, schließt die Bildung eines Wasserverbandes nicht aus (ZAgr. **26**, 264).

Die Schleusen und die dem Durchlassen des Wassers durch die Deiche dienenden Siele der Deich- und Sielverbände im Nordseeküstengebiet, die in erster Linie dem Schutz vor der Flut dienen, gehören an sich zu den Stauanlagen, sie sind aber zur Vermeidung von Zweifeln besonders aufgeführt. Das Ausnutzen einer Stauanlage bedeutet meistens das Verwerten der Wasserkraft.

Als Muster für die Satzung eines Verbandes zur Herstellung, zum Betriebe und zur Ausnutzung von Wasserkraftanlagen und Wassersammelbecken kann die im LwRVBl. 1939 S. 161 veröffentlichte Satzung des Wasserverbandes Nordharz dienen.

7. Die Entwässerung kann durch Gräben, Dräns, Schöpfwerke erfolgen, die Bewässerung durch Gräben (Zuleiter), Beregnungsanlagen usw. Ent- und Bewässerungsverbände können auch zur bloßen Unterhaltung bereits vorher hergestellter Ent- und Bewässerungsanlagen gebildet werden. Der Schutz der Grundstücke gegen Hochwasser und Sturmflut kann durch Beseitigung von Hindernissen des Hochwasserabflusses, durch Zurückhaltung von Wasser in den Niederschlagsgebieten von Wasserläufen oder durch Eindeichung von Grundstücken erfolgen.

8. Hierunter fallen insbesondere die Verbände zur Verwertung städtischer Abwässer im Interesse der Bodenkultur und der Förderung der landwirtschaftlichen Erzeugung (Pr. Gesetz vom 14. März 1924, GS. S. 137). Die landwirtschaftliche Verwertung an Stelle der Abwässerreinigung durch Kläranlagen wird in vielen Ländern durch Meliorationsbeihilfen unterstützt. Durch Erlaß vom 5. Februar 1935 (LwMBl. S. 463) hat der Reichsernährungsminister die Landesregierungen ersucht, darauf hinzuwirken, daß die zur Entscheidung zuständigen Behörden die Errichtung oder wesentliche Änderung einer städtischen Kläranlage und das Einleiten von städtischem Abwasser in Gewässer nur dann zulassen, wenn die landwirtschaftliche Verwertung des Abwassers nicht angebracht ist.

Der Verband kann die Aufgabe, das Abwasser zu verwerten, oft nur dann erfüllen, wenn er anordnen kann, daß bestimmte Früchte angebaut, andere nicht angebaut werden. Aus § 2 Nr. 6, wonach der Verband die Befugnis haben kann, die Grundstücke seiner Mitglieder selbst zu bewirtschaften und zu nutzen, d. h. eine Bewirtschaftung durch die Mitglieder auszuschließen, ergibt sich, daß dem Verbande durch die Satzung auch die geringere Befugnis gegeben werden kann, den Mitgliedern die Eigenbewirtschaftung der Grundstücke in bestimmter Art vorzuschreiben. Ein Anbauzwang kann daher auch in landwirtschaftlichen Abwasserverwertungsverbänden ausgeübt werden. Wenn die — dem Ernährungsminister zur Genehmigung vorzulegende — Satzung die Nutzung der zum Verbande gehörenden Grundstücke bestimmt, so trifft der Vorsteher die in einzelnen erforderlichen Anordnungen, die er mit den Zwangsmitteln der §§ 96 ff. durchsetzen kann. Er hat aber die landwirtschaftliche Dienststelle (§ 118) vor jeder Anordnung zu unterrichten (RdErl. vom 29. Dezember 1938, LwRMBl. S. 1276). Im Erl. vom 8. Juni 1942 (LwRMBl. S. 785, DLZ. 1942 S. 134) sind „Richtlinien für die landwirtschaftliche Abwasserverwertung" herausgegeben.

Das Verhältnis zwischen Abwasserlieferer und Verband kann entweder durch die Satzung (der Abwasserlieferer ist dann als solcher Mitglied des Verbandes) oder durch einen Vertrag (er ist dann als solcher Nichtmitglied) geregelt werden. Bestimmungen für eine solche Satzung und ein Muster für einen solchen Vertrag sind von der Vereinigung deutscher Wasser- und Bodenverbände herausgegeben worden. Das Vertragsmuster ist zusammen mit dem früheren Deutschen Gemeindetag erarbeitet worden (abgedruckt in der Schrift von Domänenrat Kreuz: „Landwirtschaftliche Abwasserverwertung gegen Hungersnot", Verlag M. u. H. Schaper, Hannover-Waldhausen, Grazer-Straße 20).

9. Unter Nr. 5 fallen insbesondere die Trinkwasserversorgungsverbände. Es handelt sich hauptsächlich um die Wasserbeschaffung zu häuslichen und gewerblichen Zwecken. Ein Satzungsmuster B. für Wasserbeschaffungsverbände ist durch die Zweiten Ausführungsvorschriften zur WVO. vom 18. August 1939 (LwRMBl. S. 877) bekannt gegeben worden, abgedruckt im Anhang unten 337 ff.

10. Im Gegensatz zu den bisherigen Landeswassergesetzen, die nur die Rechtsverhältnisse des Wassers regelten, umfaßt die WVO. auch die Rechtsverhältnisse der Bodenverbände (Bodenverbesserungs-, Bodenkultur-, Ödlandgenossenschaften). Früher hatten diese Verbände nur in Preußen, Bayern und Baden eine gesetzliche Regelung erfahren (s. unten). Wie nach diesen Gesetzen, kann auch nach der WVO. mit der Bodenkultivierung (Rodung, Umbruch, Pflügen, Eggen, Düngung, Neuansaat, Aufhöhung, Aufspülung von Grundstücken) eine wassertechnische Regelung — Beschaffung der Vorflut, Hebung oder Senkung des Wasserstandes, Herstellung der erforderlichen Entwässerungs- und Bewässerungsanlagen — verbunden werden und umgekehrt mit diesen wasserbautechnischen Maßnahmen die Herstellung der vorerwähnten landwirtschaftlichen Folgeeinrichtungen. Hierunter fallen alle Ödlandkultivierungen ohne Rücksicht darauf, ob das kultivierte Land als Grünland oder Acker genutzt werden soll, nicht dagegen Betriebsumstellungen auf bereits kultivierten Flächen (LwRVBl. 1939, S. 500). Auch die Urbarmachung von Hochmoor durch Verfehnung, wie sie an der Nordseeküste seit Jahrhunderten üblich ist, fällt hierunter. Zu diesem Zweck konnten schon nach dem PrWG. (§ 206 Nr. 5) Wassergenossenschaften mit Beitrittszwang gebildet werden.

Das pr. Gesetz vom 5. Mai 1920, das bad. Gesetz vom 8. August 1924 über die Bildung von Bodenverbesserungsgenossenschaften und das bayer. Ödlandgesetz vom 6. März 1923 sind nach § 191 Abs. 1 der WVO. außer Kraft getreten. Unberührt geblieben sind aber die Wald- und Forstkulturgesetze, insbesondere die Gesetze über Waldgenossenschaften, über Hauberggenossenschaften und Jahnschaften in den Kreisen Altenkirchen, Siegen und Olpe, über die Realgemeinden in der Provinz Hannover usw.

Die Aufforstung von zu einem Verband gehörenden Grundstücken kann gemäß Ziff. 12 durch besondere ministerielle Anordnung zugelassen werden (1. AV. Nr. 13). Soweit forstliche (landespflegerische) Maßnahmen, z. B. Windschutzstreifen, Hecken, Knicks usw., durchgeführt werden, die keinen forstlichen Selbstzweck haben, sondern landwirtschaftlich genutzte Grundstücke gegen Verwehungen schützen sollen (infolge der allgemeinen Entwaldung gegenwärtig notwendiger als früher), ist eine besondere ministerielle Anordnung nicht erforderlich. Solche Maßnahmen fallen vielmehr ohne weiteres unter § 2 Nr. 6 (Bodenverbesserung) und können sowohl von bereits bestehenden Wasser- und Bodenverbänden (notfalls unter Bildung besonderer Beitragsgruppen vgl. Anm. 4 zu § 82), wie von für diesen Zweck neugegründeten Bodenverbänden durchgeführt werden. Das dafür benötigte Land kann der Verband auf Grund des § 22, gegebenenfalls auch des § 30 WVO., in Anspruch nehmen. Während § 22 bei kleineren Maßnahmen wie Hecken oder Knicks, soweit diese nicht überhaupt den einzelnen überlassen werden, ausreichen wird, wird bei größeren Maßnahmen, z. B. breiteren Windschutzstreifen, sich, um eine möglichst gleichmäßige Heranziehung aller geschützten Grundeigentümer zu erreichen, der Erwerb der Landstreifen dafür seitens des Verbandes im Wege der vereinfachten Umlegung (§ 74a RUO.) empfehlen; da die Windschutzstreifen gleichzeitig gemeinschaftliche Anlagen im Sinne des § 54 Abs. 1 RUO. darstellen, ist eine Entschädigung nicht zu vergüten. Die Verbände werden und können zweckmäßigerweise bei den Windschutzstreifen auch ihre Bewirtschaftung und Nutzung unter Anrechnung der Reinerträge auf die Beiträge übernehmen. Wegen Landnutzungstausch vgl. Anm. 17.

11. Verbände zur Bewirtschaftung des Grundwassers sind wegen der großen Bedeutung, die das Grundwasser für die Wasserwirtschaft hat, nach dem Vorbilde des pr. Lippegesetzes vom 19. Januar 1926 (GS. S. 13) zugelassen worden. Die Bildung von Wasser- und Bodenverbänden zur Grundwasserbewirtschaftung wird insbesondere in den Gegenden in Frage kommen, in denen die schädlichen Folgen der Senkung des Grundwasserstandes bereits stark hervorgetreten sind, wie z. B. in der Nähe der Großstädte, in den Bergbaugebieten (vgl. hierzu Anm. 3 zu § 153).

12. Hierunter fallen Neuschaffung von Land durch Trockenlegung von Wattenmeer, Flußrändern und Seen, die Ausfüllung niedrigliegender Flächen in den Deichgebieten durch Baggerung.

13. Diese Aufgabe entspricht dem § 3 des Gesetzes über den Abbau von Raseneisenerz vom 22. Juni 1937 (RGBl. I S. 650). Wenn möglich, sollen die Einahmen aus der Raseneisenerzgewinnung nicht nur zur Wiederherstellung des alten Zustandes, sondern auch zu einer darüber hinausgehenden Verbesserung des Landes im Wege der Verbandbildung verwendet werden (LwRMBl. S. 599, RdErl. vom 18. Mai 1938, DLZ. S. 268 zu 4 c).

14. Die WVO. gestattet die Verbandbildung zur Aufbringung von Beiträgen ganz allgemein. Derartige Beitragverbände können z. B. beim Ausbau von Wasserläufen gebildet werden. Ein solcher Verband hat kein Unternehmen im Sinne des § 17 Abs. 2. Er kann unter den Voraussetzungen des Unternehmen im Sinne des § 17 Abs. 2. Er kann unter § 154 b) bis d) auch aus anderen als dinglichen Mitgliedern (§ 153) gebildet werden.

Da sich in Beitragverbänden ein Eigenleben kaum entwickeln kann, ist deren Gründung vom Standpunkt des Verbandswesens aus unerwünscht.

15. Die Aufgaben des Verbandes können z. B. durch Nebenaufgaben, wie Herstellung, Änderung oder Unterhaltung von Wegen in Meliorationsgebieten, oder durch finanzielle Unterstützung gefördert werden. Es können auch Verbände lediglich mit der Aufgabe gebildet werden, andere Verbände zu fördern. Deshalb ist der früher als eingetragener Verein (ursprünglich Verband deutscher Landeskulturgenossenschaften) gegründete Reichsverband der Wasser- und Bodenverbände in einen Wasser- und Bodenverband umgewandelt worden. Nach seiner (im LwRMBl. 1939 S. 1089 und DLZ. 1939 S. 138 abgedruckten) Satzung hat er u. a. die Aufgabe, seine Mitglieder zu beraten, den Behörden und anderen Stellen Anregungen zu geben, den Austausch von Erfahrungen zu vermitteln sowie Vordrucke für seine Mitglieder herzustellen. Auch ist er mit der Revision des Kassen- und Rechnungswesens der Wasser- und Bodenverbände beauftragt. (Vgl. § 76 Anm. 1.) Er ist in Landesgruppen gegliedert, bei denen auch die Prüfungsanträge zu stellen sind. (Vgl. DLZ. 1939 S. 72.) Die Entwicklung der Zusammenschlüsse der Wasser- und Bodenverbände ist gegenwärtig endgültig noch nicht zu übersehen. Während in der Ostzone im Juli 1947 ein einheitlicher Gesamtverband mit Landesgruppen in den Ländern gebildet worden ist, sind in den meisten Ländern der Westzonen Landesverbände in Vorbereitung, die zu einer Arbeitsgemeinschaft zusammentreten werden; in Schleswig-Holstein ist ein Landesverband schon gebildet.

Zur Anstellung gemeinsamer Unterhaltungsarbeiter und eines gemeinsamen Rechners (Gesamtrechners, vgl. auch Anm. 2 zu § 108) können sich Wasser- und Bodenverbände, insbesondere die mittleren und kleineren z. B. eines Kreises, zu Förderungsverbänden in Form eines Wasser- und Bodenverbandes zusammentun (vgl. auch Li. in der DLZ. 1939 S. 313 „Gemeinschaftliche Dienstkräfte"). Eine Überwachung der Aufgaben kann durch den Oberverband erfolgen, um die einheitliche Unterhaltung der Anlagen der in ihm zusammengeschlossenen Unterverbände sicherzustellen (vgl. §§ 113, 119).

Überwacht werden kann z. B. auch die den Verbandmitgliedern obliegende Unterhaltung von Gräbern oder anderen Anlagen. Vgl. Anm. 1a zu § 96.

16. Vgl. Anm. 1 zu § 112.

17. Trotz der weiten Fassung des Aufgabenkreises der Verbände in Nr. 1—11 des § 2 kann eine Erweiterung in Frage kommen, wenn neue wirtschaftliche Bedürfnisse auftreten, wie z. B. bei einem Fortschreiten der Technik. Von der ihnen in Nr. 12 erteilten Ermächtigug werden die Minister aber nur selten Gebrauch machen, nämlich nur, wenn es für die Wasserwirtschaft oder für die Bodenkultur nützlich ist und die eigentlichen Verbandaufgaben davon gefördert werden (Tö. in der DLZ. 6. Jahrg. S. 354).

Solange andere Aufgaben gemäß Nr. 12 vom Fachminister nicht zugelassen sind, darf der Verband nur eine oder mehrere der unter Nr. 1 bis 11 bezeichneten Aufgaben haben. Hat er andere Aufgaben, wie z. B. die Teilnehmergemeinschaft im Umlegungsverfahren (RUO. §§ 17 und 19), so gehört der Verband nicht zu den Wasser- und Bodenverbänden, und zwar auch dann nicht, wenn er neben der anderen Aufgabe eine der in § 2 unter Nr. 1—11 bezeichneten Aufgaben hat. Dagegen kann nach Nr. 6 der Landnutzungstausch, die behelfsmäßige Umlegung, Verbandaufgabe sein (Li. in DLZ. 1943 S. 54).

§ 3. Mitglieder.

Mitglieder des Wasser- und Bodenverbandes können sein:

1. jeweilige Eigentümer von Grundstücken [1] [2], Bergwerken [3] und Anlagen [4] (dingliche Mitglieder);
2. Personen, denen der Verband die Pflicht, Gewässer oder Ufer zu unterhalten, abnimmt oder erleichtert, oder deren Vorgänger er sie abgenommen hat (Unterhalter) [5];

3. öffentlichrechtliche Körperschaften [6];
4. andere Personen, wenn die oberste Aufsichtsbehörde (§§ 112 u. ff.) sie zuläßt [7].

1. Mitglieder von Wasser- und Bodenverbänden können nicht nur natürliche, sondern auch juristische Personen öffentlichen Rechtes (z. B. Reich, Länder, Gemeinden, Wasser- und Bodenverbände) sein. Für die natürlichen Personen, die Verbandsmitglieder sind, hält die WVO. an dem Grundsatze der Realmitgliedschaft fest: Privatpersonen können grundsätzlich (Ausnahmen siehe unten Anm. 6) nur als jeweilige Eigentümer oder als jeweilige Gewässerunterhalter (Nr. 2) Verbandsmitglieder sein. Die Mitgliedschaft ist mithin, wie bisher, verdinglicht, d. h. durch das Eigentum an einem der beteiligten Grundstücke, Bergwerke oder Anlagen oder durch die Unterhaltlast bedingt, außer in den Fällen von Nr. 3 und 4 oben. Der jeweilige Eigentümer oder Unterhalter ist Verbandmitglied. Bei einem Wechsel im Eigentum oder in der Unterhaltung tritt der Rechtsnachfolger ohne weiteres an Stelle des früheren Eigentümers oder Unterhalters in den Verband ein. (1. A. V. Nr. 9) § 84 Abs. 2 thür. WG., wonach diese Rechtsfolge von einer Satzungsbestimmung abhängig war, ist hiermit nicht vereinbar und deshalb in die neue Satzung nicht aufzunehmen (§ 146 Abs. 1). Auch im Zwangsversteigerungsverfahren wird der Ersteher des Grundstücks ohne weiteres Verbandmitglied (OVG. im Pr. VBl. **20**, 38); siehe auch Anm. 1 zu § 80.

2. Nur der jeweilige Eigentümer von Grundstücken, Bergwerken und Anlagen kann Mitglied sein, nicht der Mieter, Pächter, Nießbraucher oder ein anderer Nutzberechtigter. Dem Eigentümer stehen der Erbbauberechtigte und der Erbpächter gleich (§ 184). Sie haften, wie der Eigentümer, dem Verbande gegenüber wegen der Beiträge, es sei denn, daß nicht der Erbbauberechtigte oder der Erbpächter, sondern der Grundeigentümer Mitglied ist (s. Anm. 3 zu § 184). Die Zwangsvollstreckung wegen rückständiger Beiträge ist auch gegen Nutzberechtigte zulässig (§ 94).

3. Unter „Bergwerk" ist der Inbegriff der Bergwerkanlagen über und unter Tag zu verstehen. Wo das Bergrecht dem Grundeigentümer zusteht, wie z. B. beim Kalibergbau in der Provinz Hannover, kann der Grundeigentümer oder der Eigentümer der Bergwerkanlage Verbandmitglied sein.

4. Es kommen hauptsächlich gewerbliche Anlagen (z. B. Fabriken) in Abwasserverbänden in Betracht. Die Mitgliedschaft ist an das Eigentum der Anlagen, nicht an das der Grundstücke, auf denen die Anlagen sich befinden, geknüpft worden, weil ihre Bezeichnung — auch bei einer Änderung der Anlagen — sich nicht ändert, während die katastermäßige Bezeichnung der Grundstücke, auf denen die Anlage errichtet ist, wegen der Beitragshaftung bei jeder Veränderung ihres Bestandes in der Satzung oder im Mitgliederverzeichnisse (§ 11) ständig fortgeschrieben werden müßte. Neben der Anlage haftet aber auch das Grundstück, auf dem sie sich befindet.

5. Unterhalter können nicht nur die anliegenden Grundstückseigentümer, sondern auch Gebietskörperschaften (Gemeinden und Gemeindeverbände) und auch Wasser- und Bodenverbände als Träger der Unterhaltungslast nach dem allgemeinen Wasserrechte sein (s. Anm. 4 zu § 2).

6. Die Fälle der Nr. 3 und 4 stellen Ausnahmen vom Grundsatze der Realmitgliedschaft (s. oben Anm. 1) dar, der nach den meisten Landesgesetzen ausnahmslos galt. Nach § 3 Nr. 3, § 154 kann ein Wasser- und Bodenverband a u s s c h l i e ß l i c h aus Gemeinden, Gemeindeverbänden, und aus anderen öffentlichrechtlichen Körperschaften, z. B. aus Wasser- und Bodenverbänden, Fischereiverbänden, bestehen, ohne daß Grundstückseigentümer als solche beteiligt sind. Die Gemeinden und Gemeindeverbände können ihre Beiträge als Gemeindeabgaben umlegen (§ 186). Eine dingliche Haftung (Anm. 2 zu § 80) besteht bei ihnen nicht, ihr Vermögen und ihre Steuerkraft sind genügende Kreditunterlagen.

7. Nach § 3 Nr. 4 können privatrechtliche Körperschaften, z. B. Erwerbs- und Wirtschaftsgenossenschaften, und auch Privatpersonen, die nicht Eigentümer von Grundstücken usw. oder Unterhalter sind, mit Zustimmung der obersten Aufsichtsbehörde — Verbandmitglieder werden.

§ 4. Selbstverwaltung. Hoheitliche Befugnisse.

(1) Der Wasser- und Bodenverband dient dem öffentlichen Wohle und dem Nutzen seiner Mitglieder [1]. Er verwaltet sich selbst unter eigener Verantwortung [2]. Sein Wirken muß im Einklange mit den Gesetzen und den Zielen der Staatsführung stehen [3].

(2) Soweit der Wasser- und Bodenverband obrigkeitliche Aufgaben zu erfüllen hat, bestimmt der Fachminister, welche für Träger solcher Aufgaben geltenden allgemeinen Vorschriften auf den Verband anzuwenden sind [4].

(3) Der Wasser- und Bodenverband ist keine Gebietkörperschaft [5].

1. Satz 1 bringt den auch bisher allgemein für die Wassergenossenschaften geltenden Grundsatz zum Ausdruck, daß das Unternehmen nicht ausschließlich Privatinteressen dienen, sondern der Allgemeinheit zugute kommen und für den wirtschaftlichen Nutzen einer Mehrheit von natürlichen Personen oder von Verbänden von Bedeutung sein muß, wie z. B. die durch eine Entwässerung oder Bodenverbesserung ermöglichte Ertragssteigerung der Landwirtschaft. Dieser Grundsatz kommt auch in § 81 Abs. 1 Satz 1 zum Ausdruck (vgl. ZAgr. **27**, 137). Im Satz 1 soll nach Tö. (Anm. 1 zu § 4) nur ein allgemeiner Grundsatz, keine Rechtsregel aufgestellt werden, deren Befolgung bei der Gründung nachprüfbar wäre.

Die Wasser- und Bodenverbände sind öffentlich-rechtliche Körperschaften (§ 1 Abs. 1) mit wirtschaftlicher Betätigung.

2. Die WVO. hält an dem Grundsatze der Selbstverwaltung der Wasser- und Bodenverbände fest. Sie sind keine staatlichen Anstalten, sondern selbständige, ihre Rechtswesenheit aus sich selbst schöpfende Körperschaften.

3. Die Fassung von Abs. 1 Satz 3 soll ausdrücken, daß es sich nicht um kleinliche, sondern um sachlich bedeutsame Angelegenheiten handeln muß, wenn die Staatsaufsicht einen Eingriff in die Selbstverwaltung auf eine Verletzung dieses Verbotes stützen will, vgl. Anm. 2 zu § 111. Vgl. hierzu Vorbemerkung zum Kommentar.

4. Da „Aufgaben" im Sinne der WVO. das sachliche Ziel des Verbandes sind (§ 2), können sie nicht den zu ihrer Durchsetzung gegebenen „hoheitsrechtlichen Befugnissen" (Erhebung von Abgaben, Zwang, Ordnungsgewalt) gleichgesetzt werden. Als „obrigkeitliche Aufgaben" können vielmehr nur diejenigen sachlichen Aufgaben angesehen werden, die nicht nur gegenüber den Mitgliedern, sondern jedem Dritten gegenüber durchsetzbar sind. Solche stehen nach Wasserverbandrecht den Wasser- und Bodenverbänden, auch den Deichverbänden (anders preuß. Recht, vgl. Anm. 1 zu § 105) nicht zu. Der Absatz 2 ist daher gegenstandslos. Soweit die Verbandorgane polizeiliche Maßnahmen ausüben, handeln sie als Beauftragte des Staates (vgl. Niermann in ZAgr. **24,** 192, a. M. Kleinsorg a. a. O. S. 74).

Bestimmungen, die für Träger von hoheitsrechtlichen Befugnissen gegeben sind, gelten für Wasser- und Bodenverbände ohne weiteres (z. B. Amtshaftpflichtklage § 839 BGB., Art. 131 RV.: kein Vertrauensrat auch bei mehr als 20 Gefolgschaftsmitgliedern, LwRM Bl. 1934 S. 366, s. Anm. 4 zu § 107). Nur die Anwendung der Bestimmungen, die ausschließlich für Träger obrigkeitlicher Aufgaben gegeben sind, bedarf einer besonderen Bestimmung des Fachministers. Wegen der Zulassung von Beamten bei Verbänden s. § 110.

5. Durch § 4 Abs. 3 soll zum Ausdruck gebracht werden, daß der Wasser- und Bodenverband nicht, wie die Gemeinde nach § 1 DGO., zu den Gebietskörperschaften gehört und deshalb auch den für sie geltenden Rechtsgrundsätzen nicht unterliegt. Ein Verbandgebiet haben zwar die meisten, aber nicht alle Verbände, z. B. nicht die Verbände, welche die in § 2 Nr. 5 und 10 bezeichneten Aufgaben zu erfüllen haben.

§ 5. Bezeichnung.

Die Bezeichnung des Wasser- und Bodenverbandes ist in der Satzung anzugeben. Daß er ein Wasser- und Bodenverband im Sinne dieser Verordnung ist, soll ersichtlich sein.

Die Bezeichnung kann beliebig gewählt werden, doch wird es sich empfehlen, in der Satzung anzugeben, ob es sich um einen Wasser- und Bodenverband, um einen Wasserverband (Deichverband) oder um einen Bodenverband (Anm. 1 zu § 1) handelt, je nachdem es sich um einen Verband mit wasser- und bodenwirtschaftlichen Aufgaben oder um einen Verband mit nur wasserwirtschaftlichen oder um einen Verband mit nur bodenwirtschaftlichen Aufgaben handelt. In der Bezeichnung der alten Verbände ist das Wort „Genossenschaft" zu streichen und durch das Wort „Verband" zu ersetzen.

In dem RdErl. vom 4. Juni 1940 (LwRMBl. S. 541) wird empfohlen, die Bezeichnungen nicht zu lang, sondern durch Anwendung eines Orts- oder Bach- oder Flurnamens nur so lang zu bilden, als es nötig ist, um den Verband genügend zu bestimmen und Verwechselungen mit anderen Verbänden auszuschließen. Am zweckmäßigsten sind Bezeichnungen, die kurz die Hauptaufgabe des Verbandes kennzeichnen, wie z. B. Deichverband, Sielverband, Entwässerungs-, Bewässerungs-, Drän-, Talsperren-, Abwasserverwertungsverband.

§ 6. Sitz.

Der Wasser- und Bodenverband muß seinen Sitz im Deutschen Reiche haben. Dieser ist in der Satzung anzugeben.

Durch den Sitz wird der allgemeine Gerichtsstand des Verbandes bestimmt (ZPO. § 17). Liegt das Verbandsgebiet in mehreren Verwaltungsbezirken oder Ländern, so ist örtlich zuständig die Aufsichtsbehörde, in deren Bezirk der Verband seinen Sitz hat (§ 115). Die Satzung muß einen bestimmten Ort als Sitz angeben, eine Satzungsbestimmung „der Verband hat seinen Sitz am Wohnorte des jeweiligen Vorstehers" ist unstatthaft.

§ 7. Gründung unanfechtbar.

Das Bestehen des Wasser- und Bodenverbandes kann nicht mit der Begründung angefochten werden, daß eine Voraussetzung des Erlasses der Satzung (§§ 145, 151, 169) nicht vorgelegen habe.

Durch den Erlaß der Satzung werden sowohl bei der Umgestaltung der alten Verbände (§ 145), wie bei der Umwandlung der privatrechtlichen Verbände (§ 151) und bei der Neugründung von Verbänden (§ 169) Träger und Umfang des Unternehmens in einwandfreier, rechtlich unanfechtbarer Weise festgestellt und etwa vorgekommene Verfahrensmängel geheilt. Bei Streitigkeiten über die Zugehörigkeit zum Verbande oder über die Heranziehung und Veranlagung zu Beiträgen kann nicht mehr geltend gemacht werden, daß das Verfahren nicht gesetzmäßig verlaufen sei oder daß der Verband keine der in § 2 bezeichneten Aufgaben habe. Das Bestehen des Verbandes kann nach dem Erlaß der Satzung nicht mehr in Frage gestellt werden, und zwar weder von den Verbandmitgliedern, noch von Dritten. Die Beteiligten können ihre Einwendungen gegen die Verbandgründung nur bei der Gründungsbehörde (§ 152, Anm. 1 zu § 163) und gegen deren Entscheidung Beschwerde bei der nächsthöheren Behörde (§ 168) erheben, welche die Rechtmäßigkeit der Gründungsvorgänge und die Gesetzmäßigkeit der Satzungsbestimmungen, soweit hierüber Streit besteht, nachzuprüfen hat (Anm. 1 zu § 163). Dritten steht nur die Dienstaufsichtsbeschwerde (§ 112) zu. Die ordentlichen Gerichte sind für Entscheidung über das Bestehen oder Nichtbestehen des Wasser- und Bodenverbandes nicht zuständig. Diese Grundsätze hat das Pr. OVG. schon vor dem Inkrafttreten des Pr. WG., das im § 208 eine dem § 7 entsprechende Bestimmung enthält, in ständiger Rechtsprechung vertreten. § 7 gilt für alle Verbände, auch für die alten, die noch nicht nach § 145 neu gestaltet sind (vgl. ZAgr. **26**, 293 Anm. 1).

II. Abschnitt.
Verordnung und Satzung.

Vorbemerkung.

Schon nach bisherigem Recht ergab sich das Recht der Verbände aus Gesetz und Satzung (zum Teil statt der letzteren auch aus dem Herkommen). Die Landesgesetze beschränkten sich jedoch meist auf bestimmte Hauptvorschriften und überließen ihre Ausfüllung in höherem Maße der Satzung, als dies die WVO. tut (vgl. auch Anm. 2 zu § 9).

Die Initiative für die Abfassung und Änderung der Satzung lag überwiegend bei den Beteiligten (meist bei der Mitgliederversammlung), wenn auch jede Satzung und jede Satzungsänderung der Genehmigung der Aufsichtsbehörde bedurfte. Nach der WVO. liegt dagegen das Schwergewicht der Satzungsgestaltung bei der Aufsichtsbehörde; immerhin hat auch sie nur auf Antrag oder nach Anhörung des Vorstandes bzw. bei der Gründung nach Anhörung der Beteiligten (§§ 163 ff.) zu handeln. Praktisch geht daher auch heute die Satzungsgestaltung aus einem Zusammenwirken zwischen den Verbänden und der Aufsichtsbehörde, wenn auch unter rechtlichem Überwiegen der letzteren hervor.

Wegen der Unterscheidung zwischen zwingenden und abänderbaren Vorschriften der WVO. vgl. Anm. 4 zu § 9.

Die Satzung ist ein Recht schaffender Akt und sie ist demnach für das Leben des Verbandes maßgebend. (PrOVG. **79,** 213, RVG. in ZAgr. **28,** 125.)

Die Satzungsbestimmungen haben wie bisher öffentlichrechtlichen Charakter, sie haben die Eigenschaft von Rechtsnormen (RGZ. **31,** 235, **42,** 307; Gruchot **53,** 1084; JW. 109 S. 117; OVG. im PrVBl. **32,** 186; LWA. **1,** 186). Die Rechtsbeziehungen zwischen dem Verbande und seinen Mitgliedern sind öffentlichrechtlicher Natur (ZAgr. **26,** 366).

§ 8. Inhalt der Verordnung.

Diese Verordnung regelt die inneren Rechtsverhältnisse des Wasser- und Bodenverbandes [1]. Die rechtlichen Beziehungen des Verbandes nach außen bleiben unberührt, soweit nicht die Verordnung ausdrücklich anderes vorschreibt [2 3].

1. Über das Verhältnis zwischen Verordnung und Satzung vgl. die Vorbemerkung zu diesem Abschnitt. Die Zugehörigkeit von Grundstücken zum Verbande ist im Grundbuche nicht zu vermerken. Die sich aus der Satzung ergebenden Wassernutzrechte, die dem Verbande gegenüber seinen Mitgliedern an den Verbandgrundstücken zustehen, können in das Wasserbuch nicht eingetragen werden (LWA. **2**, 15, **4**, 121, im PrVBl. **41**, 161, **45**, 14).

2. Die Verordnung und die Satzung berechtigen und verpflichten nur die Verbandmitglieder untereinander und in ihrem Verhältnis zum Verbande, berühren aber nicht die Rechtsverhältnisse der Personen, die außerhalb dieses Kreises stehen. Ihnen steht der Verband nicht anders gegenüber wie jeder andere Unternehmer; wenn er ihnen gegenüber Rechte erwerben will, ist er auf den Weg der Vereinbarung, der Verleihung, des Zwangsrechtsverfahrens, des Ausbauverfahrens usw. angewiesen (vgl. Anm. 1 zu § 22, PrOVG. **81**, 330; ZAgr. **19**, 22, **25**, 23). Streitigkeiten zwischen dem Verbande und Dritten gehören in den ordentlichen Rechtsweg; auch für die Schadenersatzansprüche von Nichtmitgliedern und für die nicht zum Verbande gehörenden Grundstücke usw. von Verbandmitgliedern wegen der Ausführung oder Auswirkung der Verbandanlagen sind die ordentlichen Gerichte zuständig (RGZ. **36**, 233, RG. in JW. 1895 S. 550, 1916, S. 142). Dasselbe gilt von Ansprüchen Dritter auf Beseitigung von Verbandanlagen und Wiederherstellung des früheren Zustandes, da Rechte Dritter durch den Erlaß der Satzung und die Genehmigung des Planes nicht berührt werden (ebenso Tö. Anm. 1 zu § 8, a. M. Niermann in ZAgr. **24**, 192). Eine etwa erforderliche wasser-, deich- oder gewerbepolizeiliche Genehmigung muß der Verband wie jeder andere Unternehmer einholen. Nur wo die WVO. dem Verbande Dritten gegenüber — wie z. B. gegenüber den Vorlandeigentümern nach § 23, den Pächtern und anderen Nutzberechtigten gegenüber nach § 94 Abs. 1 — Rechte ausdrücklich gewährt, ist die Verordnung und die Satzung auch ihnen gegenüber rechtswirksam.

Rechtshandlungen, die außerhalb der Zweckbestimmung der Verbände von ihren Organen getätigt werden, gelten überhaupt nicht als Handlungen des Verbandes, sondern entbehren mangels einer insoweit rechtsfähigen Person gänzlich der Rechtswirksamkeit, wenn sie klar erkennbar über den Verbandzweck hinausgehen. Für eine ungerechtfertigte Bereicherung haftet der Verband nach BGB. §§ 812 ff. (Schlegelberger im RVBl. **51**, 90; Holtz-Kreutz-Schlegelberger Anm. 1 zu 209 PrWG., a. M. Tö. Anm. 4 zu § 50, Niermann in ZAgr. **24**, 189.)

3. Die Wasserbehörde ist nicht berechtigt, durch den Planfeststellungsbeschluß in die zwischen dem Verbande und dem Unternehmer auf dessen Zugehörigkeit zum Verbande beruhenden Rechtsbeziehungen einzugreifen (ZAgr. **17**, 128.)

§ 9. Inhalt der Satzung.

(1) Das Recht im Wasser- und Bodenverbande, das in dieser Verordnung nicht geregelt ist, ergibt sich aus seiner Satzung [1].

(2) Die Satzung muß die in dieser Verordnung vorgeschriebenen Angaben enthalten und die Form der Bekanntmachungen des Verbandes [2] bestimmen. Sie darf von der Verordnung in den zugelassenen Fällen abweichen [3].

(3) Rechtsbeziehungen des Verbandes nach außen können in der Satzung nur, wenn die Verordnung es ausdrücklich zuläßt, geregelt werden [4] [5].

1. Über das Verhältnis zwischen Verordnung und Satzung vgl. die Vorbemerkung zu diesem und zum XII. Abschnitt. Die Satzung ist ein Recht schaffender Akt, sie ist für das Leben des Verbandes neben der WVO. maßgebend (PrOVG. **79**, 213; RWG. **2**, 278).

2. Siehe Anm. 4 zu § 10.

3. Andere Abweichungen der Satzung von der Verordnung sind unwirksam.

Das bisherige Recht zählte bisher die einzelnen Punkte auf, über welche die Satzung Bestimmungen enthalten mußte, es enthielt bestimmte Mindestforderungen für den Inhalt der Satzung. Die WVO enthält eine solche Aufzählung nicht, sondern bestimmt bei der Regelung der einzelnen Rechtsverhältnisse, was in der Satzung anzugeben ist (z. B. in §§ 5, 6, 11, 17, 47, 48, 54 ff., 58, 65, 70, 86), ohne damit den Inhalt der Satzung zu erschöpfen.

4. Zu unterscheiden sind zwingende, d. h. durch die Satzung nicht abänderbare, und durch sie abänderbare Bestimmungen der Verordnung. Abänderbar sind nur die Bestimmungen, bei denen eine Abweichung zugelassen ist. Wenn diese Zulassung auch bei einer ganzen Anzahl wichtiger Bestimmungen ausgesprochen ist (z. B. §§ 48 Abs. 5, 54 Abs. 2, 55 Abs. 6), so liegt hierin doch gegenüber den Landesrechten eine Einengung der Satzungsgestaltung, die rechtspolitisch nicht zwingend geboten erscheint, um so mehr, als die Aufsichtsbehörde dabei rechtlich überwiegt.

Ergänzungen, d. h. also Satzungsbestimmungen, die nicht von den Vorschriften der Verordnung abweichen, sondern ihr gegenüber einen Zusatz darstellen, sind zulässig, so weit sie sich im Rahmen des Wasserverbandrechts überhaupt halten.

5. Die im Anhang abgedruckten Satzungsmuster sind für landwirtschaftliche Wasser- und Bodenverbände (SaMu. A) durch die Ersten Ausführungsvorschriften zur WVO. (Erste Verbandvorschriften) vom 19. Januar 1938 (LwRMBl. S. 40, für Wasserbeschaffungsverbände (SaMu. B) durch die Zweiten Ausführungsvorschriften zur WVO. (Zweite Verbandvorschriften) vom 18. August 1939 (LwRM Bl. S. 877) bekannt gegeben. Diese Satzungsmuster sollen nur als Anhalt für die Aufstellung der Satzung dienen und bewirken, daß gleichartige Verbände, soweit möglich, dieselbe Fassung für ihre Satzungen erhalten; die Satzungsmuster können daher ergänzt oder geändert werden.

§ 10. Ergänzung, Änderung der Satzung.

(1) Die Aufsichtsbehörde kann die Satzung auf Antrag des Vorstandes oder nach dessen Anhörung ergänzen und ändern [1]. In der Satzung kann vorgeschrieben werden, daß auch die Anhörung

des Ausschusses und die Zustimmung des Fachministers erforderlich sind [2].

(2) Die Ergänzungen und Änderungen werden, wenn nicht anderes vorgeschrieben wird, am Ende des Tages wirksam, an dem die Mitteilung der Behörde dem Verbande zugeht [3].

(3) Die Aufsichtsbehörde macht die Ergänzungen und Änderungen wie Bekanntmachungen des Verbandes unverzüglich bekannt und kann sie außerdem in ihrem Nachrichtenblatte bekanntgeben [4]. Der Verband trägt die Kosten.

1. Vgl. Vorbemerkung zum II. Abschnitt und 1. A. V. Nr. 84. Die Aufsichtsbehörde, die die Satzung erläßt (§ 169), bestimmt auch die inhaltliche Fortentwicklung der Satzung und ist deshalb in der Ergänzung und Änderung des Satzungsrechts vom Willen der Verbandorgane unabhängig. Das Satzungsrecht der zur Zeit des Inkrafttretens der 1. WVO. bestehenden, der alten Verbände i. S. des § 1 Nr. 1, das nach § 145 erneuert werden muß, kann nach § 10 ergänzt und geändert werden, und zwar durch eine schriftliche Verfügung der Aufsichtsbehörde.

2. Die Anhörung des Ausschusses ist bei Änderung der Aufgabe in jedem Falle vorgeschrieben (§ 18, allerdings durch den Vorstand), ebenso auch bei abweichender Regelung des Beitragsverhältnisses in den Fällen des § 82 Abs. 2.

Statt des Ausschusses kann in Verbänden mit Verbandversammlung deren Anhörung bestimmt werden.

Die Zustimmung des Fachministers ist bisher nur bei ganz großen Verbänden, insbesondere bei industriellen Abwasserreinigungsverbänden vorgesehen.

3. Ein Rechtsmittel ist nicht gegeben, nur die — fristlose — Dienstaufsichtsbeschwerde kann erhoben werden. Dies gilt auch bei Änderung des Beitragsverhältnisses Nur bei Änderung der Aufgabe ist Beschwerde gegeben (§ 19).

4. Die Bekanntmachung erfolgt in der Form der Bekanntmachungen des Verbandes (§ 9 Abs. 2), z. B. in ortsüblicher Weise (durch Auslegung, Aushang oder Ausrufen) in den Gemeinden, in deren Bezirk zum Verband gehörende Grundstücke liegen. In der Satzung kann eine andere Form der Bekanntmachung, z. B. im Kreisblatte oder im Amtsblatte der Regierung, bei kleineren Verbänden auch durch Umlauf bei den Beteiligten, vorgeschrieben werden (vgl. Anm. 3 zu § 169, SaMu. A § 46, Vgl. auch § 149 Anm. 1.

III. Abschnitt.

Mitgliedschaft.

Vorbemerkung.

Die Bestimmungen des III. Abschnittes weichen von denen der bisherigen Landesgesetze insbesondere dadurch ab, daß Streitigkeiten über die Mitgliedschaft, über die Zugehörigkeit zum Verbande, nicht mehr von den Verwaltungsgerichten, sondern von der Aufsichtsbehörde entschieden werden (§ 12) und daß der Eintritt neuer und das Ausscheiden bisheriger Mitglieder nicht mehr von dem Willen des Beteiligten, sondern von der Entschließung der Aufsichtsbehörde abhängig gemacht worden ist; sie kann dem Verbande auf Antrag oder nach Anhörung neue Mitglieder zuweisen (§ 13) oder Mitglieder aus dem Verbande entlassen (§ 14). Eine weitere Neuerung ist die Zulassung des Einmannverbandes (§ 15).

§ 11. Verzeichnis der Mitglieder.

(1) Die Mitglieder sind in der Satzung oder in einem Verzeichnisse anzugeben, auf das in der Satzung hinzuweisen ist [1]. In dem Verzeichnisse sind auch die Grundstücke, Bergwerke und Anlagen (§ 3 Nr. 1) und die Unterhaltlasten (§ 3 Nr. 2) aufzuführen.

(2) Der Wasser- und Bodenverband hält das Verzeichnis auf dem laufenden. Es ist nicht Bestandteil der Satzung [2] [3].

1. In der Satzung werden die Mitglieder nur bei solchen Verbänden angegeben, die aus wenigen großen Körperschaften (§ 3 Nr. 3) bestehen. Im allgemeinen dient als

Mitgliederverzeichnis das bei der Verbandgründung benutzte Verzeichnis (§ 156 Abs. 1).

2. Das Mitgliederverzeichnis ist grundsätzlich nicht ein Bestandteil der Satzung, sondern eine besondere Anlage zu ihr. Eine Änderung des ständiger Berichtigung (Fortschreibung), z. B. beim Wechsel des Eigentümers oder des Unterhalters, bedürftigen Verzeichnisses ist daher keine Satzungsänderung. Es kann grundsätzlich formlos geändert werden. Sind aber die Mitglieder in der Satzung aufgeführt, so kann eine Berichtigung nur in der für eine Satzungsänderung vorgeschriebenen Form (§§ 10, 13, 14) erfolgen. In dem Verzeichnisse sind Namen, Stand und Wohnort des Teilnehmers sowie in der Regel auch die kataster- und grundbuchmäßige Bezeichnung und Wertzahlen oder der Flächeninhalt der beteiligten Grundstücke oder Verhältniszahlen anzugeben (vgl. § 159). Der Entwurf eines Vordrucks für das Mitgliederverzeichnis ist im LwRMBl. 1940 S. 542 veröffentlicht. Plan und Verzeichnis sind die wichtigsten Beweisstücke dafür, welche Grundstücke usw. zu dem Verbande gehören und ob deren Eigentümer beitragspflichtig oder beitragsfrei (§ 84) zugezogen worden sind. Gegenbeweis ist zulässig, außer im Falle des § 147. Das Mitgliederverzeichnis bildet auch die Grundlage für die Aufstellung des Beitragbuches (§ 87) und der Hebeliste (§ 89). Es wird von der Aufsichtsbehörde aufbewahrt, je eine Abschrift erhalten das Wasserwirtschaftsamt und der Verbandvorsteher (SaMu. § 2), dem die Fortschreibung des Verzeichnisses, z. B. bei jedem Eigentumswechsel, obliegt. (s. 1. A. V. Nr. 9).

3. Es ist nicht verboten (wenn auch für den Regelfall nicht empfehlenswert), das Mitgliederverzeichnis auch als Beitragsbuch zu verwenden, wenn der Verband nur aus dinglichen Mitgliedern besteht und der Flächenmaßstab gilt (a. M. Tö. Anm. 2 zu § 11); es müssen dann im Beitragbuch auch die beitragsfrei zugezogenen Grundstücke vermerkt werden.

§ 12. Streit um die Mitgliedschaft.

Wenn jemand mit dem Wasser- und Bodenverbande streitet, ob oder in welchem Umfange er

Mitglied ist, entscheidet die Aufsichtsbehörde. Gegen die Entscheidung ist in zwei Wochen nach der Mitteilung die Beschwerde an die Spruchstelle für Wasser- und Bodenverbände (§§ 133 u. ff.) zulässig [1] [2].

1. Die Spruchstelle kann erst angerufen werden, wenn eine schriftliche Entscheidung der Aufsichtsbehörde vorliegt. Die in Satz 2 bestimmte Frist und die Beschwerdestelle sind in der Entscheidung anzugeben (§ 187).

2. Der Streit um die Mitgliedschaft nach § 12 geht um die Frage, ob jemand Mitglied ist, nicht um die Frage, ob ein Mitglied entlassen werden soll (RVG. in ZAgr. **29**, 11). Entscheidend für die Mitgliedschaft sind in erster Linie Plan (§ 157) und Mitgliederverzeichnis (§§ 11, 159). Wer zum Verbande mit seinen Grundstücken usw. gehört, bleibt solange Mitglied, bis er gemäß § 14 rechtswirksam aus dem Verbande entlassen ist. Gegenstand des Streites um die Mitgliedschaft kann nicht sein, ob das Grundstück usw. bei der Gründung zu Unrecht zum Verbande zugezogen wurde. Insbesondere ist über die Frage, ob einmal zum Verbande zugezogene Grundstücke nicht hätten zugezogen werden sollen, weil für sie ein Vorteil von Anfang an nicht zu erwarten gewesen wäre, nach dem Erlaß der Satzung nicht mehr zu entscheiden. Die Mitgliedschaft kann nach § 16 mit dieser Begründung nicht mehr angefochten werden.

§ 13. Zuweisung neuer Mitglieder.

(1) Die Aufsichtsbehörde kann dem Wasser- und Bodenverbande neue Mitglieder zuweisen, für die die Voraussetzungen der Mitgliedschaft nach den §§ 153, 154, 155 zutreffen [1]. Der Zuweisung steht die Erweiterung der Teilnahme eines Mitgliedes gleich [2].

(2) Wer nach dem § 95 wegen Vorteils Geldbeiträge an den Verband zu leisten hat, kann die Zuweisung zu ihm verlangen, es sei denn, daß der

Beitrag die Höhe nicht erreicht, von der nach der Satzung der Mitgliedschaft abhängig ist [3].

(3) Der Zuweisung sind Entwürfe für die Änderung des Planes für das Unternehmen (§ 17), des Mitgliederverzeichnisses (§ 11) und der Satzung zugrunde zu legen, der Vorstand und die zuzuweisenden Personen sind zu hören, und über die Einwendungen ist in entsprechender Anwendung der §§ 163, 167 und 168 zu entscheiden.

(4) Mit der Änderung der Satzung wird die Zuweisung wirksam. An die Stelle der Satzungsänderung tritt die zuweisende Verfügung der Aufsichtsbehörde, wenn die Satzung nicht geändert zu werden braucht. § 10 gilt entsprechend.

(5) Das Verfahren nach den Absätzen 3 und 4 ist nur in einfachen Fällen zulässig. Im Zweifel bestimmt die obere Aufsichtsbehörde, ob der Fall einfach ist. Für die anderen Fälle gelten die Vorschriften des § 174 [4] [5].

1. Der Eintritt neuer und das Ausscheiden bisheriger Mitglieder war nach Landesrecht (vgl. z. B. § 232 PrWG.) von dem Einverständnis des Verbandes und des Mitgliedes abhängig und bedurfte nur der Genehmigung der Aufsichtsbehörde. Künftig soll jede Veränderung im Mitgliederbestande durch Zuweisung neuer Mitglieder oder durch Entlassung von Mitgliedern ebenso wie die Gründung des Verbandes nicht mehr von dem Willen der Beteiligten abhängig sein, sondern der staatlichen Verfügung unterliegen; immerhin darf die Verfügung nur nach Anhörung ergehen und ist mit der Beschwerde anfechtbar. Einer Zuweisung durch die Aufsichtsbehörde bedarf es auch dann, wenn ein Grundstückseigentümer freiwillig dem Verbande beitreten und der Verband ihn aufnehmen will (Erl. vom 25. Oktober 1938, LwRMBl. S. 1050). Die Aufsichtsbehörde darf neue Mitglieder dem Verbande nur dann zuweisen, wenn deren Einbeziehung nach den für die Gründung des Verbandes geltenden Vorschriften (§§ 153 bis 155) möglich ist. Beim Wechsel des Eigentums an einem Grundstück usw. bedarf es keiner Entlassung oder Zuweisung, sondern nur einer Berichtigung des Mitgliederverzeichnisses durch den Vorsteher.

2. Die der Zuweisung gleichgestellte Erweiterung der Teilnahme eines Mitglieds bezieht sich insbesondere auf den Fall, daß ein dingliches Mitglied mit einem Teile seiner Grundstücke usw. dem Verbande noch nicht angehört oder daß ein Unterhalter mit einer weiteren Gewässerstrecke zum Verbande gezogen wird.

Die mit weiteren Grundstücken usw. zugezogenen und die neu zugewiesenen Mitglieder haften gemäß § 80 Abs. 2 für alle seit der Zuweisung gehobenen Beiträge, auch soweit diese zur Deckung für die vor ihrer Zuweisung vom Verbande eingegangenen Verbindlichkeiten dienen.

3. Abs. 2 bildet insofern eine Ausnahme von dem Grundsatze des Abs. 1, wonach die Aufnahme in einen bestehenden Verband dem Ermessen der Aufsichtsbehörde unterliegt, als den Nutznießern, die nach § 95 wegen Vorteils zu Geldbeiträgen herangezogen werden, ein gesetzlicher Anspruch auf Zuweisung zum Verbande gewährt wird; dieser Anspruch besteht aber dann nicht, wenn der Geldbeitrag unter dem satzungsmäßigen Mindestbeitrage bleibt.

4. Bei der Zuweisung sind einfache und schwierigere Fälle zu unterscheiden. Zu den ersteren sind in der Regel Zuweisungen eines oder einiger weniger Mitglieder zu rechnen, selbst wenn die Fläche verhältnismäßig groß ist. Als schwierigere Fälle sind jedenfalls Zuweisungen anzusehen, die der Neugründung eines Verbandes (sogenannte „Anschlußgründungen") nahe kommen.

In schwierigeren Fällen sind die Vorschriften über das Gründungsverfahren anzuwenden (§§ 174, 156 ff.). In einfachen Fällen ist das Verfahren demgegenüber wesentlich vereinfacht; Entwürfe der Änderungen von Plänen, Mitgliederverzeichnissen und Satzung sind zwar, soweit erforderlich, auch von der Aufsichtsbehörde aufzustellen, jedoch bedarf es einer Wertzahl auch bei der Zuweisung mehrerer Mitglieder nicht. Die Mitwirkung der staatlichen Fachbehörde ist nicht vorgeschrieben. Die Bekanntgabe und Anhörung der zuzuweisenden Personen kann formlos, daher in ganz einfachen Fällen auch schriftlich erfolgen.

5. Werden Einwendungen gegen die beabsichtigte Zuweisung oder die vorgelegten Entwürfe erhoben, so hat die Aufsichtsbehörde in einem schriftlich begründeten und den Beteiligten bekannt zu gebenden Bescheid mit Rechtsmittelbelehrung (§ 187) zu entscheiden. Den Beteiligten steht hiergegen die Beschwerde bei der oberen Aufsichtsbehörde binnen 2 Wochen zu, deren Entscheidung endgültig ist (§§ 167 f.).

Wird ein Zuweisungsantrag abgelehnt, so gibt es dagegen nur die gewöhnliche Dienstaufsichtsbeschwerde. Die Zuweisung selbst erfolgt durch schriftliche Mitteilung an den Verbandvorsteher, und zwar grundsätzlich erst nach rechtskräftiger Erledigung der Beschwerden (vgl. Li. in der DLZ. 1939 S. 216 ff.).

§ 14. Entlassung von Mitgliedern.

(1) Die Aufsichtsbehörde kann Mitglieder aus dem Wasser- und Bodenverbande entlassen. Der Entlassung steht die Einschränkung der Teilnahme eines Mitgliedes gleich [1] [2] [3].

(2) Die Aufsichtsbehörde kann Verpflichtungen des Verbandes und der zu entlassenden Mitglieder festsetzen, um unbillige Folgen der Entlassung zu verhüten [4] [5].

(3) Für das Verfahren gelten die Vorschriften des § 13 Abs. 3 und 4 entsprechend [6].

1. Vgl. Anm. 1 zu § 13.

Auch die Entlassung steht im pflichtgemäßen Ermessen der Aufsichtsbehörde. Richtlinien darüber bestehen nicht. Der Wegfall der Hinzuziehungsgründe der §§ 153—155 ist nicht ohne weiteres ein Entlassungsgrund. So ist das Mitglied, das durch eigene Maßnahmen den Vorteil, den es von dem Verbandsunternehmen hat, beseitigt, grundsätzlich nicht etwa deshalb zu entlassen. Überhaupt gibt es einen Anspruch auf Entlassung, wie z. B. nach § 240 PrWG. wegen dauernden Nachteils, nach der

WVO. nicht. Andererseits kann auch der Verband nicht einen Austrittszwang ausüben wie nach § 234 PrWG., wenn die Erreichung seines Zweckes gefährdet wird.

2. Einschränkung der Teilnahme ist z. B. die Entlassung einiger Grundstücke eines Mitgliedes, das mit anderen Grundstücken beteiligt bleibt. Verringerung der Beitragslast (z. B. nach § 88) ist keine Einschränkung der Teilnahme.

3. Über die Entlassung von Mitgliedern beim Ausbleiben des Vorteils des Unternehmens oder des Vorteils auf einem Teile der Verbandfläche ist in dem RdErl. d.RM.f.E. und L. vom 7. Januar 1941 (LwRMBl. S. 40) folgendes ausgeführt:

„Die Entlassung darf nur nach sorgfältiger Prüfung aller Folgen verfügt werden. Es genügt nicht, in dem Entlassungsverfahren gemäß den §§ 14 Abs. 3, 13 Abs. 3 nur den Vorstand und die zu entlassenden Mitglieder zu hören, sondern es ist bei einer Schuldenlast des Verbandes zur Verhütung unbilliger Folgen auf seiten der Gläubiger auch erforderlich, die gefährdeten Verbandgläubiger zu befragen. Außerdem müssen, wenn die Anhörung des Vorstandes nicht ausreichend erscheint, noch andere Vertreter der im Verbande bleibenden Mitglieder gehört werden. Nach der Anhörung ist zu prüfen, ob ein Ausgleich aller Interessen gefunden werden kann, wobei die Beschränkung der Beitragslast der zu entlassenden Mitglieder auf einen Teil dieser Last nach § 14 Abs. 2 WVO. in Frage kommt, oder ob eine Sanierung des Verbandes mit staatlicher Hilfe nötig und möglich ist. Es kann zweckmäßig sein, die Mitglieder erst zu entlassen, nachdem der Verband seine Schulden ganz oder in dem erforderlichen Umfange getilgt hat." In Sanierungsfällen entbindet das Gutachten der landwirtschaftlichen Dienststelle (§ 118), das lediglich als Grundlage für den Sanierungsplan dient, den Verband nicht von der Erfüllung seiner Darlehnsverpflichtungen, auch wenn diese höher sind, als sie nach dem Gutachten als erwünscht bezeichnet werden (LwRMBl. 1940, S. 329, 1941 S. 40).

Die Entlassung kann auch dann versagt werden, wenn

das Leben des Verbandes durch die Entlassung gefährdet würde (ZAgr. **27**, 351).

4. Eine Festsetzung von Verpflichtungen des Verbandes gegenüber dem zu entlassenden Mitgliede oder des Verbandes und des Mitgliedes gegenüber einem Gläubiger wird nur ausnahmsweise in Frage kommen; es werden hauptsächlich Verpflichtungen der zu entlassenden Mitglieder, die entweder über § 78 Abs. 2 hinausgehen oder unter seiner Ausschaltung festgesetzt werden, in Betracht kommen. Wenn z. B. ein Teil des Verbandgebietes für verbandfremde Zwecke, z. B. durch Eisenbahn, Industrieunternehmen, benutzt wird, so hat der neue Eigentümer meist den Wunsch, aus dem Verbande entlassen zu werden; auch sachlich ist dies angezeigt. Es wäre aber unbillig, wenn wegen einer solchen Maßnahme die übrigen Verbandsmitglieder höher belastet werden müßten, um etwa die für die Gesamtfläche aufgenommenen Darlehen verzinsen und tilgen zu können. In diesem Falle ist es daher nur billig, wenn der neue Eigentümer bei der Entlassung zur Zahlung des sogenannten „Baukostenanteils" verpflichtet wird, d. h. des Anteils an dem vom Verbande aufgenommenen Darlehenskapital, der rechnungsmäßig auf die zu entlassenden Grundstücke entfällt (vgl. Li. in der DLZ. 1937 S. 164); jedoch können in diesem Falle auch weitergehende Schädigungen des Verbandes vorkommen, z. B. durch Mehrbelastung der verbleibenden Grundstücke mit den vielleicht ziemlich gleichbleibenden Unterhaltungs- und Verwaltungskosten. Dann ist ein Ausgleich auch hierfür gerechtfertigt.

5. Das Verhältnis von § 14 Abs. 2 zu § 78 Abs. 2 ist nicht geregelt. Das Recht des Verbandes auf bestimmte Beiträge gemäß § 78 Abs. 2 wird daher grundsätzlich durch die Festsetzung von Verpflichtungen nach § 14 Abs. 2 nicht berührt. In vielen Fällen wird sich aber eine sofortige endgültige Regelung empfehlen, am besten dadurch, daß der Verband unter entsprechender Erhöhung der Verpflichtungen des Mitgliedes auf seine Ansprüche nach § 78 Abs. 2 verzichtet und die Aufsichtsbehörde dann diesen Verzicht in ihre Verfügung aufnimmt.

6. Bei der Entlassung gibt es nur ein einfaches, nicht ein Verfahren in schwierigen Fällen, wie bei der Zuweisung.

Für das einfache Verfahren gilt das gleiche wie für das einfache Verfahren bei der Zuweisung (Anm. 4 und 5 zu § 13).

§ 15. Einmannverband.

Wenn die Anzahl der Mitglieder auf eine Person sinkt, gilt der Wasser- und Bodenverband als fortbestehend. Die oberste Aufsichtsbehörde kann besondere von dieser Verordnung abweichende Anordnungen geben. Diese sind durch Änderung der Satzung (§ 10) in Kraft zu setzen.

Entsprechend dem PrWG., wonach die Bildung von Wassergenossenschaften mit nur zwei Mitgliedern zulässig war, können auch Wasser- und Bodenverbände mit nur zwei Mitgliedern gegründet werden. Nach der Gründung kann die Mitgliederzahl nach § 15 sogar auf ein Mitglied herabsinken, ohne daß der Verband aufgelöst zu werden braucht. Sein Fortbestehen kann z. B. im Interesse der Verbandgläubiger zweckmäßig sein. An der Trennung und rechtlichen Selbständigkeit des Verbandvermögens und des Vermögens der einzelnen Verbandmitglieder ist auch im Verhältnis zu den persönlichen Gläubigern des Mitgliedes beim Einmannverbande festzuhalten.

§ 16. Mitgliedschaft unanfechtbar.

Die Mitgliedschaft, die auf einer staatlichen Verfügung beruht, kann nicht mit der Begründung angefochten werden, daß eine Voraussetzung für die Verfügung nicht vorgelegen habe.

§ 16 entspricht hinsichtlich der Mitgliedschaft der Bestimmung des § 7. Durch die staatliche Verfügung, d. h. durch den Erlaß der Satzung (§ 196), oder durch die Zuweisungsverfügung (§ 13), wird die Mitgliedschaft in einwandfreier, rechtlich unanfechtbarer Weise festgestellt. Ein Mitglied kann daher nach Erlaß der Satzung nicht mehr mit Erfolg geltend machen, er sei zu Unrecht zum

Verbande gezogen worden (vgl. RVG. in ZAgr. **29,** 11). § 16 gilt auch nach Erlaß der Verfügung, durch welche die Aufsichtsbehörde das Mitgliederverzeichnis eines beim Inkrafttreten der WVO. bereits bestehenden Verbandes gemäß § 147 festgesetzt hat.

IV. Abschnitt.

Aufgabe und Unternehmen.

Vorbemerkung.

Die Änderung der in § 2 bezeichneten Aufgaben ist nicht vom Willen der Beteiligten abhängig, deren Anhörung lediglich vorgeschrieben ist, sondern kann nur von der Aufsichtsbehörde vorgenommen werden (§ 18), während die Änderung des Unternehmens, d. h. der örtlichen Maßnahmen, dem Vorstande obliegt, der nur der Genehmigung der Aufsichtsbehörde bedarf (§ 21). Über den Unterschied zwischen Aufgabe und Unternehmen s. Anm. 2 zu § 17. Die Benutzung der zum Verbande gehörenden Grundstücke für das Unternehmen ist im wesentlichen in Übereinstimmung mit dem bisherigen Landesrechte geregelt (§§ 22 bis 24). Dem Nutzberechtigten eines zum Verbande gehörenden Grundstücks, das von dem Unternehmen betroffen wird, ist eine dem bisherigen Rechte fremde Möglichkeit zur Aufhebung des Nutzrechtes gegeben (§ 28).

Für die zum Verbande oder zu seinem Unterverbande gehörenden Grundstücke ist dem Verbande ein vereinfachtes Enteignungsverfahren eingeräumt worden (§§ 30 ff.). Die Schauvorschriften (§§ 42 ff.) entsprechen im wesentlichen denen des bisherigen Rechtes.

§ 17. Begriffe. Angabe in der Satzung. Verzeichnis.

(1) Die Aufgabe (§ 2) des Wasser- und Bodenverbandes ist in der Satzung anzugeben [1].

(2) Wenn als Mittel zur Durchführung der Aufgabe Bauten, Anlagen, Arbeiten an Grundstücken

und Gewässern und ähnliche Maßnahmen unternommen werden (Unternehmen), sind auch diese anzugeben [2]. Auf den Plan des Unternehmens ist hinzuweisen, wenn ein solcher vorhanden ist; er kann zum Bestandteil der Satzung erklärt werden [3].

(3) Die Aufsichtsbehörde kann anordnen, daß der Verband ein Verzeichnis der Anlagen und Gewässer führt, aus dem ihre Art und ihre Maße, Unterhaltung, Betrieb und Nutzung ersichtlich sind. Auf das Verzeichnis ist in der Satzung hinzuweisen; es kann zu ihrem Bestandteil erklärt werden [4].

1. Die Angabe soll sich den in § 2 für die Verbandaufgaben gewählten Bezeichnungen anpassen; andere Aufgaben darf der Verband nicht übernehmen. Wegen der rechtlichen Bedeutung der Aufgabe s. Anm 1a zu § 2.

2. Die WVO. unterscheidet zwischen Aufgaben und Unternehmen. Aufgaben des Verbandes sind eine oder mehrere der in § 2 aufgeführten wirtschaftlichen Tätigkeiten. Unternehmen ist eine bestimmte Art des Bauens und Arbeitens an örtlich bestimmten Grundstücken, Gewässern und Anlagen, insbesondere das Errichten, Erhalten und Betreiben bestimmter Anlagen, das Ausbauen und Unterhalten bestimmter Gewässer (1. AV. Nr. 11). Beitrag- und Überwachungsverbände (§ 2 Nr. 10 und 11) haben kein Unternehmen. Bei den anderen Verbänden (§ 2 Nr. 1 bis 9, Nr. 12) umfaßt das Unternehmen die als Mittel zur Durchführung der Aufgabe geplanten örtlichen Maßnahmen, wie z. B. Bau und Erhaltung von Deichen, Herstellung von Gräben, Dräns, Pumpwerken, Beregnungs- und Stauanlagen. Aufgabe und Unternehmen werden verschieden behandelt, wie z. B. in §§ 18, 20, 21 (vgl. Vorbemerkung).

3. Der Plan ist die technische Unterlage des Unternehmens. Er ist in der Regel nicht Bestandteil der Satzung, muß aber in ihr erwähnt werden. In dem Plane müssen die Einrichtungen enthalten sein, deren Ausführung Zweck des Verbandes ist (s. Anm. 1 zu § 156, über die Aufstellung und Prüfung des Planes Anm. 1—3 zu § 157). Der Plan kann bei der Aufsichtsbehörde, beim Wasserwirtschaftsamte, aber auch beim Verbandvorsteher aufbewahrt werden.

4. Der Inhalt des Planes und der Satzung sowie das nach Abs. 3 geführte Verzeichnis der Verbandanlagen (Lagerbuch), aus dem sich das durchgeführte Unternehmen ergibt (SaMu. § 4 Abs. 4), entscheiden darüber, was im Einzelfalle als gemeinschaftliche Anlage des Verbandes anzusehen ist (vgl. Anm. 1 zu § 157). Nicht dazu gehören solche Anlagen, die von einzelnen Mitgliedern in ihrem Interesse ausgeführt und unterhalten werden (PrOVG. **11**, 250). Zu den Verbandanlagen können dagegen auch solche gehören, die nicht im Eigentum des Verbandes stehen oder von ihm nicht angelegt sind (PrOVG. **38**, 270, **47**, 303, im PrVBl. **32**, 186) oder außerhalb des Verbandgebietes liegen (RV.-Bl. **49**, 232, ZAgr. **9**, 220). Im Zweifel kommt es darauf an, ob die Anlage zur Erfüllung der Aufgabe des Verbandes erforderlich ist, seinen Zwecken dient und den Anordnungen seines Vorstandes untersteht (Bochalli a. a. O. S.. 39). Als Verbandanlage wird auch eine vom Verbande derart umgestaltete Anlage anzusehen sein, daß sie in ihrem gegenwärtigen Zustande im wesentlichen den Bedürfnissen des Verbandes zu dienen bestimmt ist und ihre frühere Aufgabe dagegen zurücktritt (Holtz-Kreutz-Schlegelberger Anm. 2 zu § 222 PrWG.). Zu den Deichanlagen gehören auch die Sicherungsanlagen als wesentliche Teile der Deiche.

5. Eigentumsrecht des Verbandes an seinen Anlagen; Aushub. Die Vorfluter und Gräben stehen in der Regel nicht im Eigentum des Verbandes, sondern in dem durch ihren Zweck beschränkten Eigentum der Anlieger, falls der Verband nicht ausnahmsweise das Eigentum durch Auflassung und Eintragung in das Grundbuch erworben hat. Im Regelfalle steht daher dem Verbande auch das aus dem Eigentum fließende Fischereirecht an „seinen" Wasserläufen nicht zu. (Über Hilfsmaßnahmen für Fischer, die durch das Verbandunternehmen geschädigt werden, s. LwRMBl. 1938 S. 1019.) Der Aushub, den der Verband auf Grund des § 22 in Besitz nimmt, wird dadurch sein Eigentum, er kann also z. B.

über ausgebaggerten Kies verfügen. Abgelagerter Aushub geht aber nach § 145 PrWG. bei Wasserläufen 3. Ordnung in das Eigentum des Anliegers über (vgl. auch Anm. 4 zu § 22).

Ein Stauwehr, das ein Stauberechtigter auf Grund seines Staurechts errichtet hat, ist in Ausübung eines Rechtes an einem fremden Grundstück mit diesem Grundstück verbunden (§ 95 BGB.); es ist als solches nicht Bestandteil des Flußbettes, sondern rechtlich als eine dem Stauberechtigten gehörige bewegliche Sache zu behandeln (RG. in Seufferts Arch. Bd. 82 Heft 12). Das gleiche muß für eine Stauanlage und für jedes sonstige besondere Bauwerk (z. B. Schöpfwerk) gelten, das von einem Verbande auf Grund des § 22 errichtet worden ist.

Deiche hat man bisher nicht als besondere Bauwerke in diesem Sinne aufgefaßt; sie stehen daher als öffentliche Sachen in dem durch ihren öffentlichen Zweck sehr beschränkten Eigentum derjenigen, auf deren Gebiet sie errichtet sind, falls nicht der Deichverband von alters her als Eigentümer seiner Deiche anerkannt ist (vgl. Albers S. 51, 53) oder in neuerer Zeit das Eigentum erworben hat.

§ 18. Änderung der Aufgabe.

(1) Die Aufsichtsbehörde kann auf Antrag des Vorstandes oder nach dessen Anhörung die Aufgabe (§ 2) des Wasser- und Bodenverbandes ändern. Der Vorstand hört den Verbandausschuß. In der Satzung kann vorgeschrieben werden, daß auch die Zustimmung des Fachministers erforderlich ist.

(2) Die Aufsichtsbehörde verfügt die Änderung der Satzung, teilt die Verfügung dem Vorstande mit und gibt einen Auszug der Verfügung nach § 10 Abs. 3 bekannt.

Über den Begriff der Aufgaben s. Anm. 1a zu § 2, Anm. 2 zu § 17.

Nach dem PrWG. unterlagen Änderungen der Satzung, durch die ein neuer Verbandzweck eingeführt werden sollte, der Beschlußfassung der Mitgliederversammlung und der Genehmigung des Regierungspräsidenten (PrWG. §§ 275 f.). Die WVO. überträgt der Aufsichtsbehörde die Führung bei der Änderung der Aufgabe; sie entscheidet (s. Anm. 1 zu § 10); der Vorstand und (durch ihn) der Ausschuß sind jedoch zu hören, falls der Antrag nicht vom Vorstande gestellt ist. Die obere Aufsichtsbehörde kann anordnen, daß vor der Änderung der Satzung ihre Zustimmung einzuholen ist (s. AV. Nr. 84).

§ 19. Beschwerde über Änderung der Aufgabe. Inkrafttreten.

(1) Der Vorstand und die Mitglieder können sich gegen die Verfügung der Aufsichtsbehörde (§ 18) in zwei Wochen nach ihrer Bekanntgabe bei der oberen Aufsichtsbehörde beschweren.

(2) Wenn die Verfügung durch die Entscheidung der oberen Aufsichtsbehörde geändert wird, bedarf es einer weiteren Bekanntmachung nach § 10 Abs. 3.

In der Verfügung der Aufsichtsbehörde sind die Beschwerdefrist und die Beschwerdestelle anzugeben (§ 187). Die Beschwerdefrist ist eine Ausschlußfrist. Sie läuft vom Zeitpunkte der Bekanntgabe ab, die auch mündlich erfolgen kann. Der Beschwerdebescheid der oberen Aufsichtsbehörde (§ 112) ist unanfechtbar. Über die Anfechtung von sonstigen Satzungsänderungen s. Anm. 3 zu § 10.

§ 20. Aufsicht über das Unternehmen.

(1) Der Wasser- und Bodenverband darf seine Aufgabe nicht ohne die Zustimmung der Aufsichtsbehörde zu den Plänen ausführen [1]. Die oberste und die obere Aufsichtsbehörde können anordnen, daß die Zustimmung ihnen vorbehal-

ten bleibt. Die Anordnung ist nach § 10 in die Satzung zu nehmen [2].

(2) Wenn die Deckung der Kosten nicht rechtlich und tatsächlich gesichert ist, darf der Verband sein Unternehmen nur mit Zustimmung der Aufsichtsbehörde beginnen.

(3) Die Behörden, deren Geschäftsbereich berührt wird [3], sind von den Plänen rechtzeitig vorher zu unterrichten.

1. Vgl. § 157 Abs. 2. Über den Unterschied von Aufgabe und Unternehmen s. Anm. 2 zu § 17. Da der Plan und jede Änderung der Zustimmung der Aufsichtsbehörde bedürfen, so wird in dieser auch die Zustimmung zur Ausführung liegen. Bei der Vergebung von Bauleistungen ist die ,,Verdingungsordnung für Bauleistungen (VOB.)" zu berücksichtigen, die durch den Bauweltverlag Berlin SW 68 zu beziehen ist (LwRMBl. 1936 S. 206). Der Vorsteher unterrichtet das Wasserwirtschaftsamt (§ 118) in landwirtschaftlichen Angelegenheiten die landwirtschaftliche Dienststelle recht zeitig vorher von den Arbeiten und zeigt ihnen ihre Beendigung an (SaMu. § 5, Abs. 2).

2. Entsprechend den Vorschriften einiger preußischer Sondergesetze über die Bildung von Zwangsgenossenschaften für größere Flußgebiete soll die oberste Aufsichtsbehörde (§ 112) nach § 20 befugt sein, sich die Planprüfung vor der Ausführung satzungsmäßig vorzubehalten. Die Anordnung wird sich in der Regel nur auf den Generalplan, nicht auf die Sonderpläne erstrecken.

3. Berührt werden können außer dem Wasserwirtschaftsamte die landwirtschaftliche Dienststelle (§ 118) die Umlegungsbehörden (LwRMBl. 1938 S. 995), die Behörden der Wasserbauverwaltung, die Forstverwaltung, das staatl. Fischereiamt, die Planungsbehörden (Landesplanungsgemeinschaften, LwRMBl. 1939 S. 271), die Naturschutzbehörden (LwRMBl. 1935 S. 531, 1938 S. 178).

§ 21. Änderung des Unternehmens, des Planes.

(1) Der Vorstand kann das Unternehmen und den Plan des Wasser- und Bodenverbandes (§ 17) mit Genehmigung der Aufsichtsbehörde ergänzen und ändern, wenn die Aufgabe des Verbandes (§ 2) ungeändert bleibt [1] [2]. Die Aufsichtsbehörde kann die Ergänzung und die Änderung anordnen [3]. Diese sind in den beteiligten Gemeinden nach der Satzung (§ 9) bekanntzumachen oder den beteiligten Mitgliedern mitzuteilen.

(2) Wenn die Ergänzung und die Änderung die Satzung berühren, gilt die Vorschrift des § 10.

1. Nach SaMu. § 5 Abs. 3 darf der Vorstand den Plan, das Unternehmen und die Verbandanlagen nur nach Anhörung des Ausschusses — der Verbandversammlung — oder der beteiligten Verbandmitglieder und nur mit schriftlicher Genehmigung der Aufsichtsbehörde ergänzen oder ändern.

2. Im Gegensatz zur Änderung der Aufgabe, wozu nach Anhörung des Vorstandes nur die Aufsichtsbehörde befugt ist (§ 18), ist die Änderung des Unternehmens und des Planes (Anm. 3 und 4 zu § 17) dem Vorstande überlassen worden. Wesentliche Planänderungen bedürfen aber der Genehmigung der Aufsichtsbehörde, nachdem sie von der technischen Fachbehörde (§ 118) geprüft worden sind. Hat bei der Verbandgründung nur ein Generalplan vorgelegen, so bedürfen auch die Sonderpläne dieser Genehmigung. Dagegen sind die im Laufe der Bauausführung vorkommenden geringfügigen Abweichungen vom Plane nicht genehmigungspflichtig.

3. Die Aufsichtsbehörde kann die Anordnung auch gegen den Willen des Vorstandes treffen.

§ 22. Benutzung der Grundstücke für das Unternehmen.

(1) Der Wasser- und Bodenverband ist berechtigt, auf den zu ihm oder zu seinem Unterverbande (§ 113) gehörenden Grundstücken (§ 3 Nr. 1) sein Unternehmen (§ 17) durchzuführen. Auf Grund des Eigentumes am Grundstücke und eines vom Eigentümer hergeleiteten Rechtes [1] kann nicht widersprochen werden [2] [3].

(2) Der Verband darf die für das Unternehmen nötigen Stoffe (Steine, Erde, Rasen usw.) von den zu ihm oder zu seinem Unterverbande gehörenden land- und forstwirtschaftlich genutzten Grundstücken, Unland und Gewässergrundstücken (§ 3 Nr. 1) nehmen, wenn nicht polizeiliche Vorschriften entgegenstehen [4].

(3) In der Satzung können weitere Beschränkungen des Grundeigentumes und der vom Eigentümer hergeleiteten Rechte zur Erleichterung der Aufgabe des Verbandes vorgeschrieben werden [5].

(4) Der Verband hat dafür zu sorgen, daß der Ertragzustand der Grundstücke möglichst wenig beeinträchtigt und, soweit es möglich ist, nach der Benutzung wieder hergestellt wird [6].

1. Anm. 2 zu § 28.

2. Die den Wassergesetzen der Länder im wesentlichen entnommene Vorschrift des § 22 bezieht sich nur auf das Rechtsverhältnis des Verbandes zu den ihm angehörigen Grundstücken seiner dinglichen Mitglieder (§ 3 Nr. 1) und der Nutzberechtigten (Anm. 2 zu § 28), nicht aber zu den nicht zum Verbande gehörigen Grundstücken, mögen sie im Eigentum von Nichtmitgliedern oder von Mitgliedern stehen. Den Eigentümern von solchen Grundstücken können, wie den Nichtmitgliedern, aus der Satzung keine Pflichten erwachsen. Will der Ver-

band an solchen Grundstücken Rechte erwerben oder Eingriffe vornehmen, so ist er auf den Weg der gütlichen Vereinbarung, der Enteignung oder der Rechtsbehelfe der Wassergesetze (Verleihung, Begründung eines Zwangsrechts usw.) angewiesen (vgl. Anm. 2 zu § 8), wenn nicht die Voraussetzungen der §§ 84, 155 gegeben sind. Wenn die Wirkungen der Verbandanlagen sich über den Kreis der zum Verbande gehörenden Grundstücke hinaus erstrecken, so kann der Verband das Recht hierzu gleichfalls nur durch Verleihung erwerben, es sei denn, daß eine solche Auswirkung nach den Grundsätzen des Wasserrechts gestattet ist. Hat der Verband einen Wasserlauf auszubauen, so wird er bei einem von ihm zu unterhaltenden Wasserlauf II. Ordnung in der Regel das Ausbauverfahren einleiten, wozu er gemäß § 155, 1, 2 Pr. W. G. kraft Gesetzes berechtigt ist. Das Ausbauverfahren empfiehlt sich besonders für einen Verband, der nicht aus Grundeigentümern, sondern aus öffentlich-rechtlichen Körperschaften besteht. Denn einem solchen Verbande stehen gegenüber den tatsächlich betroffenen Grundeigentümern nicht die Befugnisse aus § 22, sondern nur die sich aus dem allgemeinen Recht ergebenden Befugnisse zu. (Vgl. jedoch § 36.)

Gegenüber Mitgliedern kann der Verband die Rechtsbehelfe der Wassergesetze, z. B. Verleihung, auch nicht wahlweise, an Stelle seiner Befugnisse aus § 22 anwenden (a. M. Wüsthoff Anm. 1c zu § 191). Der dazu notwendige Dauerverzicht des Verbandes auf seine Befugnisse aus § 22 wäre unzulässig.

Die dinglichen Mitglieder müssen sich die Errichtung der in dem Plane oder in der Satzung vorgesehenen Anlagen (s. Anm. 4 und 5 zu § 17) gefallen lassen, sie haben sich aller Maßnahmen zu enthalten, welche die Unterhaltung der Anlagen und ihre Schau hindern oder sonst das Unternehmen (§ 17 Abs. 2) und die ihm gewidmeten Anlagen in ihrer planmäßigen Wirkung beeinträchtigen könnten (PrOVG. **63**, 365, im PrVBl. **31**, 751, RVBl. **53**, 91, in ZAgr. **17**, 143). Vgl. auch Anm. 1 zu § 96. Mit der in § 22 festgelegten gesetzlichen Duldungspflicht der Grundstückseigentümer ist der bisher zur Duldung der Anlage nach Art. 160 BayerWG. erforderliche behördliche Ausspruch (Verpflichtungserklärung) weggefallen (ZAgr. **26**, 289, Deutsche Verwaltung **18**, 186). Wegen der Entschädigungspflicht s. § 26, Abs. 1. Die Errichtung oder Verbesserung von Anlagen, die im Plane, in der Satzung und in dem nach § 17 Abs. 3 geführten Verzeichnisse nicht vorgesehen sind, brauchen die Verbandmitglieder auf ihren Grundstücken nicht zu dulden (PrOVG. im PrVBl. **25**, 112, Entsch. **47**, 300, v. Kamptz, Erg.-Bd. **3**, 365, Bd. **4**, 534). Über die Bauberatung s. Anm. 1 zu § 118.

3. Alle Maßnahmen des Verbandes sind den sich aus dem öffentlichen Rechte ergebenden Einschränkungen unterworfen, z. B. den allgemeinen polizeilichen Vorschriften, den Bestimmungen des Naturschutzgesetzes vom 26. Juni 1935 (RGBl. I S. 821) und der DurchfVdg. v. 31. Okt. 1935 (RGBl. I S. 1275). Sämtliche Behörden haben vor der Genehmigung von Maßnahmen oder Planungen, die zu wesentlichen Veränderungen der freien Landschaft führen können, die Naturschutzbehörden (Landräte) rechtzeitig zu beteiligen. (Vgl. die Erlasse im LwMBl. 1935 S. 531, 1938 S. 178, sowie auch den Aufsatz von Szogs über Maßnahmen zum Landschaftsschutz im wasserrechtlichen Verfahren in ZAgr. **26**, 49 ff.)

4. Aus den in Abs. 4 angeführten Fällen ergibt sich, daß eine Benutzung von Grundstücken vorliegt, wenn der Verband durch Maßnahmen zur Erreichung des Endzieles seiner Aufgabe ein Verbandgrundstück gewollt angreift und in Anspruch nimmt, z. B. dessen Ertragszustand durch seine Arbeiten schädigt (RVG. in ZAgr. **28**, 252).

Das Aufbringen des Aushubs (s. Anm. 5 zu § 17) aus den Gräben und Bächen auf die Verbandgrundstücke ist zulässig, die Anlieger sind zum Wegräumen verpflichtet, es sei denn, daß diese Verpflichtung eine ungerechte Belastung bedeuten würde. Vgl. Anm. 1 zu § 79 und 1. A. V. Nr. 76.

5. Hierunter fallen z. B. Wegegerechtigkeiten, Weideverbote, Torfentnahmeverbote, Verbote, Zäune an den Gewässern oder in der Nähe der Verbandanlagen zu errichten (vgl. auch § 41), Beschränkungen der Benutzung von Deichen, z. B. durch Betreten, Befahren, Bepflanzen, oder von Deich- und Grabenböschungen, vgl. SaMu. A § 7 und 1. A. V. Nr. 26.

Die nach Abs. 3 zulässigen weiteren Beschränkungen müssen sich aus der Satzung selbst ergeben; es genügt nicht, wenn sie nur im Erläuterungsberichte vorgesehen sind. Sind sie in der Satzung vorgeschrieben, so sind sie dem Rechtsnachfolger des belasteten Verbandmitgliedes gegenüber auch dann rechtswirksam, wenn sie im Grundbuche nicht eingetragen sind, weil die Satzungsbestimmungen öffentlichrechtlichen Charakter haben (PrVBl. **32**, 186; s. auch Vorbemerkung zum II. Abschnitt).

6. Über den Schutz der Muttererde bei der Planausführung s. LwRMBl. 1939 S. 1175.

Gegen die auf Grund des § 22 vorgenommene Benutzung der Grundstücke ist der Rechtsweg auch dann ausgeschlossen, wenn der Ertragszustand dadurch, z. B. durch Zerstörung der Böschungen infolge unsachgemäßer Ausführung von Baggerarbeiten, beeinträchtigt wird; darüber kann nur im Aufsichtswege nach § 125 entschieden werden (ZAgr. **26**, 366). Für Entschädigungsansprüche eines Verbandmitgliedes aus Einwirkungen des Verbandunternehmens auf ein Verbandgrundstück gemäß §§ 22, 26, 27, 133 ist der Rechtsweg vor den ordentlichen Gerichten gleichfalls ausgeschlossen, weil für solche Ansprüche die Spruchstellen zuständig sind, ebenso zur Entscheidung darüber, ob eine bestimmte Einwirkung des Unternehmens auf ein Verbandgrundstück als Benutzung i. S. des § 22 anzusehen ist (ZAgr. **27**, 183, **28**, 250, Anm. 1 zu § 26). Eine solche Benutzung liegt auch vor, wenn Ausführungsmaßnahmen des Verbandes oder fertiggestellte Verbandanlagen schädliche, verbandfremde Auswirkungen auf ein Verbandgrundstück auslösen, und zwar auch dann, wenn die Maßnahmen zeitweilig unterbrochen wurden (ZAgr. **28**, 249). Über die Entschädigungspflicht des Verbandes s. §§ 26, 27; über die Zwangsmittel s. §§ 97ff.

§ 23. Deichvorland.

(1) Wenn der Wasser- und Bodenverband Grundstücke vor Hochwasser oder Sturmflut zu schützen hat (§ 2 Nr. 3), hat er die Befugnisse und Pflichten der Absätze 1, 2 und 4 des § 22 auch an dem

nicht zu ihm gehörenden Vorlande, wenn nicht polizeiliche Vorschriften entgegehnsteen. Vorland ind die Grundstücke vor dem Deiche [1].

(2) Durch Polizeiverordnung der Aufsichtsbehörde des Verbandes oder des Oberverbandes (§ 113) können

1. die Ausdehnung des Vorlandes bestimmt, auch Gewässer für zum Vorlande gehörig erklärt werden;
2. zur Erleichterung der Aufgabe des Verbandes weitere Beschränkungen des Eigentums am Vorlande und der vom Eigentümer hergeleiteten Rechte vorgeschrieben und dem Eigentümer und dem Besitzer weitere Pflichten auferlegt werden [2] [3].

1. § 23 enthält für das Deichvorland, d. h. das vom Deiche nicht geschützte Land zwischen dem Deiche und dem Gewässer, eine Ausnahme von dem Grundsatze, daß der Verband die nicht zu ihm gehörenden Grundstücke keinen Einschränkungen unterwerfen kann (Anm. 1 zu § 22). Entsprechend den Vorschriften des bisherigen Wasserrechts (vgl. z. B. PrWG. § 312) kann die Aufsichtsbehörde durch Deichpolizeiverordnung die sich aus § 23 Abs. 2 ergebenden Bestimmungen erlassen; in der Satzung können sie nicht getroffen werden.

2. Die nach Abs. 2 Nr. 2 zulässigen weiteren Beschränkungen der Rechte am Vorlande und die gleichfalls zugelassene Auferlegung weiterer Pflichten, z. B. durch Untersagung der Benutzung der Deiche und des Vorlandes, durch Betreten, Befahren, Beweiden, Bepflanzen, sowie zur Deichunterhaltung sollen eine Schwächung der Widerstandskraft der Deiche verhindern. Die Anordnung ergeht im Wege der Polizeiverordnung (§ 185) und begründet eine Verpflichtung zur Entschädigung desjenigen, der in der Ausübung eines dinglichen oder persönlichen Rechtes an dem vom Verbande in Anspruch genommenen Grundstücke beeinträchtigt wird. Die Entschädigung richtet sich für Verbandmitglieder und Vorlandeigentümer nach § 26, für Dritte nach den allgemeinen Vorschriften über Entschädigungen bei polizeilichen Eingriffen. Jedoch bleiben die bisherigen Vorschriften über Ausschluß oder Beschränkung des Entschädigungsanspruchs bestehen (§ 26 Abs. 2).

3. Dem Verbande stehen gegenüber den Vorlandbesitzern die Zwangsmittel des § 97 zu.

§ 24. Grundstücke mit öffentlichen Zwecken.

Der Wasser- und Bodenverband darf Grundflächen, die öffentlichen Zwecken gewidmet sind, nur mit Zustimmung der zuständigen Verwaltungsbehörde benutzen.

Es handelt sich insbesondere um Grundflächen, die Zwecken des Reichs, der Länder, der Gemeinden, der Gemeindeverbände oder anderer öffentlichrechtlichen Körperschaften gewidmet sind, wie z. B. öffentliche Wege, Eisenbahnanlagen, Wasserstraßen, Grundstücke mit Fernmeldeleitungen der Reichspost (1. AV. Nr. 25). Grundstücke, die dem Eisenbahnbetriebe gewidmet sind, konnten schon bisher nur mit Zustimmung des Verkehrsministers benutzt oder zum Verbande hinzugezogen werden (PrOVG. **78**, 343). Ist die Zuziehung erfolgt, so sind auch die im Eigentum des Reiches oder des Staates stehenden Grundstücke von den Beitraglasten nicht frei (PrOVG. **44**, 304, v. Kamptz, ErgBd. **3**, 365), es sei denn, daß die Voraussetzungen des § 84 vorliegen. Wird die Zustimmung nicht erteilt, so wird der Vorsteher dies der Aufsichtsbehörde unverzüglich anzeigen müssen, die das Nötige zu veranlassen hat. Die Vorschrift des § 24 ist erfüllt, wenn die Verwaltungsbehörde im Gründungsverfahren zugestimmt hat (1. AV. Nr. 25).

§ 25. Einwendungen gegen die Benutzung.

Über Einwendungen gegen die Benutzung der Grundstücke nach den §§ 22 und 23 wird im Aufsichtswege entschieden.

Die Aufsichtsbehörden (§ 112) entscheiden über die Einwendungen, die form- und fristlos erhoben werden können, endgültig, der Beschwerdebescheid kann weder vor den ordentlichen Gerichten noch vor den Verwaltungsgerichten angefochten werden (vgl. ZAgr. **26**, 366.)

§ 26. Entschädigung für die Benutzung.

(1) Das Mitglied und der Vorlandeigentümer können vom Verbande angemessene Entschädigung mit Geld verlangen für den Nachteil, der durch die Benutzung ihrer Grundstücke für das Unternehmen hervorgerufen wird; der aus dem Unternehmen erwachsende Vorteil ist anzurechnen. Dies gilt auch für die Fälle des § 22 Abs. 3 und des § 23 Abs. 2 Nr. 2 [1].

(2) Die zur Zeit des Inkrafttretens dieser Verordnung bestehenden Vorschriften, welche den Entschädigungsanspruch beschränken oder ausschließen, bleiben aufrechterhalten. Sie fallen am 31. Dezember 1947 weg, wenn sie nicht vorher in die Satzung oder die Polizeiverordnung (§§ 22, 23) genommen werden [2].

1. § 26 setzt für seine Anwendbarkeit ein Handeln des Verbandes, nicht ein Handeln eines einzelnen Verbandmitgliedes voraus (ZAgr. **26**, 366).

Im allgemeinen werden die den Verbandmitgliedern aus dem Unternehmen erwachsenden Vorteile erheblich höher sein, als die ihnen aus der Benutzung ihrer Grundstücke entstehenden Nachteile. In der Regel stehen daher den einzelnen Mitgliedern keine Entschädigungsansprüche gegen den Verband für schädliche Einwirkungen auf ihre Grundstücke im Rahmen der Verbandaufgabe zu. Bei Ausführung des Verbandunternehmens müssen die einzelnen Mitglieder vorübergehend Nachteile in Kauf nehmen. Eine Entschädigung kann daher solchen Mitgliedern nicht zugebilligt werden, bei denen die Schäden gegenüber gleichartigen Nachteilen der anderen Mitglieder, die auch keine Entschädigung erhalten haben, nicht wesentlich höher sind. Nur wenn einzelnen Grundstücken besondere — durch die Vorteile nicht ausgeglichene — Nachteile, z. B. Wirtschaftserschwernisse, erwachsen, sollen die davon betroffenen Verbandmitglieder und Vorlandeigentümer nicht verpflichtet sein, ihre Rechte dem Wohle der Gemeinschaft zu opfern. Sie können dafür nach § 26 Entschädigung beanspruchen. Dieser Anspruch ist aber dadurch eingeschränkt, daß Entschädigung nicht für jeden Schaden, sondern nur für den durch die Benutzung der Grundstücke für das Unternehmen entstehenden Schaden gewährt wird und daß eine Vorteilsausgleichung stattfindet, wenn dem Betroffenen neben dem Schaden auch ein Vorteil aus dem Unternehmen erwächst. Entschädigungsansprüche der Verbandmitglieder können nur auf Grund der Vorschriften der WVO., nicht aus allgemeinen Rechtsgründen, geltend gemacht werden (RVG. in ZAgr. **28**, 248).

Der Entschädigungsanspruch soll nur für die Benutzung der Grundstücke gewährt werden, nicht für den Schaden überhaupt, der manchmal neben dem Vorteile durch die Durchführung der Aufgabe bewirkt wird. Eine Bodenentwässerung kann es z. B. mit sich bringen, daß einzelne Grundstücke zu stark entwässert werden; für diesen Nachteil soll Entschädigung nicht gegeben werden. Das gilt auch dann, wenn das Grundstück, auf dem der Verband den Entwässerungsgraben anlegt, obendrein zum Austrocknen gebracht wird. Dann ist nur für den Landverlust Entschädigung zu geben, nicht für das Austrocknen. Der letztere Schaden ist aber bei der Beitragsbemessung zu berücksichtigen. Anders wäre die Lage, wenn ein Bewässerungsverband einen Graben so anlegt, daß das Grundstück schädlich entwässert wird. Dann müßte in der der Verbandaufgabe fremden Entwässerung eine Benutzung des Grundstückes erblickt werden, für die Entschädigung zu geben ist (RVG. in ZAgr. **28**, 248).

Dem Verbandmitgliede steht auch keine Entschädigung dafür zu, daß es seine eigenen Anlagen nicht mehr in der bisherigen Weise, sondern nur noch im Rahmen des Verbandplanes ausnutzen darf (ZAgr. 17, 143).

Zum Ausbau und zur Unterhaltung von Brücken, Durchlässen usw. ist der Verband seinen Mitgliedern gegenüber nur nach Wasserverbandrecht, d. h. nach Satzung oder Plan verpflichtet; nur beim Fehlen derartiger Bestimmungen kommen die allgem. Wasser- oder wegerechtlichen in Frage (Li. in DLZ. 1942, 25; 1943, 62).

Es wird nicht mehr volle Entschädigung nach den früheren Enteignungssätzen, sondern nur noch angemessene Entschädigung geleistet, wobei neben den Umständen des Einzelfalles insbesondere die Interessen der Volksgemeinschaft zu berücksichtigen sein werden (vgl. Larenz im RVBl. **58**, 396 und 1003; PrOVG. **100**, 331; RGZ. **128**, 32, **139**, 284); der Umfang der Entschädigung wird durch Treu und Glauben (BGB. § 242) bestimmt (RG. in JW. 1940, 2019). Angemessene Entschädigung i. S. des § 26 Abs. 1 ist aber nicht ohne weiteres der angemessenen Entschädigung im Sinne anderer Reichsgesetze gleichzustellen (DLZ. **10**, 185).

Pächtern und anderen Nutzberechtigten, z. B. Nießbrauchern, Mietern (Anm. 2 zu § 28) stehen keine Entschädigungsansprüche gegen den Verband zu, sie müssen sich an den Eigentümer halten, der auch Schäden, die einem Nutzungsberechtigten entstehen, geltend machen kann.

Nur die Entschädigungsansprüche von Verbandmitgliedern, denen Nachteile durch die Benutzung ihrer zum Verbande gehörenden Grundstücke hervorgerufen sind, unterliegen den Einschränkungen des § 26, sie können nicht vor den ordentlichen Gerichten geltend gemacht werden (ZAgr. **26**, 366, **27**, 183, **28**, 249; RGZ. **167**, 312; s. Anm. 1 zu § 133). Hinsichtlich seiner nicht zum Verbande gehörigen Grundstücke, denen solche Nachteile erwachsen, hat auch das Verbandmitglied dieselben Ansprüche gegen den Verband, wie jedes Nichtmitglied, es kann wie dieses seine Schadenersatzansprüche im ordentlichen Rechtswege geltend machen (vgl. Anm. 2 zu § 8). Der Verband ist auch zum Ersatz des Schadens in vollem Umfange verpflichtet, der durch einen im Interesse seines Unternehmens geschehenen polizeilichen Eingriff entstanden ist (RG. in ZAgr. **14**, 271).

2. Aus Abs. 2 folgt, daß der Entschädigungsanspruch des § 26 Abs. 1 für neue Wasser- und Bodenverbände durch die Satzung nicht mehr beschränkt oder ausgeschlossen werden kann; § 26 Abs. 2 bezieht sich nur auf die zur Zeit des Inkrafttretens der WVO. bereits bestehenden Verbände. Für diese ist auch das am 1. Januar 1938 in Geltung gewesene Gewohnheitsrecht über die unentgeltliche Bereitstellung der Deicherde bestehen geblieben, wenn es in die Deichverbandsatzung aufgenommen ist (Albers S. 44 f., Niermann in ZAgr. **24**, 286). Vorschriften, die den Entschädigungsanspruch erweitern, indem sie den Mitgliedern und Vorlandeigentümern volle Entschädigung gewähren, sind auch für die am 1. Januar 1938 bestehenden Verbände weggefallen.

Die Fassung des Abs. 2 Satz 2 beruht auf der Zweiten Verordnung über Wasser- und Bodenverbände (Zweite Wasserverbandverordnung) vom 15. Dezember 1942 (LwRMBl. 1943 S. 46), abgedruckt im Anhang.

§ 27. Entschädigungsverfahren.

(1) Der Verbandsvorstand setzt durch schriftlichen Bescheid die Entschädigung fest, wenn keine Einigung zustande kommt [1].

(2) Gegen den Bescheid [2] ist in zwei Wochen nach der Mitteilung [3] die Beschwerde an die Aufsichtsbehörde zulässig und gegen deren Bescheid in der gleichen Frist die weitere Beschwerde an die Spruchstelle für Wasser- und Bodenverbände [4].

(3) Für die Rechte anderer Personen [5] an der Entschädigung, die Hinterlegung und das Verteilungsverfahren gelten die Vorschriften des allgemeinen Enteignungsrechtes [6] entsprechend. An die Stelle der Enteignungsbehörde tritt die Aufsichtsbehörde.

1. Der Vorstand hat das Interesse der Grundstücksgläubiger wahrzunehmen und daher auch zu prüfen, ob er die Entschädigung, wozu auch die nach bürgerlichem Recht an andere Personen zu gewährende gehört, zu hinterlegen hat, und bei Zweifeln den Rat der Aufsichtsbehörde einzuholen. Hinterlegungsstelle ist in Preußen das Amtsgericht, das auf Antrag des Eigentümers oder eines Grundstücksgläubigers das Verteilungsverfahren in sinngemäßer Anwendung der Art. 36ff. pr. AG. zum ZVG. einzuleiten hat.

2. In dem Bescheide sind die Beschwerdefrist und die Beschwerdestelle anzugeben (§ 187). Die Spruchstelle (§§ 133 ff.), g.g.F. die obere, entscheidet endgültig. Der Rechtsweg vor den ordentlichen Gerichten ist ausgeschlossen (RGZ. **167**, 312, in ZAgr. **27**, 183).

3. Der Vorstandsbeschluß ist den Empfängern vom Verbandvorsteher mitzuteilen. Einer Unterschrift aller Vorstandmitglieder bedarf es weder in der Urschrift des Beschlusses noch in der Ausfertigung. Der Nachweis für den Erlaß des Beschlusses ist erforderlichenfalls durch Vorlegung des Beschlußbuches zu führen (LwRMBl. 1939 S. 236).

4. Anm. 1 zu § 133.

5. Gemeint sind insbesondere die Nutzberechtigten, die nach § 28 Abs. 1 Entschädigungsansprüche nur gegen den Eigentümer, nicht gegen den Verband haben. Es können aber auch Grundstücksgläubiger in Betracht kommen (s. oben Anm. 1).

6. Vgl. § 35.

§ 28. Nutzrechte.

(1) Wenn ein zum Wasser- und Bodenverbande gehörendes Grundstück (§ 3 Nr. 1) zu der Zeit, zu der es von dem Unternehmen (§ 17) betroffen wird [1a], auf Grund eines vom Eigentümer hergeleiteten Rechtes genutzt wird, hat in Ermangelung einer vertraglichen Regelung [1] der Nutzberechtigte gegen den Eigentümer Anspruch auf die diesem im Verbande zustehenden Nutzungen und ist er ihm gegenüber verpflichtet, die Beiträge an den Verband zu leisten [2].

(2) Im Falle des Absatzes 1 kann der Nutzberechtigte unbeschadet der ihm nach Gesetz, Satzung

oder Vertrag zustehenden Rechte innerhalb eines Jahres

a) ein Pacht- oder Mietverhältnis unter Einhaltung einer Frist von drei Monaten zum Ende des Vertragjahres kündigen;

b) auf ein anderes Nutzrecht ohne Einhaltung einer Frist verzichten [3] [4] [5].

1a. Das Betroffenwerden tritt ein mit der Gründung des Verbandes oder der Zuweisung des Grundstücks (a. M. Tö. Anm. 1 zu § 28).

1. Gemeint sein kann hier nur eine vertragliche Regelung ausdrücklich für den Fall des Betroffenwerdens durch das Verbandunternehmen, durch die Bauausführung, nicht eine allgemeine Regelung über die Tragung der öffentlichen Lasten.

2. Als Nutzberechtigte kommen z. B. Pächter, Mieter, Nießbraucher, Altsitzer, Allmendenutzer, Erbpächter, Erbbauberechtigte, Markgenossen in Betracht (s. auch Anm. 1 zu § 94).

3. Die Erhaltung des vom Eigentümer hergeleiteten Rechtes — der Pacht, der Miete, des Nießbrauchs usw. — ist den Beteiligten in dem seltenen Falle nicht zuzumuten, wenn sich die gemäß § 22 erfolgende Inanspruchnahme eines Verbandgrundstücks für sie nicht günstig auswirkt, wenn sie also an den Vorteilen, die das Unternehmen im allgemeinen den Grundstücken bringt, nicht teilnehmen. § 28 Abs. 2 sieht daher eine vorzeitige Beendigung des Nutzrechtes vor. Die Kündigungsfrist beginnt mit der Inanspruchnahme des Verbandes. Ein Schadenersatzanspruch des Nutzberechtigten gegen den Eigentümer besteht grundsätzlich nicht.

4. Die Regelung des Abs. 2 wird durch die Befugnis des Pachtamtes ergänzt, eine Kündigung für unwirksam zu erklären und den Vertrag zu ändern. (§ 3 Abs. 1 Nr. 1, § 5 der Reichspachtschutzordnung vom 30. Juli 1940, RGBl. I S. 1065).

5. Bei alten Verbänden, bei denen die Grundstücke ihrer Mitglieder vor Inkrafttreten der WVO. (1. Januar

1938) von dem Unternehmen „betroffen" sind, findet § 28 keine Anwendung.

§ 29. Grunderwerb für das Unternehmen.

Die Aufsichtsbehörde kann dem Wasser- und Bodenverbande den Erwerb des Eigentumes und anderer dinglichen und persönlichen Rechte an Grundstücken und die Befreiung eines Grundstückes von solchen Rechten aufgeben, wenn das Verbandunternehmen sonst nicht zweckmäßig durchgeführt werden kann oder die billige Rücksicht auf den Grundeigentümer oder den Berechtigten es erfordert.

Die Aufsichtsbehörde wird zunächst stets den Versuch einer gütlichen Einigung machen und erst, wenn dieser mißlingt, den Verband, gegebenenfalls unter Anwendung der ihr nach §§ 124 ff. zustehenden Zwangsmittel, anweisen, das Eigentum oder andere dingliche Rechte (z. B. Nießbrauch) oder persönliche Rechte (z. B. Pacht, Miete) zu erwerben, oder ihm die Befreiung eines Grundstücks von solchen Rechten aufgeben.

§ 30. Enteignung für das Unternehmen.

(1) Der Wasser- und Bodenverband kann das Grundeigentum, soweit es für das Verbandunternehmen (§ 17) erforderlich ist, gegen angemessene Entschädigung entziehen und beschränken (Enteignung) [1] [2]. Als Grundeigentum gelten auch die anderen dinglichen Rechte an Grundstücken und andere Rechte, die zum Besitze oder zur Nutzung von Grundstücken berechtigen [3].

(2) Das Enteignungsrecht erstreckt sich nur auf die nach § 3 Nr. 1 zum Verbande oder zu seinem Unterverbande (§ 113) gehörenden Grundstücke.

Für den Verband, der für Schutz durch Deiche zu sorgen hat, erstreckt es sich auch auf die nicht zu ihm gehörenden Grundstücke im Deichvorlande [4].

1. § 30 gewährt allen Wasser- und Bodenverbänden, soweit es für die Zwecke ihres Unternehmens erforderlich ist, ein Enteignungsrecht, das in einem vereinfachten Verfahren durchgeführt werden kann. Die Vereinfachung besteht darin, daß nicht, wie nach den Enteignungsgesetzen, (Anm. zu § 35), die Zentralinstanz das Enteignungsrecht verleiht, sondern die obere Aufsichtsbehörde bzw. die Aufsichtsbehörde (§§ 112, 114) der Enteignung lediglich zustimmt (§ 32), daß nicht eine Behörde, sondern der Verbandvorstand den Umfang der Entziehung oder Beschränkung des Grundeigentums, dessen Sicherungen gegen Gefahren und Nachteile und die Entschädigungen feststellt (§ 33), und daß auch die Vorschriften über die Bekanntmachung und die Feststellung des Planes, über den Entschädigungsbeschluß, den Enteignungsbeschluß und über die Gebühren nicht anzuwenden sind (§ 35 Abs. 2).

2. Die Enteignung nach §§ 30 ff. ist nur zulässig, wenn eine gütliche Einigung zwischen dem Verbande und dem Grundeigentümer nicht zustande gekommen ist und eine Inanspruchnahme seines Grundstücks nach § 22 nicht zum Ziele führt. Es ist nur noch angemessene Entschädigung zu leisten (vgl. Anm. 1 zu § 26).

3. Unter Abs. 1 Satz 2 fallen die in Anm. 2 zu § 28 genannten Nutzberechtigten.

4. Das vereinfachte Enteignungsverfahren nach §§ 30 ff. findet nur auf Verband- und Vorlandgrundstücke Anwendung, andere Grundstücke können — von dem in § 31 geregelten Falle abgesehen — nur nach den Vorschriften des allgemeinen Enteignungsrechts (Anm. zu § 35) enteignet werden. Dasselbe gilt, wenn nur öffentlichrechtliche Körperschaften als solche Verbandmitglieder sind (§ 36); gegen Nichtmitglieder kann der Verband auch nur nach den allgemeinen Enteignungsgesetzen vorgehen (LwRMBl. 1939 S. 455).

§ 31. Enteignung von Restgrundstücken.

Der Wasser- und Bodenverband hat das Enteignungsrecht auch für das Reststück eines örtlich oder wirtschaftlich zusammenhängenden Grundbesitzes, wenn ein anderes Stück für das Verbandunternehmen in Anspruch genommen wird und infolgedessen das Reststück nicht mehr zweckmäßig benutzt werden kann [1] [2].

1. Voraussetzung für die Anwendbarkeit des § 31 ist, daß der dem Reststücke durch die Zersplitterung zugefügte Schaden dessen zweckmäßige Benutzung ausschließt; es genügt aber nicht, wenn die Benutzung durch die Inanspruchnahme des anderen Stückes nur beeinträchtigt, wenn z. B. der Grundwasserstand des Reststückes durch Entwässerungsanlagen verändert wird. Dagegen wird § 31 dann anzuwenden sein, wenn ein bisher als Wiese benutzter Grundstücksteil infolge der Senkung des Grundwasserstandes in Acker umgewandelt werden muß und als solcher infolge der Zerstückelung nicht zweckmäßig zu benutzen ist. § 31 gibt dem Verbande die Möglichkeit, solche Grundstücksteile zu erwerben und an den Anlieger zu veräußern.

2. Anstatt der Enteignung kann die Umlegung in Frage kommen, wenn ländlicher Grundbesitz in größerem Umfange durch das Verbandunternehmen zersplittert wird und eine bessere Bewirtschaftung der Grundstücke mehrerer Eigentümer oder sonst eine Förderung der allgemeinen Landeskultur durch die Umlegung ermöglicht wird. In solchen Fällen hat die Umlegungsbehörde die Umlegung von Amts wegen zu betreiben (RUO. §§ 1, 4); hier wird in der Regel das vereinfachte Umlegungsverfahren (RUO. § 74) in Betracht kommen.

§ 32. Zulassung der Enteignung.

Der Wasser- und Bodenverband bedarf zu der Enteignung der Zustimmung der oberen Aufsichtsbehörde (bei zweistufiger Aufsicht der Aufsichtsbehörde, § 114).

S. Anm. 1 zu § 30. Die obere Aufsichtsbehörde (§ 112 Abs. 2) hat den Verband im Enteignungsverfahren zu beraten. Die Zustimmung kann auch nach Erlaß des Enteignungsbescheides (§ 33) erfolgen.

§ 33. Verfahren der Enteignung.

(1) Der Vorstand des Wasser- und Bodenverbandes stellt durch schriftlichen Bescheid an die Beteiligten fest, in welchem Umfange das Grundeigentum entzogen oder beschränkt wird, welche Sicherungen gegen die von dem Verbandunternehmen drohenden Gefahren und Nachteile getroffen werden und welche Entschädigung gegeben wird[1].

(2) Gegen den Bescheid ist in zwei Wochen nach der Mitteilung [2] die Beschwerde an die obere Aufsichtsbehörde (bei zweistufiger Aufsicht an die Aufsichtsbehörde, § 114) zulässig. Deren Bescheid ist hinsichtlich der Entziehung und der Beschränkung des Grundeigentumes und hinsichtlich der Sicherungen gegen Gefahren und Nachteile endgültig [3].

(3) Wenn ein Beteiligter glaubt, daß die von der Aufsichtsbehörde festgestellte Entschädigung nicht angemessen ist [4], kann er in einem Monat nach der Mitteilung seinen Anspruch durch Klage nach dem allgemeinen Rechte der Enteignung geltend machen [5].

1. Nachdem der Vorsteher die Beteiligten gehört und die von ihnen erhobenen Einwendungen mit ihnen erörtert hat, kann die Feststellung der Enteignung nur auf Grund eines der Aufsichtsbehörde vom Verbande vorzulegenden genauen Planes erfolgen, auf dem die zu enteignenden Grundstücke kataster- und grundbuchmäßig darzustellen sind. An diesen Plan hat der Verband sich in seinem Bescheide zu halten. Dieser muß auch die vom

Verbande zu treffenden schadenverhütenden Einrichtungen, die Sicherungen gegen Gefahren und Nachteile und, soweit solche nicht möglich sind, die Entschädigungen festsetzen.

2. Vgl. Anm. 3 zu § 27.

3. In dem Bescheide des Vorstandes sind die Beschwerdefrist und die Beschwerdestelle anzugeben (§ 187).

4. Über den Begriff der „angemessenen Entschädigung" vgl. Anm. 1 zu § 26.

5. Der Beschwerdebescheid muß einen dem Abs. 3 entsprechenden Hinweis auf den ordentlichen Rechtsweg unter Angabe der Klagefrist enthalten (§ 187).

Nur die im Beschwerdebescheide festgestellte Höhe der Entschädigung kann durch Klage im ordentlichen Rechtswege binnen einer Ausschlußfrist von einem Monat angefochten werden.

§ 34. Vollziehung der Enteignung.

Sobald der Bescheid des Vorstandes oder der auf die Beschwerde ergehende Bescheid unanfechtbar wird, treten die darin angeordneten Rechtswirkungen ein. Der endgültige Teil des Beschwerdebescheides wird wirksam, sobald er dem Eigentümer (oder dem Berechtigten, § 30 Abs. 1) zugeht.

Mit der Rechtskraft des Bescheides geht das Eigentum, soweit in dem Bescheide nichts anderes bestimmt ist, lastenfrei auf den Verband über, die Grundstückgläubiger können sich nur noch an die festgestellte Entschädigung halten, die an die Stelle des Grundstückes tritt.

Der Vorstand hat die Grundbuchberichtigung herbeizuführen.

§ 35. Anwendung der Enteignungsgesetze.

(1) Die Vorschriften des allgemeinen Enteignungsrechtes, die mit den Vorschriften dieser Ver-

ordnung nicht im Widerspruche stehen, gelten entsprechend, insbesondere die Vorschriften über die Entschädigung, die Sicherung gegen die von dem Enteignungsunternehmen drohenden Gefahren und Nachteile, die Rechte anderer Personen am Gegenstande der Enteignung, die Anhörung der Beteiligten, die Eintragungen im Grundbuche, die Vollziehung der Enteignung, die Hinterlegung, das Verteilungsverfahren und die Rechtsnachfolge im Enteignungsverfahren. An die Stelle der Enteignungsbehörde tritt der Vorstand des Wasser- und Bodenverbandes.

(2) Nicht anzuwenden sind insbesondere die Vorschriften über die Bekanntmachung und die Feststellung des Planes, über den Entschädigungsbeschluß, den Enteignungsbeschluß und über die Gebühren.

S. Anm. 1 bis 3 zu § 30. Für das frühere Land Preußen gelten entsprechend die Vorschriften des Gesetzes über die Enteignung von Grundeigentum vom 11. Juni 1874 (GS. S. 221) und des Gesetzes über ein vereinfachtes Enteignungsverfahren vom 26. Juli 1922 (GS. S. 211).

§ 36. Befugnisse der Verbände von Körperschaften.

Wenn öffentlich rechtliche Körperschaften, ohne jeweilige Eigentümer nach § 3 Nr. 1 zu sein, Mitglieder des Wasser- und Bodenverbandes sind (§ 3 Nr. 3), kann die oberste Aufsichtsbehörde das Gebiet bestimmen, in dem der Verband seine Aufgabe durchzuführen hat. Der Wasser- und Bodenverband ist berechtigt, das in diesem Gebiete liegende Grundeigentum, soweit es für sein Unternehmen (§ 17) erforderlich ist, nach den Vorschriften des allgemeinen Enteignungsrechtes zu entziehen oder zu beschränken und die Gewässer zur Erfüllung seiner Aufgaben nach den Vorschriften des allgemeinen Wasserrechtes zu ändern und zu benutzen.

§ 36 gewährt denjenigen Wasser- und Bodenverbänden, denen öffentlichrechtliche Körperschaften nicht als Grundstückseigentümer angehören, gleichgültig ob neben ihnen noch dingliche Mitglieder vorhanden sind oder nicht, das allgemeine Enteignungsrecht. Solchen Verbänden stehen die Befugnisse aus § 22 nicht zu (s. Anm. 2 zu § 22). Das vereinfachte Enteignungsverfahren (§§ 30 ff.) ist nicht anwendbar (Anm. 3 zu § 30), eine Vereinfachung gegenüber dem allgemeinen Enteignungsverfahren ist aber insofern zugelassen, als nicht die Zentralinstanz das Enteignungsrecht zu verleihen hat; die oberste Aufsichtsbehörde (§ 112 Abs. 1) bestimmt vielmehr lediglich das Gebiet, in dem der Verband seine Aufgabe durchzuführen hat. Dieses Gebiet wird sich — schon im Interesse der Beitragserhebung — meist mit dem Bereich der dem Verbande angehörenden öffentlichrechtlichen Körperschaften, z. B. der in den großen Deich- und Abwasserverbänden zusammengeschlossenen Gemeinden, decken müssen. In dem so umgrenzten Gebiete ist der Verband zur Vornahme von Enteignungen und zum Ausbau von Gewässern nach den Vorschriften des allgemeinen Enteignungs- und Wasserrechtes befugt (s. Anm. 2 zu § 22).

§ 37. Erleichterter Grunderwerb.

Die von den Fachministern bestimmte Behörde ist befugt, für den freiwilligen Erwerb von Eigentum und anderen Rechten an den zum Wasser- und Bodenverbande gehörenden Grundstücken (§ 3 Nr. 1) durch den Verband Verträge und Verhandlungen zu beurkunden, auch Auflassungen entgegenzunehmen. Die Niederschrift der Behörde hat die Kraft einer gerichtlichen oder notariellen Urkunde. Die Vorschriften des § 168 Satz 2 und der §§ 169 bis 180 des Reichsgesetzes über die Angelegenheiten der freiwilligen Gerichtsbarkeit vom 17. Mai 1898 (Reichsgesetzbl. S. 189) und vom 20. Mai 1898 (Reichsgesetzbl. S. 771) sind auf sie entsprechend anzuwenden.

Nach dem Vorgange des § 34 des pr. Ausführungsgesetzes vom 15. Dezember 1919 (GS. 1920 S. 31) zum Reichssiedlungsgesetze vom 11. August 1919 läßt § 37 eine erleichterte Form für die Beurkundung der Verträge und Verhandlungen zu, die den Eigentumserwerb von Verbandgrundstücken, z. B. durch Kauf, Tausch, zum Gegenstand haben. An Stelle der im BGB. (§§ 313, 925) für Grundstücksverträge und Auflassungen vorgeschriebenen gerichtlichen oder notariellen Beurkundung genügt die Beurkundung durch die von den Fachministern (Anm. 1 zu § 112) bestimmten Behörden (Regierungspräsident, Landrat, Oberbürgermeister, Kulturamt) oder durch die von diesen bestimmten Beamten.

§ 38. Bereinigung der Flureinteilung.

Für den freiwilligen Erwerb von Eigentum und anderen Rechten an Grundstücken, die durch das Unternehmen des Wasser- und Bodenverbandes eine unwirtschaftliche Form erhalten, gelten die Vorschriften des § 37, wenn der Erwerb für eine zweckmäßige Flureinteilung nötig ist und die Niederschrift der Behörde als Flureinteilungssache des Wasser- und Bodenverbandes bezeichnet wird. Das gilt auch für Grundstücke, die, ohne von dem Unternehmen unmittelbar betroffen zu sein, zur zweckmäßigen Gestaltung der betroffenen Grundstücke zugezogen werden.

Die in § 37 für den freiwilligen Erwerb von Eigentum und anderen Rechten an Verbandgrundstücken zugelassene erleichterte Form der Beurkundung soll unter den in § 38 bezeichneten Voraussetzungen auch den Erwerb von fremden Grundstücken, und zwar auch außerhalb des Verbandgebietes, Anwendung finden. Hiernach soll es den Behörden erleichtert werden, den durch die Verbandanlagen zerschnittenen Besitz außerhalb eines Umlegungsverfahrens nach der RUO. wieder wirtschaftlich zu formen und zweckmäßig zu gestalten (vgl. Anm. 1 zu § 31).

§ 39. Freiheit von Gebühren.

(1) Aus Anlaß

a) des Grunderwerbes durch den Wasser- und Bodenverband zur Durchführung seiner Aufgabe [1];

b) des Grunderwerbes durch andere Personen zur Bereinigung der Flureinteilung [2];

c) der Durchführung des Verbandunternehmens werden Gebühren der Gerichte und der Verwaltungsbehörden nicht erhoben; insbesondere Grundbuch- und Katasterauszüge und ähnliche Urkunden werden gebührenfrei erteilt [3] [4].

(2) Die Befreiung ist ohne Nachprüfung zuzugestehen, wenn die Aufsichtsbehörde des Verbandes bescheinigt, daß

zu a) der Erwerb der Durchführung der Aufgabe;

zu b) der Erwerb der Bereinigung der Flureinteilung;

zu c) das Geschäft der Durchführung des Unternehmens des Wasser- und Bodenverbandes

dient.

1. Die Gebührenfreiheit erstreckt sich auf alle Arten des Grunderwerbes und des Erwerbes beschränkter dinglicher Rechte (Vertrag, Enteignung).

2. §§ 31, 37, 38.

3. Andere Geschäfte, wie die in Abs. 1 zu a—c bezeichneten, die der Verband mit seinen Mitgliedern oder mit anderen Personen abschließt, sind nicht gebührenfrei. Wegen der Anwendbarkeit des § 39 auf die Notare vgl. Vdg. vom 15. April 1936 (RGBl. I S. 368), wegen der Befreiung von Katastergebühren s. RdErl. des Gen.Insp. vom 30. Oktober 1943, VBl. Speer S. 134, s. a. Anm. 1 zu § 172.

4. Zur Erstattung barer Auslagen bleiben die Verbände jedoch verpflichtet. Werden die Auslagen in Form von Gebühren erstattet verlangt, so sind die Verbände grundsätzlich befreit. Die sogenannten Gebühren für Schreibkostenersatz werden allerdings trotzdem als Auslagen anzuerkennen sein. Die Vermessungsgebühren sind nach dem RdErl. vom 12. Januar 1923 (PrFinMBl. S. 46) gleichfalls als bare Auslagen anzusehen.

§ 40. Freiheit von Steuern.

(1) Der Erwerb von Grundstücken

a) durch den Wasser- und Bodenverband zur Durchführung seiner Aufgabe;

b) durch Personen, deren Grundstücke durch das Unternehmen des Verbandes eine unwirtschaftliche Form erhalten, zur besseren Formung ihrer Grundstücke,

ist von der Grunderwerbsteuer einschließlich der Zuschläge und der Wertzuwachssteuer befreit [1] [2].

(2) Die Befreiung kann von der Steuerbehörde ohne Nachprüfung zugestanden werden, wenn die Aufsichtsbehörde des Verbandes bescheinigt, daß

zu a) der Erwerb der Durchführung der Aufgabe des Verbandes dient;

zu b) Grundstücke des Erwerber, die durch das Unternehmen des Verbandes eine unwirtschaftliche Form erhalten, durch den Erwerb besser geformt werden.

1. Der Erwerb von Grundstücken durch den Verband zur Durchführung seiner Aufgaben und durch Personen, deren Grundstücke durch das Unternehmen eine unwirtschaftliche Form erhalten, zur besseren Formung ihrer Grundstücke ist von der Grunderwerbs- und Wertzuwachssteuer befreit.

2. Andere Steuern.

a) Umsatzsteuer.

Zur Klärung der hinsichtlich der Umsatzsteuer der Wasser- und Bodenverbände aufgetretenen Fragen hat der Reichsernährungsminister in seinem Erlaß vom 11. August 1937 — VI/7575 — (LwRMBl. S. 659) im Einvernehmen mit dem Reichsminister der Finanzen folgendes mitgeteilt:

„Wasser- und Bodenverbände, die nach den Gesetzen öffentlichrechtliche Körperschaften sind, unterliegen mit ihren Leistungen nach § 2 Abs. 3 des Umsatzsteuergesetzes vom 16. Oktober 1934 (RGBl. I S. 942) insoweit nicht der Umsatzsteuer, als ihre Tätigkeit unmittelbar der Erfüllung der ihnen durch Gesetz und Satzung zugewiesenen öffentlichrechtlichen Aufgaben dient. Eine öffentlichrechtliche Tätigkeit ist insbesondere anzunehmen, wenn es sich um Leistungen handelt, zu deren Annahme der Leistungsempfänger auf Grund von Gesetz und Satzung des Verbandes verpflichtet ist (§ 3 Abs. 1 der Durchführungsbestimmungen zum Umsatzsteuergesetz vom 17. Oktober 1934 RGBl. I S. 947).

Die Verbände sind daher mit den Leistungen, die der erstmaligen Ausführung eines Verbandunternehmens oder seiner Unterhaltung (z. B. der Herstellung und Änderung von Ufern, der Entwässerung von Grundstücken) dienen, nicht umsatzsteuerpflichtig. Dies gilt auch, soweit für diese Leistungen Beiträge erhoben werden.

Grundstücksübertragungen sind nach § 4 Nr. 9 des Umsatzsteuergesetzes allgemein steuerfrei. Wenn die Verbände Grundstücke veräußern, ist auch die Übertragung des Inventars und des Zubehörs steuerfrei."

In der Praxis werden daher auf Grund dieses Erlasses alle landwirtschaftlichen Wasser- und Bodenverbände als umsatzsteuerfrei anerkannt. Umstritten ist die Frage, ob ein Verband, der die Bewirtschaftung und Nutzung von Grundstücken — § 2 Nr. 6 — übernommen hat, auch bezüglich des Verkaufs der Ernte umsatzsteuerfrei ist. Ein Verband, der für den Wasservorrat in einem Flusse zu sorgen hat und die dabei anfallende Wasserkraft verpachtet ist mit der Verpachtung umsatzsteuerpflichtig, weil diese Leistung der Ausübung öffentlicher Gewalt nur mittelbar dient (Urteil des Reichsfinanzhofs vom 29. Mai 1942, ZAgr. **27**, 366). Bei Anstalten zur Abwasserreinigung fällt der Verkauf von Klärschlamm, Phenol usw. nicht in den Rahmen der Ausübung öffentlicher Gewalt und ist daher umsatzsteuerpflichtig (ZAgr. **26**, 326).

Umstritten ist die Umsatzsteuerfreiheit der Wasserversorgungsverbände zum Teil aus denselben Gründen wie bei der Körperschaftssteuer (vgl. hierunter), zum Teil, weil in § 4 Nr. 5a des Umsatzsteuergesetzes nur die Lieferung von Wasser durch die Gebietskörperschaften und die gemeindlichen Zweckverbände als umsatzsteuerfrei erklärt worden sei (hiergegen mit Recht Fögen in der DLZ. 11/42, 12/42, 1 und 2/43). Der Reichsfinanzminister hat die Tätigkeit der Kreisbauämter, soweit sie als Berater gegenüber den Wasser- und Bodenverbänden (Anm. 1 zu § 118) oder auch gegenüber der Gemeinde tätig werden, als eine öffentlichrechtliche Tätigkeit anerkannt, die nicht der Umsatzsteuer unterliegt (LwMBl. 1939 S. 1150, vgl. auch ZAgr. **26**, 238).

Die Entscheidungen des Reichsfinanzhofs vom 7. Juli 1944. (V. 47,43 V 80,43) standen unter dem totalitären Druck der nationalsozialistischen Reichsregierung und können, da sie zum großen Teil ohne Erörterung der Beschwerdepunkte zur Abweisung der Klagen gekommen sind, nicht als maßgebend angesehen werden.

b) Körperschaftssteuer.

Als öffentlichrechtliche Körperschaften würden die Verbände der Körperschaftssteuer nur mit den von ihnen etwa unterhaltenen „Betrieben gewerblicher Art" unterliegen (Körperschaftssteuergesetz vom 16. Oktober 1934, § 1 Abs. 1 Nr. 6), oder wenn sie selbst als solche gelten (Vdg. zur Durchführung des Körperschaftssteuergesetzes vom 6. September 1935, § 5, Abs. 1). Da die Verbände auf bestimmte, ihnen durch öffentlichrechtliche Satzung zugewiesene Aufgaben beschränkt (§ 2 WVO.) und zur Durchführung ihrer Aufgaben mit Zwangsgewalt ausgestattet sind, sind ihre Betriebe nicht als gewerbliche Betriebe, sondern als Hoheitsbetriebe anzusehen und die Verbände daher körperschaftssteuerfrei. Für die landwirtschaftlichen Wasser- und Bodenverbände ist dies in der Praxis der Finanzämter auch anerkannt. Umstritten ist lediglich die Steuerfreiheit der Wasserversorgungsverbände. Von den Finanzämtern werden sie vielfach für steuerpflichtig erklärt auf Grund einer irrigen Gleichstellung mit den — ausdrücklich für gewerbliche Betriebe erklärten — Versorgungsbetrieben der Gebietskörperschaften (vgl. Fögen a. a. O., Niehuß in der DLZ. 1941 S. 168).

c) Von der Vermögenssteuer sind die Verbände als öffentlichrechtliche Körperschaften frei (Vermögenssteuergesetz vom 16. Oktober 1934 § 1).

d) Als Unternehmen von Körperschaften des öffentlichen Rechts, die überwiegend der Ausübung der öffentlichen Gewalt dienen („Hoheitsbetriebe"), rechnen die Betriebe der Verbände nicht zu den Gewerbebetrieben und sind daher gewerbesteuerfrei.

Umstritten ist auch hier lediglich die Gewerbesteuerfreiheit der Wasserversorgungsverbände auf Grund der gleichen irrigen Folgerung wie bei der Körperschaftssteuer (vgl. zu b). In einem beschränkten Umfange wird jedoch von den Finanzämtern auch hier die Gewerbesteuerfreiheit anerkannt, nämlich für solche Wasserversorgungsverbände, die ganz oder fast allein landwirtschaftliche Betriebe mit Wasser versorgen und deshalb als landwirtschaftliche Betriebseinrichtungen zu betrachten sind.

e) Nach dem Grundsteuergesetz (§ 4 Nr. 9) sind „die im Interesse der Ordnung und Verbesserung der Wasser- und Bodenverhältnisse unterhaltenen Einrichtungen der öffentlichrechtlichen Wasser- und Bodenverbände" von der Grundsteuer befreit. Da dies für alle Wasser- und Bodenverbände zutrifft, so besteht Grundsteuerfreiheit für sämtliche Verbände. Über die Grundsteuer der Sammelbecken s. LwRMBl. 1940 S. 434.

§ 41. Polizeiverordnung.

(1) Durch Polizeiverordnung [1] kann das Unternehmen des Wasser- und Bodenverbandes geschützt, insbesondere die Benutzung seiner Anlagen und seiner Gewässer geregelt und ganz und teilweise untersagt werden [2].

(2) Soweit nicht die nach allgemeinem Polizeirechte berufene Behörde die Polizeiverordnung erläßt, ist die Aufsichtsbehörde des Verbandes oder die des Oberverbandes (§ 113) zuständig. Die Aufsichtsbehörde tritt an die Stelle der allgemein berufenen Behörde [3].

1. Vgl. § 185, Anm. 2 zu § 96, Anm. zu § 104.

2. Die auf Grund des § 41 Abs. 1 erlassene Polizeiverordnung, durch die z. B. die in Anm. 5 zu § 22 bezeichneten Handlungen unter Androhung von Polizeistrafen untersagt werden können, wirkt gegen jedermann, nicht nur gegen Verbandmitglieder. Den dinglichen Mitgliedern (§ 3 Nr. 1) können solche Handlungen nach § 22 Abs. 3 schon durch die Satzung verboten werden. Gegen Vorlandeigentümer kann die Aufsichtsbehörde eine entsprechende Polizeiverordnung nach § 23 Abs. 2 erlassen. Auf dem Gebiete der Deichpolizei ergibt sich die ausschließliche Zuständigkeit der Aufsichtsbehörde zum Erlaß von Polizeiverordnungen aus §§ 102, 103.

3. Die Aufsichtsbehörde tritt im Falle des Abs. 2 an die Stelle der sonst zuständigen Wasser-, Deich- oder allgemeinen Polizei, und zwar für das ganze Verbandgebiet; s. im übrigen 1. A. V. Nr. 31.

§ 42. Verbandschau.

Die Schaubeauftragten des Wasser- und Bodenverbandes prüfen wenigstens einmal im Jahre seine Anlagen, Gewässer und in seine Obhut gegebenen Grundstücke. Mit Zustimmung der oberen Aufsichtsbehörde kann in der Satzung bestimmt werden, daß die Schau ganz oder teilweise unterbleibt [1] [2].

1. Die für die Wasser- und Bodenverbände in § 42 grundsätzlich vorgeschriebenen Schauen sind regelmäßig — im Frühjahr und im Herbste, mindestens aber einmal im Jahre — vorzunehmen, um festzustellen, ob die Verbandanlagen, Gewässer und Grundstücke in einen der Satzung entsprechenden Zustand gebracht sind und ordnungsmäßig unterhalten werden. Zu den regelmäßigen Schauen der Meliorationsanlagen sind die in § 44 bezeichneten Behörden einzuladen.

Die Verbandschau ist im Gegensatz zu der staatlichen Aufsichtsschau (§ 121) eine Selbstverwaltungsangelegenheit. Der Vorsteher kann daher nach § 96 allgemeine Anordnungen für die Schau, eine Schauordnung, erlassen. Die Aufsichtsbehörde kann eine Schauordnung in Form einer Polizeiverordnung nach § 41 zum Schutze des Verbandunternehmens unter Beachtung der §§ 42 bis 45 erlassen (1. AV. Nr. 30, 31). Wasserpolizeiliche Befugnisse können den Schaubeauftragten nicht übertragen werden. Sie haben lediglich ihre Aufzeichnung über das Ergebnis der Schau, insbesondere über die von ihnen festgestellten Verstöße gegen die satzungsmäßige Unterhaltungspflicht, dem Verbandvorsteher zu übermitteln, dem es überlassen bleibt, gegen Ordnungswidrigkeiten einzuschreiten (§ 45).

Die von den Schauämtern oder anderen Stellen als Hilfsorganen der Wasserpolizeibehörden abzuhaltenden Schauen werden durch §§ 42 ff. nicht berührt. Diese, nicht die Schaubeauftragten der Wasser- und Bodenverbände, haben festzustellen, ob polizeiliche Bedenken gegen den Zustand der Wasserläufe zu erheben sind. Nach § 121 Abs. 2 kann die Aufsichtsbehörde auch von sich aus eine Schau anordnen (Aufsichtsschau). In der Regel wird der Landrat im Einvernehmen mit den Vorstehern für alle Verbände des Kreises Schautermine anberaumen.

2. Vgl. Anm. 2 zu § 96, Anm. 2 zu § 121.

§ 43. Die Schaubeauftragten.

(1) Der Vorsteher beruft die Schaubeauftragten und ruft sie ab. Zu den Schaubeauftragten gehört der Vorsteher oder ein Mitglied des Vorstandes. Schauführer ist der Vorsteher oder der von ihm bestimmte Schaubeauftragte.

(2) Wenn für mehrere Schaubezirke des Wasser- und Bodenverbandes verschiedene Beauftragte berufen werden, genügt die Teilnahme des Vorstehers (Vorstandsmitgliedes) in einem der Bezirke.

Die Berufung der Schaubeauftragten, die nicht zu den Organen gehören, liegt als Selbstverwaltungsangelegenheit dem Vorsteher, nicht der Aufsichtsbehörde ob. Die Verbandmitglieder sind verpflichtet, die Berufung anzunehmen. Der Vorsteher kann auch Personen die nicht Mitglieder des Verbandes sind, berufen. Vor der Berufung hat er den Rat der übrigen Vorstandmitglieder zu hören (§ 49 Abs. 1 Satz 2).

§ 44. Teilnahme der Behörde an der Schau.

Der Vorstand lädt die Aufsichtsbehörde, die staatliche Fachbehörde und die Wasserpolizeibehörde rechtzeitig zur Schau ein [1] [2].

1. Der Vorsteher macht Zeit und Ort der Ladung rechtzeitig in der in der Satzung bestimmten Form (§ 9 Abs. 2) bekannt. Nach SaMu. A § 8 Abs. 2 soll die Ladungsfrist 4 Wochen betragen. Wenn die Verbandmitglieder die Gräben des Verbandes zu räumen haben, kann mit der Bekanntmachung die Aufforderung verbunden werden, zur Vermeidung einer Ordnungsstrafe ordnungsmäßig zu räumen (1. AV. Nr. 27 u. 77).

2. Als staatliche Fachbehörde kommt insbesondere das Wasserwirtschaftsamt (1. A. V. Nr. 28) gegebenenfalls auch das Gewerbeaufsichtsamt und das Gesundheitsamt, in Betracht. Zu Deichschauen an Strömen und Kanälen werden auch die Organe der Wasserstraßenverwaltung einzuladen sein, zu Schauen von Verbänden mit landwirtschaftlichen Aufgaben die landwirtschaftliche Dienststelle (§ 118, Rd. Erl. vom 3. April 1940, LwRMBl. S. 353), s. auch Anm. 2 zu § 121.

Die Verbandmitglieder sind berechtigt, an der Schau teilzunehmen.

§ 45. Aufzeichnung. Schaubuch. Abstellung der Mängel.

Der Schauführer zeichnet den Verlauf und das Ergebnis der Prüfung schriftlich auf, gibt den Schaubeauftragten Gelegenheit zur Äußerung und übermittelt die Aufzeichnung an den Vorsteher. Dieser läßt die Mängel abstellen und unterrichtet die Aufsichtsbehörde [1] [2]. Er sammelt die Aufzeichnungen im Schaubuche und vermerkt in ihm die Abstellung der Mängel.

1. Auf Grund der ihm übermittelten Aufzeichnung hat der Vorsteher die erforderlichen Anordnungen gegen die säumigen Verbandmitglieder zu treffen (§§ 96 ff.) oder Arbeiten, die zur Unterhaltung der Verbandanlagen erforderlich sind, auf Kosten des Verbandes ausführen zu lassen. Er unterrichtet die Aufsichtsbehörde durch das Wasserwirtschaftsamt von der Abstellung der Mängel. (1. A. V. Nr. 29).

2. Wegen der von den Mitgliedern zu leistenden Sachbeiträge s. Anm. 1 zu § 79, SaMu. § 39, wegen des Wegräumens des Aushubs s. auch Anm. 4 zu § 22.

V. Abschnitt.
Verfassung.

Vorbemerkung.

Verbandorgane sind Vorstand (Vorsteher) und Ausschuß; an die Stelle des letzteren tritt die Verbandversammlung, wenn es die Satzung bestimmt (Anm. 1 zu § 46). Die WVO. gibt dem Vorsteher als dem Hauptorgane die entscheidende Stellung (§§ 49—51), läßt aber in § 47 den mehrgliedrigen Vorstand zu, weil er der Verschiedenheit der wirtschaftlichen Interessen innerhalb der Wasser- und Bodenverbände entspricht und eine einzige Person, die noch dazu vielfach selbst Interessent ist, einen gerechten Ausgleich dieser Interessen nicht immer herbeizuführen vermag (vgl. Tö. im RVBl. **58**, 916f.). Die Aufsichtsbehörde beruft den Vorsteher und seine Stellvertreter gemäß einem Vorschlage des Verbandausschusses, die übrigen Vorstandmitglieder beruft der Verbandausschuß, sie bedürfen aber der Bestätigung der Aufsichtsbehörde (§ 48). Die obere Aufsichtsbehörde kann bestimmen, oder zulassen, daß der Vorstand in anderer Weise gebildet wird (§ 48 Abs. 5).

Der Ausschuß wird von den Mitgliedern gewählt (§§ 55ff.). Von der Aufsichtsbehörde wird die Ordnungsmäßigkeit seiner Wahl bestätigt (§ 58 Abs. 2), von dem Vorsteher wird er nach Bedarf zur Sitzung berufen. Der Verbandvorsteher ist Vorsitzer des Ausschusses ohne Stimmrecht. Im Ausschuß entscheidet Stimmenmehrheit (§ 61). Ist kein Ausschuß vorhanden, so tritt die Verbandversammlung an seine Stelle (§ 62). Sie ist Verbandorgan für die kleineren Verbände. Ausschuß und Verbandversammlung haben in den Fällen des § 53, Abs. 2 eine beschließende, in allen anderen Fällen eine beratende Tätigkeit. Kein Verbandorgan ist die gemäß § 63 einzuberufende Versammlung der Mitglieder (s. Anm. zu Nr. 32 der 1. A. V.).

Im übrigen wird auf die Vorbemerkung zum Kommentar und die Anmerkungen 1 zu § 47 und 6 zu § 48 sowie auf die 1. AV. Nr. 32ff. verwiesen.

§ 46. Allgemeines.

(1) Der Wasser- und Bodenverband hat einen Vorstand (Vorsteher) und einen Ausschuß. In der

Satzung kann bestimmt werden, daß der Verband an Stelle des Ausschusses die Verbandversammlung hat [1].

(2) Vorsteher, Vorstand, Ausschuß und Versammlung können neben diesen Bezeichnungen andere Bezeichnungen haben [2].

1. Notwendige Organe der Wasser- und Bodenverbände sind nur der Vorstand (Vorsteher), der Ausschuß und, wenn es die Satzung bestimmt, an Stelle des Ausschusses die Verbandversammlung (§ 62); sie ist für größere Verbände unzweckmäßig. Andererseits geht die Beschränkung auf Verbände unter 50 Mitglieder (vgl. 1. A. V. Nr. 33) zu weit. Auch bei ihnen ist aber der Ausschuß zulässig, wenn auch bei ganz geringer Mitgliederzahl unpraktisch. Über die Beamteneigenschaft des Vorstehers und der Vorstandmitglieder s. Vorbemerkung zum IX. Abschnitt.

Der sogenannte „Abteilungsvorsteher" hat nur die Rechte eines Beauftragten und gegebenenfalls auch die eines Bevollmächtigten des Vorstehers, der „Ausschuß" der Abteilung nur die eines Beirates des Abteilungsvorstehers.

2. Besondere Bezeichnungen sind in den Deichverbänden üblich (Deichhauptmann, Deichgraf, Deichrichter, Deichgeschworene, Deichschöppen, Deichschulzen, Heimräte, Deichamt, Deichinspektoren usw.). Diese Bezeichnungen können bestehen bleiben.

3. Die einzelnen Verbandmitglieder werden durch die Beschlüsse der Verbandorgane gebunden, dem durch diese ausgedrückten Gesamtwillen des Verbandes nachzukommen (RVBl. **64**, 77).

§ 47. Vorstand: Mitglieder, Stellvertretung.

(1) Der Vorstand des Wasser- und Bodenverbandes kann aus einer Person, dem Vorsteher, oder aus mehreren Personen bestehen, von denen

eine, der Vorsteher, den Vorsitz führt [1]. Dies und die Stellvertretung im Vorstande sind in der Satzung zu regeln [2].

(2) In der Satzung kann der Personenkreis bestimmt werden, aus dem der Vorstand zu nehmen ist [3 4].

1. Zulässig ist sowohl der Einmann-Vorstand wie der mehrgliedrige Vorstand. Der Einmann-Vorstand genügt insbesondere für kleine Verbände, wenn die Interessen der Verbandsmitglieder einheitlich und Männer vorhanden sind, die das Vertrauen aller genießen. (1.A.V. Nr. 34) Dagegen empfiehlt sich der mehrgliedrige Vorstand, wenn in dem Verbande die geschäftlichen Interessen verschieden sind und eine einzige Person einen gerechten Ausgleich dieser Interessen nicht herbeiführen kann. (vgl. Vorbem. zum V. Abschnitt.) Die Führung im Vorstande liegt stets beim Vorsteher; er ist im Zweifel für alle Verbandgeschäfte zuständig und verantwortlich (§ 49), er allein vertritt den Wasser- und Bodenverband außer in den Fällen des § 50 Satz 2; er führt die laufende Verwaltung und ist Vollstreckungsbehörde (§ 93). Die WVO. läßt sowohl den Einmannvorstand (Alleinvorsteher) wie den mehrgliedrigen Vorstand zu. Den heutigen Grundsätzen wird mehr als früher der mehrgliedrige Vorstand entsprechen, ohne daß deshalb der Einmannvorstand ausgeschlossen würde.

2. Satz 2 ist zwingenden Rechts, die Satzung muß Bestimmungen über die Zusammensetzung sowie über die Befugnisse des Vorstandes — wo ein solcher bestellt wird — und des Vorstehers enthalten. Falls nichts Gegenteiliges bestimmt ist, können auch wie nach bisherigem Recht Nichtmitglieder, z. B. auch der Verbandtechniker, zu Vorstandsmitgliedern bestellt werden. Die Reihenfolge, in der die Stellvertreter eintreten (1., 2. usw. Stellvertreter), ist zu bestimmen (SaMu. A § 11 Abs. 1). Der Stellvertreter ist ohne weiteres zum Handeln befugt und verpflichtet, wenn der Vorsteher aus irgendeinem Grunde verhindert ist.

3. Für die Zusammensetzung des Vorstandes gilt dasselbe wie für die des Ausschusses, s. Anmerkung 2 zu § 55.

4. Die Vorstandsmitglieder sind ehrenhalber tätig. Der Vorsteher erhält Ersatz seiner baren Auslagen, oft in Form einer jährlichen Entschädigung. Diese ist von der Genehmigung der Aufsichtsbehörde abhängig (§ 109 und Anm. 1 dazu).

§ 48. Bildung des Vorstandes[1].

(1) Die Aufsichtsbehörde beruft den Vorsteher und seine Stellvertreter für die in der Satzung vorgeschriebene Zeit [1] gemäß einem Vorschlage des Verbandausschusses [2]. Wenn die Aufsichtsbehörde dem Vorschlage nicht folgen will, entscheidet die obere Aufsichtsbehörde [3].

(2) Die obere Aufsichtsbehörde kann den Vorschlag zurückweisen. Der Ausschuß ist zu einem neuen Vorschlag befugt.

(3) Wenn der Vorschlag nicht rechtzeitig [4] gemacht oder zurückgewiesen wird, kann die Aufsichtsbehörde den Vorsteher für die Zeit bis zur ordentlichen Berufung bestellen und eine angemessene Entschädigung für ihn festsetzen; sie kann den so bestellten Vorsteher abrufen.

(4) Die übrigen Mitglieder des Vorstandes und ihre Stellvertreter beruft der Verbandausschuß. Sie bedürfen der Bestätigung der Aufsichtsbehörde [5].

(5) Die obere Aufsichtsbehörde kann bestimmen, daß der Vorstand in anderer Weise gebildet wird. Die Bestimmung ist in die Satzung zu nehmen [6] [7].

1a. Vgl. Vorbemerkung zum V. Abschnitt.

1. In der Satzung kann eine beliebige Amtszeit festgesetzt werden, z. B. 5 Jahre, und als Endzeitpunkt zweckmäßig der 31. März oder 31. Dezember (SaMu. A § 13, s. auch Anm. 2 zu § 50, Anm. 2 zu § 58).

2. In den AV. Nr. 36 zu § 12 SaMu. heißt es: „Im allgemeinen ist darauf hinzuwirken, daß Ausschußmitglieder nicht zugleich im Vorstande sind. Das ergibt sich schon aus der Vorschrift, daß der Ausschuß über die Entlastung des Vorstandes zu beschließen hat (§ 21 SaMu.). Manchmal sind aber wegen der besonderen Umstände des Falles Ausnahmen am Platze, wenn die Ausschußmitglieder, die nicht zum Vorstande gehören, zahlreich genug sind. Zu wünschen ist ferner, daß der Vorstand aus Verbandmitgliedern besteht. Auch dies kann aber nicht immer gefordert werden; es kann sogar nicht unzweckmäßig sein, wenn ein besonders geeigneter außenstehender Mann vorgeschlagen wird."

3. Der ordentliche Vorstand geht nach Abs. 1 aus einen Zusammenwirken zwischen Ausschuß bzw. Verbandversammlung und der Aufsichtsbehörde hervor. Die Aufsichtsbehörde kann nicht etwa nach Belieben andere Personen in den Vorstand berufen, sondern nur die Entscheidung der oberen Aufsichtsbehörde herbeiführen, wenn sie zwecks Sicherung der öffentlichen Belange dem Vorschlage des Ausschusses nicht folgen zu dürfen glaubt. (Erlaß des Niedersächsischen Ministers für Erw., Landw. u. Forsten vom 20. Juni 1947, s. Vorbemerkung zum Kommentar.) Der Vorschlag des Ausschusses ist hiernach zwar für die Aufsichtsbehörde nicht verbindlich, hat aber, falls sie nicht zustimmt, zunächst die Rechtswirkung, daß nicht sie, sondern die obere Aufsichtsbehörde zur Entscheidung berufen wird. Wenn diese den Vorschlag zurückweist, hat sie dem Ausschuß eine Frist für einen zweiten Vorschlag zu setzen (ohne Fristsetzung kann die Rechtzeitigkeit nicht festgestellt werden; Tö. [Anm. 2 zu § 48] hält ohne Begründung Fristsetzung nur für zulässig, nicht für notwendig). Wenn die Aufsichtsbehörde auch dem zweiten Vorschlag nicht zustimmt oder der Ausschuß binnen der Frist keinen neuen Vorschlag macht, kann sie den Vorsteher „für die Zeit bis zur ordentlichen Berufung" (also nicht für die ordentliche, in SaMu. A § 13 regelmäßig auf 5 Jahre festgesetzte Amtszeit), d. h. also nur einen außerordentlichen, vorläufigen Vorsteher bestellen. Die Aufsichtsbehörde hat die ordentliche Berufung, sobald sie durchführbar ist, herbeizuführen; sie kann daher etwaige neue Vorschläge des Ausschusses nicht ohne weiteres mit der Begründung ablehnen, daß bereits ein Vorsteher bestellt sei (die Kennzeichnung dieser Rechtslage durch Tö. [Anm. 1 zu § 48] als „unbedingte staatliche Oberleitung" erscheint hiernach mißverständlich). Vgl. hierzu Vorbemerkung zum Kommentar und Anm. 5.

Nach der Verbandgründung kann die (untere) Aufsichtsbehörde in freier Entschließung den ersten — ebenfalls nur vorläufigen — Vorstand bestellen (§ 171 Abs. 2).

4. D. h. innerhalb der von der Aufsichtsbehörde gestellten Frist (s. oben).

5. Die Aufsichtsbehörde ist sowohl bei der Berufung des Vorstehers als auch bei der Bestätigung der Beisitzer in ihrer Entschließung frei. Nach dem Erlaß vom 20. Juni 1947 (s. oben Anm. 3) werden aber diese Befugnisse „im Regelfalle nur eine völlig formelle Bedeutung haben, da die Beteiligten in ihren eigenem Interesse geeignete Persönlichkeiten für die Leitung der Verbandsgeschäfte auswählen und die Aufsichtsbehörden bei aller gebotenen Zurückhaltung nur in einem denkbaren Notfalle eingreifen werden, um einen Mißbrauch des Selbstverwaltungsrechtes zu verhüten".

Eine Verpflichtung zur Übernahme des Vorstandamtes kann dem Verbandmitgliede in der Satzung nicht auferlegt werden. Eine dem § 23 DGO. entsprechende Bestimmung, wonach die Berufung nur beim Vorliegen eines wichtigen Grundes abgelehnt werden kann, besteht gleichfalls nicht. Wird der geordnete Gang der Verwaltung durch die Ablehnung der Berufung gefährdet, so kann die Aufsichtsbehörde nach § 127 einen vorläufigen Vertreter bestellen. Die Entschädigung kann nach § 126 erzwungen werden. Hat ein Vorstandmitglied sein Amt einmal angetreten, so kann es nur aus wichtigen Gründen niedergelegt werden.

6. Nach Abs. 5 können Abweichungen von der in Abs. 1 für die Bestellung des Vorstandes getroffenen Regelung zugelassen werden. Kraft zwingenden Rechts sind aber derartige Abweichungen in die Satzung aufzunehmen. Auf Grund dieser Bestimmung können auch nach heutigen Grundsätzen angebracht erscheinende

Einschränkungen der aufsichtsbehördlichen Befugnisse in der Satzung festgelegt werden. Es wäre z. B. zulässig, von einer Mitwirkung der Aufsichtsbehörde ganz abzusehen, d. h. also sämtliche Vorstandsmitglieder frei wählen zu lassen. Man könnte aber auch, was vielleicht zu empfehlen ist, eine Bestätigung des Vorstehers vorsehen (und seines Stellvertreters), bei den übrigen Vorstandsmitgliedern aber darauf verzichten (vgl. unsere Vorschläge zu SaMuA § 12 abgedruckt im Anhang). Das Preußische Wassergesetz kannte eine Bestätigung nur des Deichhauptmannes, nicht aber des Vorstehers einer Wassergenossenschaft.

7. Die Vorstandmitglieder werden, wenn sie nicht Beamte sind (s. für Beamte Anm. 3 zu § 110), von der Aufsichtsbehörde oder ihrem Beauftragten durch Handschlag an Eides statt verpflichtet (1. AV. Nr. 37 SaMu. § 12 Abs. 3).

§ 49. Geschäfte des Vorstehers, des Vorstandes. Vertreter.

(1) Dem Vorsteher obliegen alle Geschäfte des Wasser- und Bodenverbandes, zu denen nicht der Vorstand oder andere Stellen durch das Gesetz oder die Satzung berufen sind [1]. Er unterrichtet in angemessenen Zeitabständen die anderen Mitglieder des Vorstandes von seinen Geschäften und hört ihren Rat zu wichtigen Geschäften.

(2) Die Mitglieder des Vorstandes haben bei der Erfüllung ihrer Aufgaben die erforderliche Sorgfalt anzuwenden. Mitglieder, die ihre Obliegenheiten verletzen, haften dem Verbande für den Schaden; mehrere haften als Gesamtschuldner. Der Schadenersatzanspruch verjährt in fünf Jahren, nachdem er für den Verband erkennbar geworden ist; die Erkennbarkeit für die zum Schadenersatz verpflichteten Mitglieder des Vorstandes ist unerheblich [2].

(3) Der Vorsteher kann Beamte und Angestellte mit seiner Vertretung in bestimmten Angelegen-

heiten beauftragen. Die Befugnisse seines zum Verbandorgan bestellten Stellvertreters (§ 47) bleiben unberührt [3].

1. Im Zweifel ist der Vorsteher für alle Verwaltungsgeschäfte zuständig (Vorbemerkung zum V. Abschnitt). Es spricht eine Vermutung für seine Zuständigkeit.

Dem Gesamtvorstande sollen im allgemeinen die Geschäfte in der Satzung vorbehalten bleiben, in denen durch Abstimmung mehrerer Personen die verschiedenen Interessen der Verbandmitglieder durch sie abgewogen werden müssen (vgl. Tö. in der DLZ. 6. Jahrg. S. 356), wie z. B. in den Fällen der § 10 Satz 1, § 13, Abs. 3, §§ 18, 21, 33, 89 Abs. 3. Bestimmte Beschlüsse, wie z. B. über die Aufstellung des Haushaltplanes nach § 72 und über Einsprüche nach § 87 Abs. 2, müssen vom Gesamtvorstande gefaßt werden. Es kann aber auch darüber hinaus die gesetzliche Vermutung umgekehrt werden, d. h. es können dem Vorstande durch die Satzung alle Geschäfte übertragen werden, zu denen nicht der Vorsteher durch die Wasserverbandverordnung berufen ist (vgl. Anmerkung zu SaMu. A § 14 und 15). Für die Vertretungsbefugnis nach außen ist jedoch § 50 in jedem Falle maßgebend.

2. Abs. 2 entspricht dem Art. 122 BayerWG. und bezieht sich nur auf die Haftung der Vorstandmitglieder gegenüber dem Verbande. Nach außen, für den Schaden, den der Vorsteher oder ein Vorstandmitglied durch eine in Ausführung der ihnen zustehenden Verrichtungen begangene, zum Schadenersatze verpflichtende Handlung Dritten zugefügt, haftet der Verband gemäß §§ 31, 89 BGB. und bei Ausübung öffentlicher Gewalt nach § 839 BGB. in Verbindung mit Art. 131 RV. Wegen der Haftung für Rechtshandlungen, die außerhalb der Zweckbestimmung der Verbände von ihren Organen bestätigt wurden s. Anm. 2 zu § 8. Wegen der Ansprüche des Verbandes gegen Vorstandmitglieder s. § 132; wegen der Zwangsbefugnisse der Vorstandmitglieder s. §§ 96f. Bei Fehlbeträgen im Sinne des Erstattungsgesetzes vom 18. April 1937 ist das Erstattungsverfahren einzuleiten (Anm. 6 zu § 107).

Mittelbare Reichsbeamte sind die Mitglieder des Vorstandes nur insoweit, als es in der Satzung bestimmt ist (Vorbemerkung zum IX. Abschnitt und § 110). Wegen der Berufung des Vorstehers zum Beamten s. Anm. 3 zu § 110. Wegen der Berufung des Verbandtechnikers (Deichinspektors) zum Vorstandmitgliede s. Anm. 1 zu § 108.

3. Der Stellvertreter vertritt den Vorsteher bei Behinderung, z. B. bei Abwesenheit oder Erkrankung oder wenn er persönlich an dem Rechtsgeschäfte beteiligt ist, z. B. als Grundstückseigentümer; der Vorsteher kann mit sich selbst kein Rechtsgeschäft abschließen, z. B. sich nicht selbst eine Vergütung bewilligen (BGB. § 181, s. auch Anm. 4 zu § 110).

§ 50. Vertretung des Verbandes.

Der Vorsteher vertritt den Wasser- und Bodenverband. In der Satzung kann für bestimmte Geschäfte vorgeschrieben werden, daß sie schriftlich vorgenommen und auch von einem anderen Vorstandmitgliede, Verbandmitgliede oder einem Geschäftführer unterschrieben werden müssen [1] [2].

1. Der Vorsteher — nicht mehr der Vorstand — ist der gesetzliche Vertreter des Verbandes; er vertritt ihn gerichtlich und außergerichtlich. Er kann selbständig Rechtsgeschäfte für den Verband schließen und Urkunden mit rechtsverbindlicher Kraft für den Verband allein — außer im Falle von § 50 Satz 2 — vollziehen. Ist er selbst Kläger gegen den Verband, so kann er die Klage erst dann rechtswirksam erheben, wenn dafür gesorgt ist, daß der Verband einen anderen Vertreter erhält (RGZ. **66**, 243). Die Vertretungsbefugnis des Vorstehers, d. h. die Befugnis nach außen allein für den Verband rechtswirksam zu handeln, kann nur noch gemäß § 50 Satz 2 beschränkt werden (s. auch 1. A. V. Nr. 40). Weitere Beschränkungen der Vertretungsmacht des Vorstehers sind nur dem Verbande gegenüber wirksam, d. h. sie verpflichten zwar den Vorsteher, gewisse Rechtsgeschäfte nur unter bestimmten Voraussetzungen z. B. auf Beschluß des Vorstandes vorzunehmen, berühren aber nicht die Rechtsgültigkeit der entgegen diesen Vorschriften vorgenommenen Rechtsgeschäfte. Darlehnverträge, die der Vorsteher ohne die satzungsmäßig vorgeschriebene Zustimmung des Vorstandes, des Ausschusses oder der Mitgliederversammlung abschließt, sind danach gleichwohl gültig.

Dies gilt auch für solche Verbände, die eine neue, nach der WVO. erlassene Satzung noch nicht haben, da die abweichenden Bestimmungen der alten Satzung insoweit der zwingenden Vorschrift des § 50 widersprechen. Bestimmte eine alte Satzung, daß eine der jetzt im § 50 Abs. 1 genannten Personen bei schriftlichen Erklärungen des Vorstehers mitwirken soll, so bedeutet dies eine auch nach dem Inkrafttreten der WVO. nach außen hin wirksame Einschränkung der Vertretungsbefugnis des Vorstehers. Eine alte Satzungsvorschrift, daß in Schuld-Urkunden der zugrunde liegende Beschluß des Vorstandes oder der Genehmigungsbescheid der Aufsichtsbehörde angeführt werden muß, ist jetzt bedeutungslos. Eine ohne Beachtung einer solchen Satzungsvorschrift vollzogene Urkunde ist rechtsgültig (RdErl.d.RM.f.E.u.L. vom 12. Januar 1939, LwRMBl. S. 142).

Über die Haftung des Verbandes für die Handlungen des Vorstehers s. Anm. 2 zu § 49.

2. Die Vertretungsbefugnis des Vorstandes (Vorstehers) endet mit Ablauf der in der Satzung vorgeschriebenen Zeit, sie wird nicht etwa durch stillschweigende Zustimmung der Aufsichtsbehörde verlängert, bleibt aber darüber hinaus bestehen, wenn nach der Satzung (so SaMu. § 13 Abs. 3) die ausscheidenden Mitglieder bis zum Eintritt der neuen Mitglieder im Amt bleiben. Für noch in der Neugestaltung befindliche Verbände gelten §§ 143, 144; s. auch ErlGenInsp. vom 22. Mai 1942, LwRMBl. S. 579, DLZ. 1942 S. 116. Außer durch Zeitablauf kann das Amt des Vorstandes durch Maßnahmen der Aufsichtsbehörde (§§ 128—130) sein Ende erreichen.

§ 51. Sitzungen des Vorstandes.

Der Vorsteher beruft den Vorstand nach Bedarf, mindestens einmal im Jahre, zur Sitzung. Die Aufsichtsbehörde kann ihn berufen. Sie kann für sich oder die sie beratende staatliche Fachbehörde (§ 118) die Leitung ohne Stimmrecht beanspruchen.

Die Vorstandsmitglieder sind — ebenso die Ausschußmitglieder — unter Mitteilung der Tagesordnung mit angemessener (mindestens einwöchiger) Frist — in dringlichen Fällen bedarf es keiner Frist (vgl. SaMu. § 16) — zu den Sitzungen zu laden. Wer am Erscheinen verhindert ist, hat dies dem Vorsteher unverzüglich anzuzeigen, der den Stellvertreter zu laden hat. Vielfach empfiehlt es sich, die Stellvertreter zu den Sitzungen gleich mit einzuladen, mitstimmen können sie aber nur bei Abwesenheit des Vertretenen. Ferner sind die Aufsichtsbehörde und die sie beratenden Stellen (§ 118) einzuladen (§ 120).

§ 52. Beschließen im Vorstande.

(1) Der aus mehreren Personen bestehende Vorstand bildet seinen Willen mit der Mehrheit aller seiner Stimmen. Bei Stimmgleichheit gibt der Vorsitzer den Ausschlag [1]. Eine andere Regelung durch die Satzung ist zulässig [2].

(2) Jedes Mitglied hat eine Stimme.

(3) Die Beschlüsse sind aufzuzeichnen [3].

1. Über den mehrgliedrigen Vorstand vgl. Vorbemerkung zum V. Abschnitt.

Die Mehrheit wird durch Abstimmung erzielt. Jedes Mitglied hat eine Stimme. Nach SaMu. § 17 Abs. 1 ist nicht die Mehrheit aller Stimmen, sondern die Mehrheit der Stimmen der anwesenden Mitglieder maßgebend.

2. Im SaMu. § 17 ist die Beschlußfähigkeit des Vorstandes von der Anwesenheit einer bestimmten Mindestzahl von Vorstandsmitgliedern, von mindestens zwei Dritteln, abhängig gemacht und bestimmt worden, daß der Vorstand ohne Rücksicht auf die Zahl der Erschienenen beschlußfähig ist, wenn er zum zweiten Male wegen desselben Gegenstandes rechtzeitig — unter Hinweis auf diese Rechtsfolge — geladen ist (vgl. auch I. AV. Nr. 43). Die Satzung könnte diese Regelung auch schon bei der ersten Ladung zulassen. Auf schriftlichem Wege erzielte Beschlüsse sind nach dem SaMu. nur gültig, wenn sie einstimmig von allen Vorstandsmitgliedern gefaßt sind. (SaMu. § 17 Abs. 4); eine andere Regelung wäre zulässig, aber wohl nicht zweckmäßig.

3. Die durch die Beschwerde anfechtbaren Beschlüsse des Vorstandes sind den Empfängern von dem Vorsteher mitzuteilen. Einer Unterschrift aller Vorstandsmitglieder bedarf es weder in der Urschrift des Beschlusses noch in der Ausfertigung. Der Nachweis für den Erlaß des Beschlusses ist durch Vorlegung des Beschlusses zu führen. Die Eintragungen in das Beschlußbuch sind vom Vorsitzer und einem weiteren Vorstandsmitgliede zu unterschreiben (SaMu. § 17 Abs. 5), der ausgefertigte Beschluß vom Vorsteher allein, die durch die Beschwerde anfechtbaren Vorstandbeschlüsse sind den Empfängern vom Vorsteher mitzuteilen (LwRMBl. 1939 S. 236).

§ 53. Aufgaben des Ausschusses.

(1) Der Ausschuß ist eine Vertretung der Verbandmitglieder im Wasser- und Bodenverbande [1].

(2) Er hat die ihm durch diese Verordnung gegebenen Aufgaben, insbesondere

1. über die Bildung und die Entlastung des Vorstandes zu beschließen (§§ 48, 77);
2. den Haushaltsplan festzusetzen (§ 73).

(3) Der Ausschuß berät den Vorstand zu allen wichtigen Geschäften. Hierzu können in der Satzung Abteilungen des Ausschusses zugelassen werden [2].

1. Der Ausschuß als Verbandorgan entstammt dem preußischen Wasserrechte (PrWG. § 212 Abs. 4, § 299 Abs. 3). Die Bildung des Ausschusses an Stelle der Mitgliederversammlung kam aber bisher nur bei größeren Wassergenossenschaften und Deichverbänden mit sehr vielen Mitgliedern vor, deren Vereinigung zu gemeinsamer Beschlußfassung schwer durchführbar war.

Nach § 53 Abs. 1 ist der Ausschuß für alle Wasser- und Bodenverbände als Vertretung der Mitglieder vorgesehen, wenn nicht die Verbandversammlung satzungsgemäß neben dem Vorstand (Vorsteher) als Organ bestimmt ist (§ 46 Abs. 1). Die Führung liegt aber nicht beim Ausschuß, sondern beim Vorsteher oder beim Vorstande (vgl. §§ 49, 50), dieser führt alle Geschäfte, die nicht dem Ausschuß übertragen sind (vgl. Li. in der DLZ. 1937 S. 358). Die Ausschußmitglieder sind ehrenhalber tätig.

2. Der Ausschuß ist nicht in allen Verbandangelegenheiten zuständig, er ist vielmehr auf die ihm durch die WVO. zugewiesenen Aufgaben beschränkt, die durch die Satzung nicht erweitert, aber auch nicht gemindert werden können (1. AV. Nr. 39, 51, 61). Der Ausschuß hat folgende Aufgaben:

1. Er entscheidet in den Fällen des § 48 Abs. 4, § 53 Abs. 2, § 73, § 75 Abs. 2, § 77;
2. er schlägt vor in den Fällen des § 48 Abs. 1 und 2;
3. er wird gehört in den Fällen der §§ 10 Abs. 1, 18 Abs. 1, 82 Abs. 2, 177;
4. er berät den Vorstand bei allen wichtigen Geschäften (§ 53 Abs. 3).

§ 54. Anzahl der Mitglieder des Ausschusses. Stellvertretung.

(1) Die Anzahl der Mitglieder des Ausschusses ist in der Satzung anzugeben [1].

(2) Eine Stellvertretung findet im Ausschusse nicht statt. Eine andere Regelung durch die Satzung ist zulässig [2].

1. In der Regel werden 5 bis 10 Ausschußmitglieder genügen, bei besonderen Verhältnissen können mehr bestellt werden, z. B. 20 bis 30 bei sehr großen Verbänden.

2. Eine Stellvertretung wird in der Satzung insbesondere für den Fall zuzulassen sein, daß öffentliche Körperschaften, z. B. Gemeinden, am Verbande beteiligt sind. Der Bürgermeister, der Ausschußmitglied ist, muß bei Behinderung in der Lage sein, einen Vertreter zu entsenden. Wenn der Ausschuß aus nur wenigen Mitgliedern besteht, kann es gleichfalls zweckmäßig sein, einen oder mehrere Stellvertreter zuzulassen. Dasselbe gilt, wenn für verschiedene bestimmte Interessen der Mitglieder bestimmte Ausschußmitglieder vorgesehen sind und die Anzahl dieser Interessenvertreter sehr klein ist, z. B. nicht mehr als drei beträgt (1. AV. Nr. 45).

§ 55. Wahl des Ausschusses.

(1) Die Mitglieder des Wasser- und Bodenverbandes wählen die Mitglieder des Ausschusses [1]. Das Wahlverfahren ist in der Satzung zu bestimmen; die Wählbarkeit kann auf einen bestimmten Personenkreis beschränkt werden [2].

(2) Die obere Aufsichtsbehörde kann bestimmen, daß der Ausschuß in anderer Weise gebildet wird. Die Bestimmung ist in die Satzung aufzunehmen.

1. Nach SaMu. § 18 erfolgt die Ladung der Verbandmitglieder zur Ausschußwahl durch Bekanntmachung mit mindestens einwöchiger Frist in der durch die Satzung bestimmten Form. Die Aufsichtsbehörde, das Wasserwirtschaftsamt und die landwirtschaftliche Dienststelle (§ 11) sind einzuladen. Der Verbandvorsteher leitet die Wahl. Die Wahl durch Zuruf genügt, wenn nicht widersprochen wird, sonst muß sie durch Stimmzettel oder durch mündliche Erklärung jedes einzelnen Mitgliedes erfolgen; bei größeren Verbänden können die Mitglieder in verschiedene Wahlgruppen nach der Örtlichkeit oder nach ihren Interessen am Verbande eingeteilt werden. Unerheblich ist es, ob die Mitglieder zur Wahl an einen Ort zu einem bestimmten Zeitpunkt zusammengerufen werden oder ob sie einzeln oder dorfweise und zu beliebiger Zeit wählen (1. AV. Nr. 48). Über die Wahl ist eine Niederschrift aufzunehmen, die vom Vorsteher und einem Teilnehmer zu unterschreiben ist (SaMu. A § 18 Abs. 9). Das Wahlverfahren muß in der Satzung genau vorgeschrieben werden (1. AV. Nr. 48). Eine Pflicht zur Annahme der Wahl besteht nicht (Anm. 5 zu § 48). Über die Wahl von Vorstandmitgliedern in den Ausschuß vgl. Anm. zu § 60.

2. Erstrebenswert ist es, daß im Ausschuß alle bedeutsamen Interessen der Mitglieder an der Verbandaufgabe vertreten sind und daß die Zahl der Stimmen im Ausschusse dem Umfange und der Güte der verschiedenen Interessen entspricht (z. B. Industrie und Landwirtschaft, oben- und untenliegende Besitzer, große und kleine Landwirte, Ortsbauernvorsteher, Bürgermeister). Üblich ist es, zu Ausschußmitgliedern Verbandmitglieder zu wählen: zulässig wäre es auch, dies in der Satzung zum Ausdruck zu bringen. Nach SaMu. § 18 Abs. 1 ist jedoch jeder geschäftsfähige Deutsche, z. B. Sohn, Verwalter, Pächter des Eigentümers wählbar. Gewählt ist nach SaMu. § 18 Abs. 8, wer die Mehrheit aller gegebenen Stimmen erhält.

§ 56. Stimmrecht bei der Ausschußwahl.

(1) Jedes Mitglied, das Beiträge zu leisten hat, hat das Recht, bei der Ausschußwahl selbst oder durch einen Vertreter mitzustimmen. Das Stimmverhältnis entspricht dem Beitragverhältnisse (§§ 81, 82). In der Satzung kann beitragfreien Mitgliedern Stimmrecht gewährt und die Wahl durch Vertreter beschränkt werden [1].

(2) Um das Eigentum streitende Personen sind stimmberechtigt. Sie und die gemeinschaftlichen Eigentümer können nur einheitlich stimmen; die an der Wahl teilnehmenden haben die Stimmen aller. In der Satzung kann vorgeschrieben werden, daß sich die Stimmen gemeinschaftlicher Eigentümer im Verhältnisse ihrer Anteile verteilen [2].

(3) Die Erklärung des Lehnbesitzers, des Fideikommißbesitzers und anderer in der Verfügung beschränkter Grundeigentümer bedarf nicht der

für solchen Besitz vorgeschriebenen Zustimmung und Genehmigung. Entsprechendes gilt für die Erklärung einer Körperschaft, einer Anstalt und einer Stiftung [3].

(4) In einem Wasser- und Bodenverbande mit mehr als zwei Mitgliedern hat keines von ihnen mehr als zwei Fünftel aller Stimmen [4].

(5) An dem Stimmverhältnisse der zur Zeit des Inkrafttretens dieser Verordnung bestehenden Wasser- und Bodenverbände wird durch die Vorschriften der Absätze 1 und 2 nichts geändert.

(6) Mit Genehmigung der oberen Aufsichtsbehörte kann das Stimmverhältnis in der Satzung anders geregelt werden.

1. Das Stimmrecht bei der Ausschußwahl steht gesetzlich jedem beitragspflichtigen Verbandmitgliede entsprechend, d. h. annähernd gleich dem Beitragsverhältnisse zu. Die Anzahl der Stimmen eines Mitgliedes richtet sich daher am einfachsten nach der Größe seiner Wertzahlen (Anm. 2 zu § 87). Solange das Beitragsbuch nicht aufgestellt ist, ist das Stimmverhältnis dem Verhältnisse der Flächeninhalte der zum Verbande gehörenden Grundstücke gleich (SaMu. A § 18 Abs. 4). Über beitragfreie Mitglieder s. § 84.

Jeder Stimmberechtigte kann sein Stimmrecht durch einen Bevollmächtigten ausüben lassen. Nach SaMu. A Nr. 18 Abs. 3 kann der Vorsteher schriftliche Vollmacht fordern. Für Geschäftsunfähige oder Geschäftsbeschränkte stimmt der gesetzliche Vertreter, für juristische Personen ihr verfassungsmäßig berufener Vertreter (s. auch 1. A. V. Nr. 46—48).

2. Grundsätzlich können Miteigentümer, z. B. Miterben, ihr Stimmrecht nur gemeinschaftlich ausüben; können sie sich nicht einigen, so werden ihre Stimmen nicht gezählt. In der Satzung kann aber anteilmäßige Verteilung der Stimmen der Miteigentümer zugelassen werden (vgl. Anm. 3 zu § 163).

3. Vgl. Anm. 4 zu § 163.

4. Durch diese Bestimmung soll verhindert werden, daß ein Mitglied mehr als die Stimmen aller vorhandenen Stimmen in sich vereinigt und daß dadurch z. B. ein Großgrundbesitzer die kleineren Bauern majorisiert; zulässig ist es aber, daß ein Mitglied mehr als 2/5 der im Abstimmungstermine vertretenen Stimmen hat.

§ 57. Hilfe der Gemeinden bei der Ausschußwahl.

Die Aufsichtsbehörde der Gemeinden und der Gemeindeverbände kann anordnen, daß diese dem Wasser- und Bodenverbande ihre Einrichtungen für die Ausschußwahl überlassen. Sie können den Ersatz ihrer Kosten fordern.

Unter diese Einrichtungen fallen z. B. Sitzungssaal, Schreibmaschine und auch Dienstkräfte. Unabhängig von dieser Bestimmung sind freiwillige Bereitstellungen der Gemeinden sowohl unentgeltlich wie entgeltlich möglich.

§ 58. Bestätigung des Ausschusses.

(1) Der Vorsteher des Verbandes legt das Wahlergebnis mit allen Schriftstücken des Verfahrens der Aufsichtsbehörde vor [1].

(2) Diese bestätigt die Ausschußmitglieder für die in der Satzung vorgeschriebene Zeit, wenn das Wahlverfahren den Vorschriften dieser Verordnung und der Satzung entsprochen hat [2].

1. Die Aufsichtsbehörde hat nur die Ordnungsmäßigkeit des Wahlverfahrens zu prüfen, darf aber nicht sachlich in die Wahl eingreifen (vgl. Li. in der DLZ. 1937 S. 358 zu b).

2. Die Aufsichtsbehörde ist an die Wahl gebunden, wenn das Wahlverfahren nicht an formellen Mängeln leidet (1. AV. Nr. 49). Nach § 20 Abs. 3 SaMu. bleiben die ausscheidenden Mitglieder des Ausschusses bis zum Eintritt der neuen Mitglieder im Amte. Über die Besetzung

offener Stellen im Ausschuß s. § 127. Das Amt des Ausschusses endet zweckmäßig im selben Monat und am selben Tage wie das Amt des Vorstandes nach § 13 SaMu. Aber der Ausschuß wird in der Regel ein Jahr früher zu wählen sein als der Vorstand, damit der neue Ausschuß den neuen Vorstand wählen kann (1. AV. Nr. 50).

§ 59. Sitzungen des Ausschusses.

Der Vorsteher beruft den Ausschuß nach Bedarf, mindestens einmal im Jahre, zur Sitzung. Die Aufsichtsbehörde kann ihn berufen.

Ein Selbstversammlungsrecht steht dem Ausschuß nicht zu. Die Verbandmitglieder und auch die Ausschußmitglieder können die Berufung des Ausschusses nicht verlangen, sondern nur beim Vorsteher und gegebenenfalls bei der Aufsichtsbehörde anregen. Die Einberufung durch den Vorsteher muß — unter Mitteilung der Tagesordnung — kraft zwingenden Rechts mindestens einmal im Jahre erfolgen. Für die Ladung gilt dasselbe wie für die Ladung des Vorstandes (Anm. zu § 51).

§ 60. Vorsitzer im Ausschusse. Teilnahme des Vorstandes.

(1) Der Vorsteher des Wasser- und Bodenverbandes ist Vorsitzer des Ausschusses ohne Stimmrecht. Die Aufsichtsbehörde kann die Leitung der Sitzung für sich oder die sie beratende staatliche Fachbehörde (§ 118) beanspruchen. Auch diese haben kein Stimmrecht.

(2) Die Mitglieder des Vorstandes sind befugt, in den Sitzungen des Ausschusses das Wort zu nehmen.

Die Aufsichtsbehörde hat im allgemeinen — schon im Hinblick auf § 53 Abs. 2 Nr. 1 — darauf hinzuwirken, daß Ausschußmitglieder nicht zugleich im Vorstande sind, es sei denn, daß die Ausschußmitglieder, die nicht zum

Vorstande gehören, zahlreich genug sind (1. AV. Nr. 36). Wird der Vorsteher zum Ausschußmitglied gewählt, so steht ihm auch ein Stimmrecht im Ausschuß zu.

Von ihrem Rechte nach Abs. 1 Satz 2 wird die Aufsichtsbehörde nur im äußersten Falle Gebrauch machen (vgl. Vorbemerkung zum Kommentar).

§ 61. Beschließen im Ausschusse.

(1) Der Ausschuß bildet seinen Willen mit der Mehrheit aller seiner Stimmen [1]. Jedes Mitglied hat eine Stimme. Eine andere Regelung durch die Satzung ist zulässig [2].

(2) Die Beschlüsse sind aufzuzeichnen und vom Vorsitzer und einem Mitgliede des Ausschusses zu unterzeichnen.

1. Der Ausschuß (und ebenso die Verbandversammlung) bildet nach dem Satzungsmuster seinen Willen mit der Mehrheit der Stimmen der anwesenden Mitglieder durch Beschluß (Abs. 2). Stimmengleichheit bedeutet Ablehnung (Sa Mu. § 23).

2. Nach SaMu. § 23 Abs. 2 ist der Ausschuß beschlußfähig, wenn mindestens zwei Drittel der Mitglieder anwesend und alle rechtzeitig (Anm. zu § 51) geladen sind oder wenn bei der Ladung mitgeteilt ist, daß ohne Rücksicht auf die Zahl der Erschienenen beschlossen werden wird, oder schließlich auch ohne rechtzeitige Ladung, wenn alle Ausschußmitglieder anwesend sind und zustimmen.

§ 62. Verbandversammlung.

(1) Wenn der Wasser- und Bodenverband keinen Ausschuß hat (§ 46), obliegen dessen Aufgaben der Versammlung der Mitglieder des Verbandes.

(2) Die Vorschriften der §§ 59, 60 und 61 gelten für die Verbandversammlung entsprechend. Das Stimmrecht der Mitglieder richtet sich nach dem § 56 [1] [2].

1. Anm. 1 zu § 46 und 1. A. V. Nr. 52.

Die Verbandversammlung als Verbandorgan für kleine Verbände hat die gleichen Aufgaben wie der Ausschuß (Anm. 2 zu § 53). Die Beschlußfähigkeit ist im SaMu. § 23 Abs. 5 etwas anders geregelt als beim Ausschuß. Als Muster für die Regelung der inneren Rechtsverhältnisse der Verbandversammlung kann die Satzung des Wasserverbandes Nordharz (§§ 14 ff.) dienen, die im LwMBl. 1934 S. 161 ff. veröffentlicht ist.

2. Die Verbandversammlung kann im Gegensatz zur Anhörungsversammlung (Anm. 1 zu § 63) nicht dorfweise getrennt abgehalten werden, da Beschlüsse nur einheitlich gefaßt werden können.

§ 63. Anhörung der Mitglieder des Verbandes.

In Verbänden, die einen Ausschuß haben, soll der Vorsteher die Mitglieder des Verbandes in angemessenen Zeitabständen zusammenrufen und über die Angelegenheiten des Verbandes unterrichten und anhören [1]. In der Satzung kann die Anhörung ausgeschlossen werden [2].

1. Durch die Sollvorschrift des § 63 soll — nach SaMu. § 22 Abs. 2 mindestens einmal im Jahre — den Mitgliedern Gelegenheit zur Aussprache mit dem Vorsteher und untereinander gegeben werden. Ein Selbstversammlungsrecht der Mitglieder besteht nicht. Die vom Vorsteher gemäß § 63 einberufene Versammlung ist kein Verbandorgan und ist auch nicht befugt, Entscheidungen zu treffen. Die Anhörung kann — auch durch Beauftragte des Vorstehers — in Gruppen (dorfweise) erfolgen.

2. Damit die Mitglieder interessiert bleiben, soll deren Anhörung — einmal im Jahre oder wenigstens alle 3 Jahre — in kleinen und mittleren Verbänden im allgemeinen nicht ausgeschlossen werden (1. AV. Nr. 41, SaMu. § 14 Abs. 4). Bei großen Verbänden genügt die Anhörung alle 3—5 Jahre.

VI. Abschnitt.
Haushalt.

Vorbemerkung.

Die §§ 65 ff. sind an die Stelle des ersten Abschnittes des Gesetzes vom 24. März 1934 (Beiträgegesetz, RGBl. S. 235) getreten (§ 64 Abs. 2), das bezweckt, durch eine finanzielle Überwachung die Ansprüche herabzumindern, die an die Bevölkerung durch Verbände aller Art gestellt werden (Pfundtner-Neubert V a9, Kaufkraftgesetz S. 1). Die für die Finanzgebarung aller juristischen Personen des öffentlichen Rechts gültigen Vorschriften des Beiträgegesetzes sind durch Bestimmungen ersetzt worden, die den besonderen Verhältnissen der Wasser- und Bodenverbände Rechnung tragen.

Der Haushalt und dessen Nachträge werden vom Vorstande in der Regel alljährlich aufgestellt (§ 72) und vom Ausschuß festgesetzt (§ 73); der festgesetzte Plan bildet die Grundlage für die Verwaltung aller Einnahmen und Ausgaben. Der Ausschuß beschließt über die Entlastung des Vorstandes, nachdem ihm die geprüfte Haushaltsrechnung vom Vorsteher vorgelegt ist (§ 77).

Nicht planmäßige Zahlungen hat der Vorsteher nur bei Gefahr im Verzuge zu bewirken und nachträglich durch den Ausschuß unverzüglich festsetzen zu lassen. Der Reichsverband der Wasser- und Bodenverbände hat als Anhang zu seinem „Kurzen Leitfaden für die Verwaltung der landwirtschaftlichen Wasser- und Bodenverbände" Richtlinien für die Kassenführung herausgegeben; die Verwendung der für das Haushalts- und Kassenwesen vom Reichsverbande herausgegebenen Vordrucke ist im LwRMBl. 1937 S. 107 empfohlen worden.

Zur einheitlichen Handhabung wichtiger Fragen der Haushalt- und Rechnungsführung ist der RdErl. des Gen.Insp. vom 10. März 1943 (LwRMBl. S. 231) ergangen.

§ 64. Wirtschaftliches, sparsames Haushalten.

(1) Der Wasser- und Bodenverband ist zum wirtschaftlichen und sparsamen Haushalten bei der Erfüllung seiner Aufgaben verpflichtet [1].

(2) An Stelle des ersten Abschnittes des Gesetzes vom 24. März 1934 zur Erhaltung und Hebung der Kaufkraft (Beiträgegesetz, Reichsgesetzblatt I S. 235) gelten die folgenden Vorschriften.

Vgl. Vorbemerkung. Wie die Gemeinden, so sind auch die Wasser- und Bodenverbände zur höchsten Wirtschaftlichkeit und gewissenhaften Sparsamkeit bei der Erfüllung ihrer Aufgaben verpflichtet.

§ 65. Haushaltsplan.

(1) Für alle Einnahmen und Ausgaben des Wasser- und Bodenverbandes ist für jedes Rechnungsjahr vorher ein Haushaltsplan aufzustellen. In der Satzung ist zu bestimmen, wann das Rechnungsjahr beginnt [1].

(2) Die Ausgaben, die nicht aus den ordentlichen Einnahmen, insbesondere den Beiträgen der Mitglieder, sondern aus dem Vermögen, aus Darlehen oder aus nicht regelmäßig wiederkehrenden öffentlichen Beihilfen bestritten werden sollen, sind in einen besonderen (den außerordentlichen) Teil des Haushaltplanes zu nehmen [2] [3].

(3) Durch die Satzung können Abweichungen von den vorstehenden Vorschriften zugelassen werden [4].

1. Der Haushaltsplan ist die für die Wirtschaftsführung des Verbandes maßgebende Zusammenstellung der für ein Rechnungsjahr veranschlagten Einnahmen und Ausgaben. Der Vorstand stellt nach § 72 den Haushalts-

plan und nach Bedarf Nachträge dazu nach sorgfältiger Schätzung aller Einnahmen und Ausgaben im kommenden Rechnungsjahre auf, der Ausschuß setzt den Haushaltsplan und die Nachträge nach § 73 fest.

Für landwirtschaftliche Verbände empfiehlt es sich, das Rechnungsjahr am 1. Januar beginnen zu lassen (1. AV. Nr. 58). Im Haushaltsplan sind alle voraussehbaren Ausgaben und Einnahmen des Rechnungsjahres getrennt voneinander zu veranschlagen, und zwar auf Grund von zuverlässigen Schätzungen (Grundsatz der Vollständigkeit des Haushaltsplanes). Die Bewirtschaftung irgendwelcher Einnahmen und Ausgaben außerhalb des Haushaltsplanes ist ausgeschlossen (Grundsatz der sachlichen Einheit des Haushaltsplanes). Sonderhaushaltspläne sind unzulässig.

2. Der Haushaltsplan zerfällt in einen ordentlichen und in einen außerordentlichen Teil. In den ordentlichen Teil gehören die ordentlichen Einnahmen — Beiträge der Mitglieder, regelmäßig wiederkehrende öffentliche Beihilfen, z. B. bei Verrentung einer Anleihe, Pachtzinsen aus einer Verpachtung von Verbandflächen — und die ordentlichen Ausgaben — insbesondere die wiederkehrenden Ausgaben für die Unterhaltung und den Betrieb der Anlagen. In den außerordentlichen Teil gehören die außerordentlichen Einnahmen — aus dem Vermögen, z. B. durch Veräußerung von Vermögensgegenständen, durch Darlehen und einmalige öffentliche Beihilfen — und die außerordentlichen Ausgaben, insbesondere für die zur ersten Durchführung des Unternehmens errichteten Bauwerke. Die Einnahmen und Ausgaben müssen vollständig angegeben, Ausgaben dürfen nicht um Einnahmen gekürzt werden.

Der an Mitgliederbeiträgen zu erhebende Jahresgesamtbetrag muß so hoch bemessen sein, daß er unter Berücksichtigung der erfahrungsgemäß bei der Beitragserhebung eintretenden Ausfälle zusammen mit den sonstigen Einnahmen zur Deckung der im Haushaltplan vorgesehenen Ausgaben ausreicht.

Rückständige Beiträge aus dem letzten Rechnungsjahr und den Vorjahren sind im Haushalte (bei den Einnahmen) nicht zu veranschlagen, rückständig gebliebene Leistungen (Ausgabereste, z. B. Darlehensleistungen, nicht vorgenommene Unterhaltungsarbeiten) sind dagegen einzusetzen, und zwar unter der Bezeichnung „Rückständig gebliebene Leistungen aus den Vorjahren" (Erlaß des Gen.Insp. vom 10. März 1943, LwRMBl. S. 232). Durch den gleichen Erlaß sind auch jährliche Abführungen zur Bildung von Rücklagen, deren Höhe die Aufsichtsbehörde vorschreiben kann, vorerst auf Kriegsdauer angeordnet (Betriebsmittelrücklage und allgemeine Ausgleichsrücklage, Rücklage zur Deckung unvorhergesehener außergewöhnlicher Ausgaben, z. B. für Hochwasserschäden, für die Erneuerung von Verbandanlagen, wie Maschinen und Pumpen usw.). In den nach dem Erlaß vom 18. Mai 1942 (LwRMBl. S. 575) zu bildenden Unterhaltungsfonds sind die infolge Mangels an Arbeitskräften nicht verbrauchten, für die normale Unterhaltung haushaltmäßig vorzusehenden Geldmittel abzuführen. Der am Jahresschluß verbliebene, nicht in Anspruch genommene Bestand der Rücklage- und Unterhaltungsfonds ist dem Verbandsvermögen zuzuführen und in dem der Jahresrechnung beizufügenden „Bestands- und Vermögensnachweis" unter besonderer Position nachzuweisen (LwRMBl. 1943 S. 232). Die Bestimmungen der vorstehenden Erlasse können heute nicht mehr als verbindliche Anweisungen, sondern nur als zweckmäßige Empfehlungen angesehen werden.

3. Bei großen Verbänden ist dem Haushaltsplane ein Stellen- und Besoldungsplan der Beamten, Angestellten und Arbeiter des Verbandes als Anlage beizufügen (s. Anm. 1 zu § 110).

4. Abweichungen können sowohl von der Verpflichtung zur Aufstellung des Haushaltsplanes überhaupt wie z. B. bei kleinen oder schuldenfreien Verbänden, bei denen eine Rechnungslegung des Vorstehers genügen wird, als auch von der Verpflichtung zur alljährlichen Aufstellung zugelassen werden. Während des Krieges waren für den Haushaltsplan und die Jahresrechnung für die kleineren Wasser- und Bodenverbände Erleichterungen durch den RdErl. des Gen.Insp. vom 20. Januar 1943 (LwRMBl. S. 32) zugelassen, (s. auch 1. A. V. Nr. 56).

§ 66. Vermögen.

Der Wasser- und Bodenverband hat sein Vermögen [1] aus Einnahmen des ordentlichen Haushaltsplanes zu unterhalten [2].

1. Insbesondere seine Anlagen, z. B. Gräben, Deiche, Stauanlagen, Grundstücke, Verwaltungsgebäude (s. auch 1. A. V. Nr. 59).

2. Die Unterhaltungslasten müssen aus den laufenden ordentlichen Einnahmen bestritten werden, eine Deckung der hierfür notwendigen Ausgaben aus Mitteln des außerordentlichen Haushaltsplanes, etwa aus Darlehen oder aus Veräußerungserlösen, ist ausnahmslos unzulässig. Bei Fehlbeständen im Verbandvermögen gilt das Erstattungsgesetz vom 18. April 1937 (Anm. 6 zu § 107).

§ 67. Tilgung der Schulden.

(1) Der Wasser- und Bodenverband tilgt seine für wiederkehrende Bedürfnisse aufgenommenen Schulden vor der Wiederkehr des Bedürfnisses.

(2) Für langfristige Darlehen, die nicht regelmäßig wiederkehrend zu tilgen sind, sammelt er die Mittel zur Tilgung planmäßig an.

(3) Er stellt für jedes langfristige Darlehn einen Tilgungsplan auf, in den mindestens die nach dem Schuldverhältnisse erforderlichen Beträge einzusetzen sind.

In Abs. 1 ist offenbar dasselbe gemeint, wie in § 80 Abs. 2 Satz 2 DGO., wo es heißt: „Darlehen zur Befriedigung wiederkehrender Bedürfnisse sind bis zur Wiederkehr des Bedürfnisses zu tilgen." Ein Darlehen muß hiernach getilgt sein, bevor z. B. die Dränungen erneuert werden. Durch die Tilgungspläne soll die unbedingte Planmäßigkeit der Tilgung gesichert und die Möglichkeit einer Überwachung geschaffen werden. Der Mindesttilgungssatz muß den Rückzahlungsbedingungen des Darlehnsvertrages entsprechen. Jede Änderung des Tilgungsplanes bedarf ebenso wie die Änderung anderer Darlehnsbedingungen nach § 122 Abs. 1 Nr. 4 der Genehmigung der Aufsichtsbehörde.

§ 68. Kassenkredit.

(1) Der Wasser- und Bodenverband darf Kredit zur rechtzeitigen Leistung von Ausgaben des ordentlichen Haushaltsplanes (Kassenkredit) in der von der Aufsichtsbehörde nach § 122 Abs. 3 genehmigten Höhe aufnehmen. Kredit für Ausgaben des außerordentlichen Haushaltsplanes ist nicht Kassenkredit.

(2) Der Kassenkredit ist aus ordentlichen Einnahmen des laufenden Haushaltsplanes oder sonst spätestens nach neun Monaten zurückzuzahlen.

Die Aufnahme von Kassenkredit, der die in Satz 1 bezeichnete Höhe überschreitet, ist unwirksam. Kassenkredite dürfen nur zur Bestreitung ordentlicher Ausgaben (Löhne, Gehälter usw.), nicht aber für Ausgaben des außerordentlichen Haushaltsplanes verwendet werden. Kassenkredite kommen nur bei den großen Verbänden vor und bedürfen nicht im einzelnen der Genehmigung der Aufsichtsbehörde, es genügt eine allgemeine Ermächtigung zu ihrer Aufnahme bis zu einem zu bestimmenden Höchstbetrag (§ 122 Abs. 3). Sie gelten nicht als Darlehen, durch Aufnahme von Kassenkrediten sollen lediglich Kassenschwierigkeiten überwunden werden, die aus einem vorübergehenden Mißverhältnis zwischen dem Eingang erwarteter Einnahmen und dem Fälligwerden von Ausgaben des ordentlichen Haushaltplanes sich ergeben können. Kassenkredite sind aus ordentlichen Einnahmen des laufenden Haushaltsplanes oder sonst — d. h. bei Inanspruchnahme von Einnahmen des folgenden Jahres — innerhalb von 9 Monaten zurückzuzahlen (DGO. § 81 Abs. 3).

§ 69. Schuldübernahme.

(1) Die obere Aufsichtsbehörde [1] kann anordnen, daß der Wasser- und Bodenverband eine Schuld übernimmt, die eine öffentlichrechtliche Körperschaft [2] in der vorher ausgesprochenen Absicht auf sich genommen hat, das Unternehmen des Verbandes vor dessen Gründung zu beginnen. Wenn die Körperschaft eine Gemeinschaft der Teilnehmer einer Grundstückumlegung ist (§ 17 der Reichsumlegungsordnung vom 16. Juni 1937 — Reichsgesetzbl. I S. 631), kann die obere Aufsichtsbehörde dem Verbande auch den Ersatz der übrigen Kosten aufgeben [3].

(2) Die Anordnung der Behörde tritt an die Stelle der sonst erforderlichen Erklärung des Verbandes.

1. § 112 Abs. 2. Der § 69 behandelt die Finanzierung eines Unternehmens, mit dessen Ausführung eine öffentlichrechtliche Körperschaft als vorläufige Trägerin vor der Verbandgründung begonnen hat, und soll ihr — insbesondere den Gemeinden und Kreisen — die vorzeitige Bauausführung für den noch zu bildenden Wasser- und Bodenverband ermöglichen. Zu ihrer Sicherheit wird sie vorher die Stellungnahme der künftigen oberen Aufsichtsbehörde herbeiführen.

2. Z. B. eine Gemeinde, ein Kreis. Die Absicht des vorzeitigen Baubeginns muß vor der Übernahme der Schuld in einer der Aufsichtsbehörde gegenüber abzugebenden Erklärung ausgesprochen werden.

3. In § 17 RUO. ist bestimmt, daß die Gemeinschaft der Teilnehmer eine Körperschaft des öffentlichen Rechts ist und mit dem Umlegungsbeschluß entsteht (vgl. auch Anm. 3 zu § 152). Die Vorschrift des § 69 Abs. 1 Satz 2 geht über die des § 69 Satz 1 insofern hinaus, als die Anordnung der oberen Aufsichtsbehörde sich nicht auf die Übernahme der Schuld beschränkt, die eine Teilnehmergemeinschaft auf sich genommen hat, sondern sich auf den Ersatz aller bereits entstandenen Kosten erstrecken kann; die Teilnehmergemeinschaft braucht aber die Absicht, das Unternehmen des Verbandes vor dessen Gründung zu beginnen, nur hinsichtlich der Schuldübernahme ausgesprochen zu haben.

4. Im Falle des § 414 BGB. — Schuldübernahme durch Vereinbarung des Übernehmers mit dem Gläubiger — wird die Schuldübernahme mit der Annahme des Vertragsangebots durch den Gläubiger rechtswirksam. Im Falle des § 415 BGB. — Schuldübernahme durch Vertrag des Übernehmers mit dem Schuldner — hängt die Wirksamkeit der Schuldübernahme von der Genehmigung des Gläubigers ab. In beiden Fällen wird die obere Aufsichtsbehörde ihre Anordnung zweckmäßig dem Gläubiger unmittelbar zur Stellungnahme zuleiten.

§ 70. Einnahmen.

Für die Verwendung der Einnahmen des Wasser- und Bodenverbandes können durch die Satzung Vorschriften gegeben werden.

Nach § 26 SaMu. müssen die Einnahmen gewöhnlicher landwirtschaftlicher Verbände, z. B. aus Grasverpachtung, Eisverkauf, den Verbandmitgliedern im Verhältnis ihrer Beitraglast zugute kommen. Ist aber erhebliches Vermögen, z. B. aus öffentlichen Beihilfen und Darlehen, vorhanden, so kann die Satzung Vorschriften über die Erhaltung des Vermögens (§ 66), gegebenenfalls auch über die Bildung von Rücklagen zur Erneuerung der Verbandanlagen enthalten (s. AV. Nr. 58, 59, Anm. 2 zu § 65).

§ 71. Beiträge.

Wenn die anderen Einnahmen des Wasser- und Bodenverbandes zur Deckung seiner Ausgaben nicht ausreichen, erhebt der Verband Beiträge (§§ 78 ff.) [1] [2].

1. Nach § 26 SaMu. sind die Einnahmen des Verbandes, die nicht Beiträge der Mitglieder sind, wie diese zur Bestreitung der Ausgaben zu verwenden. Es handelt sich insbesondere um die Einnahmen aus öffentlichen Beihilfen und aus Darlehen.

2. S. Anm. zu §§ 78, 79, 80. Unterläßt es der Verbandvorstand, jährlich Abschlüsse zu machen (§ 76 Abs. 1) und die jährlich festzusetzenden Beiträge auszuschreiben und einzuziehen, so verliert der Verband nicht das Recht, Beiträge für Ausgaben aus solchen Jahren, in denen Abschlüsse nicht gemacht und Beiträge nicht ausgeschrieben sind, nachträglich einzufordern (Pr. OVG. **19,** 292, v. Kamptz **3,** 600).

§ 72. Aufstellung des Haushaltsplanes.

Der Vorstand stellt den Haushaltsplan [1] des Wasser- und Bodenverbandes und nach Bedarf Nachträge dazu auf [2].

1. Vgl. Anm. 1 und 2 zu § 65.

2. „Aufstellung" bedeutet Herstellung des Entwurfes. Erst durch die „Festsetzung" seitens des Ausschusses (§ 73) wird er rechtlich wirksam (Ermächtigung an Vorsteher s. Anm. 2 zu § 73); vgl. Anm. 1 zu § 73. Der Vorstand hat den Haushaltplan so rechtzeitig aufzustellen, daß der Ausschuß — die Verbandversammlung — vor dem Beginn des Rechnungsjahres über ihn beschließen kann (SaMu. § 24). Wenn sich der Haushaltplan im Laufe des Rechnungsjahres als unzureichend erweist, ist eine Änderung des Haushaltplanes in der Form eines Nachtrages erforderlich, der vom Vorstand aufzustellen und, wie der Haushaltsplan selbst, vom Ausschuß festzusetzen und der Aufsichtsbehörde mitzuteilen ist. Bei geringfügigen Überschreitungen, insbesondere solchen, denen Ersparnisse an anderen Stellen gegenüberstehen, erübrigt sich ein Nachtragshaushalt. Zu solchen Überschreitungen ist der Vorsteher ohne weiteres ermächtigt. Nur bei erheblichen Überschreitungen hat der Vorsteher einen Nachtragshaushaltsplan aufzustellen und dem Ausschuß zur Beschlußfassung vorzulegen. Zu den Beratungen über den Haushaltsplan sind die Aufsichtsbehörden satzungsmäßig einzuladen (SaMu. § 22).

§ 73. Festsetzung des Haushaltsplanes.

(1) Der Ausschuß setzt den Haushaltsplan des Wasser- und Bodenverbandes und die Nachträge fest [1]. Der festgesetzte Plan ist die Grundlage für die Verwaltung aller Einnahmen und Ausgaben [2].

(2) Der Vorsteher teilt den festgesetzten Plan der Aufsichtsbehörde mit [3].

1. Die Aufstellung und Festsetzung des Haushaltsplanes (s. §. 65) sind als reine Selbstverwaltungsangelegenheiten dem Vorstande und dem Ausschuß überlassen worden. Der Haushaltsplan bedarf nicht der Genehmigung der Aufsichtsbehörde; nur wenn der Haushaltsplan nicht oder nicht rechtzeitig aufgestellt wird, kann die Aufsichtsbehörde ihn auf Grund des § 125 festsetzen. Der Haushaltsplan ist unanfechtbar. Durch den Haushaltsplan werden die Ansprüche oder Verbindlichkeiten der Verbandmitglieder oder Dritter weder begründet noch aufgehoben.

2. Durch Satz 2 wird nur zum Ausdruck gebracht, daß der Vorsteher durch den Haushaltsplan zu bestimmten Ausgaben im Rahmen des Planes und zur Erhebung der Beiträge ermächtigt wird; zu deren Leistung sind die Mitglieder unabhängig von der Aufstellung des Haushaltsplanes verpflichtet. Wenn besondere Einnahmen, z. B. aus eigenem Vermögen oder aus gemeinschaftlicher Bewirtschaftung von Grundstücken, zu erwarten sind, die nicht allen Mitgliedern gleichmäßig zustehen, so ist in der Satzung zu bestimmen, wem sie zufließen sollen, s. Anm. zu § 70. Über den Stellen- und Besoldungsplan s. Anm. 3 zu § 65.

§ 74. Nicht planmäßige Ausgaben.

(1) Der Vorsteher bewirkt Ausgaben, die im Haushaltsplane nicht oder noch nicht festgesetzt sind, wenn der Wasser- und Bodenverband dazu verpflichtet ist und ein Aufschub erheblichen Nachteil bringen würde [1]. Der Vorsteher kann die

erforderlichen Beiträge von den Mitgliedern des Verbandes einziehen.

(2) Wenn der Ausschuß mit der Sache noch nicht befaßt ist, beruft ihn der Vorsteher unverzüglich zur nachträglichen Festsetzung im Haushaltsplane.

(3) Entsprechendes gilt für Anordnungen, durch die Verbindlichkeiten des Verbandes [2] entstehen können, ohne daß ausreichende Mittel im Haushaltsplane vorgesehen sind.

1. Die Vorschrift des § 74 Satz 1 hat nur interne, haushaltsrechtliche Bedeutung. Ausgaben, die unter Außerachtlassung dieser Vorschrift geleistet werden, sind zivilrechtlich gültig, können aber Schadenersatzansprüche des Verbandes gegen den Vorsteher begründen.

2. In den Fällen des § 74 stellt der Vorsteher selbst den Nachtrag auf, nicht der Vorstand, wie im Regelfalle des § 72.

3. Rechtsverbindlichkeiten oder andere Festlegungen des Verbandes, die finanzielle Folgen haben können, darf der Vorsteher nur bei unabweisbaren Bedürfnissen eingehen, wenn ausreichende Mittel dafür nicht vorgesehen sind. Wenn der Ausschuß mit der Sache noch nicht befaßt ist, beruft ihn der Vorsteher unverzüglich zur nachträglichen Festsetzung im Haushaltsplane (SaMu. § 25).

§ 75. Zwangsfestsetzung des Haushaltsplanes.

(1) Wenn der Wasser- und Bodenverband die ihm obliegenden Ausgaben nicht oder nicht rechtzeitig im Haushaltsplane festsetzt, kann es die Aufsichtsbehörde in einem begründeten Bescheide tun. Die Behörde kann die erforderlichen Beiträge der Mitglieder festsetzen und ihre Hebung anordnen [1].

(2) Der Verband kann sich gegen den Bescheid in zwei Wochen nach der Mitteilung bei der oberen Aufsichtsbehörde beschweren. Der Ausschuß kann verlangen, daß die Beschwerde erhoben wird [2] [3].

1. In § 75 wird die Zwangsfestsetzung, die sog. Zwangsetatisierung, die bisher nur zur Erzwingung einer im öffentlichen Interesse gebotenen Leistung oder Ausgabe zulässig war, auch für privatrechtliche Ansprüche, insbesondere für Darlehnsforderungen, gegen Wasser- und Bodenverbände zugelassen. Die Gläubiger des Verbandes sind also nicht mehr auf den ordentlichen Rechtsweg angewiesen. Diese Erweiterung des Zwangsetatisierungsrechts war im Hinblick auf die Bedürfnisse der öffentlichen Hand und der von ihr getragenen Kreditanstalten, z. B. der Deutschen Rentenbankkreditanstalt, erforderlich. Voraussetzung für die Anwendbarkeit des § 75 ist aber, daß es sich nicht um streitige privatrechtliche Verpflichtungen handelt; zu einer vorläufigen Entscheidung über streitige Ansprüche im Wege der Zwangsfestsetzung ist die Aufsichtsbehörde nicht befugt; wird eine Forderung nicht anerkannt, so kann das Verfahren nach Abs. 1 erst eingeleitet werden, wenn eine rechtskräftige Entscheidung darüber zwischen Verband und Gläubiger ergangen ist. Eine öffentlichrechtliche Leistungspflicht muß dem Verbande gesetz- oder satzungsmäßig obliegen. Eine in der Satzung oder im Plane nicht vorgesehene Verbesserung der Verbandanlagen kann durch die Zwangfestsetzung nicht erzwungen werden, auch wenn die Verbesserung zur vollen Erreichung des Verbandzweckes notwendig ist (PrOVG. **47**, 300).

Es ist nicht mehr erforderlich, daß Festsetzungsbescheid und Einziehungsverfügung zeitlich getrennt erlassen werden, sie dürfen auch miteinander verbunden werden. Die Aufsichtsbehörde weist entweder den Vorsteher an, in einer bestimmten Frist die Leistung oder Ausgabe vorzunehmen oder sie setzt die zur Deckung der Ausgaben erforderlichen Beiträge, deren Hebung sie anordnen kann, in einem von ihr zu begründenden Bescheide fest. Eine mangelhafte oder unvollständige Begründung des Bescheides zieht die Unwirksamkeit des Bescheides nicht nach sich (PrOVG. **45**, 111). In dem Bescheide sind die Beschwerdefrist und die Beschwerdestelle anzugeben (§ 187).

2. Gegen den Festsetzungsbescheid ist nur das Rechtsmittel der vom Vorsteher zu erhebenden Beschwerde an die obere Aufsichtsbehörde zulässig; sie entscheidet, ohne daß die Prüfung der Festsetzungsverfügung sich auf deren Recht- und Gesetzmäßigkeit zu beschränken braucht. Wegen der Zulässigkeit des Verwaltungsrechtsweges s. S. 189.

3. Die Zwangsvollstreckung wegen Geldforderungen gegen den Verband richtet sich nach den landesgesetzlichen Bestimmungen über die Zwangsvollstreckung gegen Körperschaften des öffentlichen Rechts, in Preußen nach dem Gesetze vom 11. Dezember 1934 (GS. S. 457). Hiernach bedarf es zur Einleitung der Zwangsvollstreckung wegen einer Geldforderung einer Zulassungsverfügung der Aufsichtsbehörde. In dieser Verfügung werden die Vermögensstücke, in die eine Zwangsvollstreckung zugelassen wird, und der Zeitpunkt der Vollstreckung bestimmt. Die Aufsichtsbehörde darf die Zwangsvollstreckung nicht zulassen, wenn dadurch die Erfüllung der öffentlichrechtlichen Aufgaben des Verbandes gefährdet wird. Für die Zwangsvollstreckung wegen anderer Ansprüche wie Geldforderungen und für die Verfolgung dinglicher Rechte gegen einen Verband gelten die Vorschriften der ZPO.

§ 76. Prüfung des Haushaltes.

(1) Der Vorstand des Wasser- und Bodenverbandes stellt die Rechnung über alle Einnahmen und Ausgaben des Rechnungsjahres gemäß dem Haushaltsplane auf und gibt sie im ersten Viertel des folgenden Rechnungsjahres mit allen Unterlagen zum Prüfen an die Prüfstelle. Diese kann von der obersten Aufsichtsbehörde bestimmt werden. Die Ausfichtsbehörde kann den Verband

wegen geringen Umfanges des Haushaltes von der Prüfung freistellen [1].

(2) Die Aufsichtsbehörde kann anordnen, daß der Verband seine Haushaltsführung durch eine von ihr zu bestimmende Stelle auf Zweckmäßigkeit und Wirtschaftlichkeit prüfen läßt [2].

1. Der Prüfung der Haushaltrechnung, die einen klaren Überblick über die im abgelaufenen Rechnungsjahr tatsächlich entstandenen Einnahmen und Ausgaben gewähren soll, wird in der WVO. ebenso wie in der DGO. eine besondere Bedeutung beigemessen. Die Prüfung ist für die landwirtschaftlichen Verbände in erster Linie dem Reichsverbande der Wasser- und Bodenverbände übertragen worden (Anm. 15 zu § 2, Erlaß vom 10. Juli 1935, LwMBl. S. 333). Gegenwärtig kommen die Zusammenschlüsse der Wasser- und Bodenverbände in den Ländern dafür in Frage. Daneben können auch die Gemeindeprüfungsämter prüfen. Andere geeignete Prüfstellen, z. B. bewährte Privatfirmen, sind nicht ausgeschlossen. Auch die bei einzelnen großen Verbänden in der Vdg. vom 5. Juli 1940 (RGBl. II S. 139) angeordnete Prüfung durch den Rechnungshof des Deutschen Reiches, gilt als Prüfung im Sinne des § 76.

Nach dem Erlaß vom 10. Juli 1935 (vgl. § 28 SaMu.) ist Gegenstand der Rechenprüfung die regelmäßige nachträgliche Rechnung der Körperschaften über die Durchführung ihres Haushaltsplanes und über alle ihre Einnahmen und Ausgaben. Zu prüfen ist, ob der Haushaltsplan befolgt ist, ob die einzelnen Einnahmen und Ausgaben begründet und belegt sind, ob bei ihnen die Vorschriften, insbesondere der WVO. und der Satzung beachtet worden sind und ob die Haushaltsführung sparsam und sauber ist. Die Prüfstelle soll dem Wasser- und Bodenverbande und seiner Aufsichtsbehörde den Bericht über die Prüfung zusenden.

Die nach § 76 Abs. 1 Satz 3 zulässige, hauptsächlich für kleine landwirtschaftliche Verbände in Betracht kommende Freistellung von der Prüfung bezieht sich nur auf die Prüfung durch eine besondere Prüfstelle; die

Aufsichtsbehörde hat auch in diesem Falle den Haushalt zu prüfen (1. AV. Nr. 56).

2. Die Prüfung ist zwar vorwiegend rechnerisch, sie kann sich aber auch auf die Zweckmäßigkeit und Wirtschaftlichkeit des Haushaltsplanes erstrecken (vgl. § 64 Abs. 1, § 121, Abs. 1). In diesem Falle kann die Aufsichtsbehörde den Wirtschaftsprüfer bestimmen.

§ 77. Entlastung.

Der Vorsteher des Wasser- und Bodenverbandes legt die Haushaltsrechnung und die Bemerkungen der Prüfstelle dem Ausschusse vor. Dieser beschließt über die Entlastung des Vorstandes.

Der Entlastungsbeschluß bedeutet nur die Feststellung, daß der Ausschuß auf Grund der ihm vorgelegten Rechnung Einwendungen gegen die Geschäftsführung des Vorstandes nicht zu erheben hat; ein späteres Einschreiten auf Grund nicht bekannt gewesener Tatsachen wird dadurch nicht ausgeschlossen.

VII. Abschnitt.

Beiträge der Mitglieder, der Nutznießer.

Vorbemerkung.

Die Rechtsgrundsätze der WVO. über die Haftung des Verbandes und die Verbandlasten entsprechen im wesentlichen denen des früheren Rechtes. Es besteht keine unmittelbare Haftung der Verbandmitglieder. Die Gläubiger können sich nur an das Verbandvermögen halten. Reicht es nicht aus, so müssen die Gläubiger den Vorsteher um Einziehung der zur Deckung der Verbandschulden erforderlichen Beiträge ersuchen (§ 78). Die Beiträge können in Geld (Geldbeiträge) oder in Sachen, Werken, Diensten oder in anderen Leistungen (Sachbeiträge) bestehen (§ 79) und sind öffentliche Lasten; als solche haften sie dinglich auf den am Verbande beteiligten Grundstücken usw. (§ 80) und können im Verwaltungswege beigetrieben werden (§ 93). Dies entspricht dem früheren Rechtszustande; die Deichlasten galten seit jeher als öffentlichrechtliche Reallasten (Albers S. 21), die Beiträge zu den öffentlichen Wassergenossenschaften waren den gemeinen öffentlichen Lasten gleichzuachten (PrG. vom 1. April 1879, GS. S. 297, s. aber Anm. 1 zu § 80).

Für die Verteilung der Beiträge auf die Mitglieder gilt grundsätzlich der Vorteilsmaßstab (§ 81 Abs. 1), eine abweichende Regelung durch die Satzung ist zugelassen (§ 82 Abs. 2). Mitglieder, die keine Vorteile haben und keinen Schaden verursachen, brauchen auch keine Beiträge zu zahlen (§ 84).

Das Verfahren zur Festsetzung des nach der Satzung ermittelten Beitragsverhältnisses (Beitragbuches) zerfällt in das Einspruchverfahren vor dem Vorstande und in das Beschwerdeverfahren vor der Spruchstelle (§ 87). Nach rechtskräftiger Feststellung des Beitragbuches ist das entsprechend gestaltete Verfahren zur Festsetzung der Hebeliste und das Einziehungsverfahren durchzuführen (§ 89).

Die Beitreibung kann auch gegen den Pächter und andere Nutzberechtigte gerichtet werden (§ 94). Nutznießer des Verbandunternehmens, die nicht Mitglieder sind, können nach dem Maße ihres Vorteils noch nachträglich zu Geldbeträgen herangezogen werden (§ 95).

§ 78. Beitragslast.

(1) Die Mitglieder haben dem Wasser- und Bodenverbande Beiträge zu leisten, wenn es zur Erfüllung seiner Aufgaben und seiner Verbindlichkeiten zu einer ordentlichen Haushaltsführung erforderlich ist [1] [2].

(2) Das ausgeschiedene Mitglied bleibt zu den bis zum Ausscheiden festgesetzten [3] Beiträgen verpflichtet. Es kann auch zu späteren Beiträgen wie ein Mitglied wegen der Aufwendungen herangezogen werden, die durch sein Ausscheiden vergeblich geworden sind und nicht vermieden werden können. Dem Ausscheiden entsprechend ist die

Einschränkung der Teilnahme eines Mitgliedes zu behandeln [4, 5].

1. Die Verbandgläubiger können sich nur an das Verbandvermögen halten, eine unmittelbare und solidarische Haftung der Verbandmitglieder für die Verbandschulden besteht nicht. Die Verbandgläubiger haben mithin auch kein direktes Zugriffsrecht gegen die einzelnen Mitglieder; reicht das Verbandvermögen nicht aus, so müssen sie den Vorsteher um Einleitung des Umlegungsverfahrens ersuchen. Nur der Vorsteher ist zur Umlegung der Beiträge auf die einzelnen Verbandmitglieder berechtigt (§ 89 Abs. 1). Die Aufsichtsbehörde hat aber den Verband zur Erfüllung seiner Verpflichtungen anzuhalten (ZAgr. **27**, 20). Kommt der Vorsteher dem Ersuchen um Einziehung der zur Deckung der Verbandschulden erforderlichen Beiträge nicht nach, so können die Gläubiger die Zwangsfestsetzung bei der Aufsichtsbehörde gemäß § 75 beantragen. Liegen die Voraussetzungen hierfür nicht vor, handelt es sich z. B. um streitige Forderungen der Bauunternehmer, so bleibt den Verbandgläubigern nur übrig, den ordentlichen Rechtsweg zu beschreiten und die Zwangsvollstreckung aus dem darin ergehenden Urteile gegen den Verband zu betreiben (OVG. im PrVBl. **20**, 38, v. Kamptz, ErgBd. **1**, 363, s. auch Anm. 1 zu § 75). Bei Zahlungsunfähigkeit einzelner Verbandmitglieder können ihre dem Verbande angehörigen Grundstücke zwangsweise versteigert werden (vgl. Anm. 2 zu § 80); aus dem Erlöse sind die auf sie entfallenden Beiträge zu bestreiten. Reicht der Erlös dazu nicht aus, so ist der Fehlbetrag auf alle Grundstücke usw. zu verteilen (§ 78 Abs. 1, § 83).

2. Die Mitglieder haften dem Verbande für dessen Schulden unbeschränkt, mit ihrem ganzen Vermögen. Die von der landwirtschaftlichen Dienststelle (§ 118) festgesetzte tragbare Höchstbelastung stellt rechtlich keine Beschränkung der Haftung dar (Anm. 4 zu § 152 am Schluß). Verbände mit beschränkter Beitragspflicht der Mitglieder, wie sie nach dem SächsWG. (§ 114 Abs. 2 Nr. 4) gebildet worden sind, müssen an den neuen Rechtszustand angeglichen werden. Aber schon vor der Angleichung ist die Beschränkung der Haftpflicht aufgehoben. Satzungsbestimmungen, die mit §§ 78 ff. an sich vereinbar sind, können aufrechterhalten werden (Anm. 2 zu § 146).

3. Als festgesetzt sind nur die Beiträge anzusehen, die der Vorsteher nach § 89 in die Hebeliste aufgenommen und dem Mitgliede bekanntgegeben hat (ZAgr. **28**, 127).

4. Nach Abs. 2 besteht neben der dinglichen Haftung der Verbandmitglieder (§ 80 Abs. 2) eine persönliche Haftung der Ausgeschiedenen für die während der Dauer ihrer Mitgliedschaft fällig gewordenen Beiträge. Sie haften also sowohl dinglich mit ihren Grundstücken usw., als auch persönlich für alle Beiträge weiter, die bis zu ihrem Ausscheiden umgelegt oder wegen Aufwendungen erhoben werden, die durch ihr Ausscheiden vergeblich geworden sind, wie z. B. wegen angefangener Arbeiten auf ihren Grundstücken. (Vgl. hierzu Anm. 4 u. 5 zu § 14.)

5. Neu zugewiesene Mitglieder (§ 13) haften für die bestehenden Verbandschulden, können aber auch gemäß § 82 Nr. 4 durch die Satzung stärker als die alten Mitglieder zu Beiträgen herangezogen werden, wenn durch ihre Zuweisung dem Verbande besondere Kosten entstehen oder ein Lastenausgleich gerechtfertigt ist.

§ 79. Gegenstand der Beiträge.

Der Wasser- und Bodenverband fordert die Beiträge in Geld (Geldbeiträge) oder in Sachen, Werken, Diensten oder in anderen Leistungen (Sachbeiträge). In der Satzung können für Sachbeiträge Abweichungen vom Beitragsverhältnis und seiner Ermittlung (§§ 81 bis 88) zugelassen, die Haftung für Säumnis geregelt und Sachbeiträge zum Unterhalten der Deiche beschränkt und ausgeschlossen werden [1] [2].

1. Nach früherem Rechte konnten den Verbandmitgliedern Verpflichtungen zu Naturalleistungen, zur Leistung von Hand- und Spanndiensten durch die Satzung auferlegt werden. Jetzt können vom Vorsteher auf Vorstandbeschluß neben den Geldbeiträgen Sachbeiträge (hauptsächlich Hand- und Spanndienste) kraft Gesetzes gefordert werden. Hierunter fallen z. B. Verpflichtungen zur Grabenräumung, zum Wegräumen des Aushubs (Anm. 4 zu § 22), wenn das Wegräumen den Anliegern nicht schon nach allgemeinem Wasserrechte obliegt, oder zur Deichunterhaltung, zu Baufuhren, zur Unterhaltung von Brücken und Durchlässen (Anm. 1 zu § 26) u. dgl. Die Verteilung solcher Sachbeiträge auf die einzelnen Verbandmitglieder richtet sich in der Regel nach dem in §§ 81, 82 bestimmten Beitragverhältnisse, doch können Abweichungen hiervon zugelassen werden (SaMu. § 39). Wo die Arbeiten zweckmäßig auf Verbandkosten gemeinschaftlich ausgeführt werden, können Sach- und Dienstbeiträge beschränkt oder ausgeschlossen werden. Im Streitfalle hat der Vorsteher den Inhalt der Sachleistung nach § 91 durch begründeten Bescheid festzusetzen (s. Anm. zu § 91). Die Vollstreckung der Sachbeiträge richtet sich nach §§ 96ff. Arbeitleistungen für den Verband, die von Verbandmitgliedern auf Grund freier Vereinbarung unter Anrechnung des Entgelts auf ihre Beiträge übernommen werden, sind nicht Sachbeiträge und können daher auch nicht zwangsweise auf die Mitglieder verteilt werden (1. AV. Nr. 75). Trotzdem ist es zulässig, erzwingbare Hand- und Spanndienste seitens des Verbandes zu bezahlen (Kleffmann in der DLZ. 1942 S. 17). Satzungsmäßige Entgelte des Verbandes für Sachbeiträge der Mitglieder sind öffentlich-rechtlich, doch sind privatrechtliche Vereinbarungen nicht ausgeschlossen (ZAgr. **26**, 366).

2. Die Beiträge sind Entgelte im Sinne der Vdg. über das Verbot von Preiserhöhungen vom 26. November 1936 (RGBl. I S. 955); sie dürfen deshalb ohne Ausnahmebewilligung nicht erstmalig eingeführt oder erhöht werden. Durch Runderlaß vom 9. Oktober 1939 ist den nach § 112 Abs. 3 zuständigen Aufsichtsbehörden die Befugnis zur Entscheidung über Ausnahmeanträge gemäß § 3 der Vdg. über das Verbot von Preiserhöhungen übertragen worden. Bei der erstmaligen Einführung oder der Erhöhung von Beiträgen ist vornehmlich darauf zu achten, daß alle nicht unbedingt erforderlichen Belastungen der Mitglieder und Nutznießer vermieden werden. Zu diesem Zwecke haben die Aufsichtsbehörden — in den Fällen der §§ 113—115 die mit der Aufsicht betrauten Behörden — an den Beratungen über den Haushaltsplan teilzunehmen oder sich vorher über die Erhöhung des Beitragsolls und ihre Gründe zu unterrichten, wenn eine Erhöhung zu erwarten ist (LwRMBl. 1939 S. 1313f.).

§ 80. Rechtliche Eigenschaft der Beiträge.

(1) Die Beitragspflichten der Mitglieder sind öffentliche Lasten (Abgaben)[1].

(2) Die Beitraglast des Mitgliedes haftet auf den Grundstücken, Bergwerken und Anlagen, mit denen es als jeweiliger Eigentümer an dem Verbande teilnimmt (§ 3 Nr. 1)[2 3 4]. Die bis zum Ausscheiden des Mitgliedes und die später festgesetzten Beiträge (§ 78 Abs. 2) haften weiter auf Grundstück, Bergwerk und Anlage[5].

1. Die landesgesetzlichen Vorschriften, nach denen die Beiträge früher nicht als öffentliche Lasten galten, wie in Württemberg, oder nur bei bestimmten Arten von Wassergenossenschaften öffentliche Lasten waren, wie in Thüringen, sind für die Wasser- und Bodenverbände nach § 191 Satz 1 außer Kraft getreten. Von der Eintragung in das Grundbuch sind die Verbandlasten als öffentliche Lasten ausgeschlossen (AGGVO. Art. 11). Die Beitragslast haftet auf den Grundstücken des Mitgliedes, mit denen es als jeweiliger Eigentümer am Verbande teilnimmt. Die Verbandbeiträge bedürfen daher der Eintragung auch nicht zur Erhaltung ihrer Wirksamkeit gegenüber dem öffentlichen Glauben des Grundbuches; s. auch Anm. 1 zu § 3. Die Beitragforderungen des Verbandes können weder abgetreten noch gepfändet werden.

2. Es besteht kraft Gesetzes eine dingliche Haftung. Die Verbandlasten haften dinglich auf den zum Verbande gehörenden Grundstücken, Bergwerken und Anlagen, deren jeweilige Eigentümer Verbandmitglieder sind (s. oben Anm. 7 zu § 3). Die Verbandlasten gehen bei einem Eigentumswechsel auf den Erwerber über (PrVBl. **20**, 38), auch wenn er sie nicht kennt und wenn er von der Umschreibung des Grundstücks nicht benachrichtigt ist (RVBl. **50**, 482). Den übrigen öffentlichen Grundstückslasten, gleichviel ob sie auf Reichsrecht oder auf Landesrecht beruhen, stehen die Verbandlasten im Range gleich (Vdg. vom 4. April 1938, RGBl. I S. 364). Bei der Zwangsversteigerung eines dem Verbande gehörenden Grundstücks gewähren die Verbandlasten als öffentliche Lasten ein Recht auf Befriedigung aus dem Grundstücke vor den übrigen Grundstückschulden, und zwar wegen der laufenden und der aus den letzten zwei Jahren rückständigen Beiträge (ZVG. § 10 Abs. 1 Nr. 3 AGZVG. Art. 1 Abs. 2, Art. 2 Nr. 3). Über die Vollstreckung der Beitragforderungen s. § 93, über die Rechtsmittel s. §§ 87, 89; der Rechtsweg ist für Beitragstreitigkeiten unzulässig (§ 133 Abs. 2), und zwar auch dann, wenn es sich um die Rückforderung von Beiträgen handelt (ebenso Schwede in ZAgr. **28**, 145ff.).

Im Falle des Konkurses eines Verbandmitgliedes steht dem Verbande ein Absonderungsrecht an den zum Verbande gehörenden Grundstücken (KO. § 47) und ein Vorzugsrecht wegen der rückständigen Beiträge aus dem letzten Jahre vor der Konkurseröffnung zu (KO. § 61 Nr. 3).

3. Bei Verbänden, zu deren satzungsmäßigen Aufgaben auch die Durchführung von Folgeeinrichtungen gehört (Anm. 10 zu § 2), sind die Beitragspflichten der Mitglieder gleichfalls öffentliche Lasten, und zwar ohne Rücksicht darauf, ob sie in einzelnen Teilbeträgen oder in einer Summe erhoben werden.

Bei der Berechnung der Einkommensteuer können die Beiträge als Betriebsausgaben vom Einkommen abgezogen werden, vgl. Fögen, ,,Steuerliche Auswirkungen von Meliorationen" in der DLZ. 1940 S. 9 u. 29.

4. Über die Verjährung rückständiger Beiträge enthält die WVO. keine Bestimmungen. In Preußen galt das Gesetz über die Verjährungsfristen bei öffenlichen Abgaben vom 18. Juni 1840 (GS. S. 140), wonach rückständige Beiträge in 4 Jahren verjährten. Auf dieses Gesetz kann — entgegen der in der 1. Auflage und bei

Kleinsorg S. 31 vertretenen Ansicht — nicht mehr zurückgegangen werden, weil die Beitragpflicht für die seit 1. Januar 1938 fälligen Beiträge in der WVO. reichsrechtlich geregelt ist. Unanwendbar sind auch die Verjährungsvorschriften des BGB., die nur für privatrechtliche Ansprüche gelten. Niermann (ZAgr. **24**, 192) und Tö. (Anm. 1b zu § 80) nehmen daher an, daß Verbandbeiträge überhaupt nicht verjähren. Die Richtigkeit dieser Folgerung ist wegen der grundsätzlichen allgemeinen Gültigkeit des Verjährungsgedankens zu bezweifeln; eine sinngemäße Anwendung der Vorschriften der Reichsabgabenordnung ist anzunehmen. Es ergibt sich danach, daß die Beitragsforderungen in 5 Jahren nach dem Ablauf des Jahres, in dem sie umgelegt worden sind, verjähren. Durch Zahlungsaufschub, Stundung und schriftliche Zahlungsaufforderung wird die Verjährung unterbrochen, sie läuft vom Ende des Jahres, in dem die Unterbrechung stattfand, weiter (vgl. Reichsabgabenordnung §§ 143 bis 149).

5. Der Verkäufer des Grundstückes haftet nicht für seine Freiheit von Verbandbeiträgen (§ 436 BGB.). Dem Verbande gegenüber ist der Erwerber erst von der Eintragung im Grundbuch an haftbar (der Ersteher in der Zwangsversteigerung schon mit dem Zuschlage), im Verhältnis zwischen Verkäufer und Käufer ist dagegen mangels einer anderweitigen Abrede der Erwerber verpflichtet, die Beiträge von der Übergabe des Grundstücks an zu tragen. Wegen der rechtlichen Verpflichtungen des Pächters bzw. Nutznießers gegenüber dem Eigentümer bezüglich der Beitragserstattung s. § 28 Abs. 1, des Ehemannes gegenüber der Ehefrau vgl. BGB. § 1385 Abs. 1 Nr. 1, § 1388.

§ 81. Allgemeine Maßstäbe des Beitragverhältnisses.

(1) Die Beitraglast verteilt sich auf die Mitglieder im Verhältnisse der Vorteile, die sie von der Aufgabe des Verbandes haben [1], und der Lasten, die der Verband auf sich nimmt, um ihren

schädigenden Einwirkungen zu begegnen [2] oder um ihnen Leistungen abzunehmen [3]. Vorteile sind auch die Erleichterung einer Pflicht des Mitgliedes und die Möglichkeit, die Maßnahmen des Verbandes zweckmäßig und wirtschaftlich auszunutzen [4].

(2) Die Beitraglast aus dem Verbessern, Erhalten, Bewirtschaften, Nutzen des Bodens (§ 2 Nr. 6) verteilt sich entsprechend den für die einzelnen Grundstücke tatsächlich entstehenden Kosten [5] [6].

1. Nach den Maßstäben, die in §§ 81, 82 für das Beitragverhältnis festgesetzt sind, richten sich Stimmverhältnis (§§ 56, 62) und Lastenverteilung (§ 79). Grundsätzlich gilt, wie bisher, der Vorteilsmaßstab. Vortei i. S. des § 81 ist der Rohvorteil, bei dessen Berechnung die Beiträge außer Ansatz bleiben (anders bei der Gründung des Verbandes, s. Anm. 2 zu § 153). Zugrunde zu legen ist im übrigen nicht allein der Flächenvorteil (Mehrertrag abzüglich der auf die Fläche verwandten Werbungskosten, so Tö. Anm. 2 zu § 81), sondern — wenigstens in beschränktem Umfange — auch der betriebswirtschaftliche Vorteil (Berücksichtigung des betriebswirtschaftlich möglicherweise verschiedenen Reinertrages, z. B. hat die eine Gruppe von Betrieben sehr viel, die andere bisher sehr wenig Grünland, so daß für die letztere der betriebswirtschaftliche Vorteil ungleich größer ist). Wenn die Feststellung der tragbaren Höchstbelastung und des Vorteils im Sinne des § 81 auch zweierlei ist, so ist es doch undurchführbar, bei Bemessung der tragbaren Höchstbelastung (gegebenenfalls nicht nur der Durchschnittsbelastung, sondern auch der Spitzenbelastung, d. h. Belastung der höchst belasteten Klasse) andere Gesichtspunkte als bei der Bemessung des Vorteils zugrunde zu legen (a. M. Tö. Anm. 2 zu § 81).

Als Vorteil gilt der unmittelbare Vorteil, ferner die Erleichterung einer Pflicht des Mitgliedes, z. B. der Pflicht zur Unterhaltung eines Wasserlaufs, und schließlich auch der mittelbare Vorteil, die Möglichkeit, das Unternehmen zweckmäßig und wirtschaftlich auszunutzen, z. B. durch landwirtschaftliche Bodenbearbeitung (Anm. 10 zu § 2), durch Anlegung von Stichgräben, durch Dränung, durch Herrichtung von Kunstwiesen bei Ent- und Bewässerungsverbänden, die Möglichkeit, bisher ungepflegten Bauernwald in Acker oder Wiese umzuwandeln (ZAgr. **18**, 221). Eine solche Möglichkeit ist aber nur gegeben, wenn der Eigentümer die Einrichtungen selbst auf seinem eigenen Grund und Boden ohne Inanspruchnahme Dritter herstellen kann oder wenn eine Verständigung über ein Zusammenwirken mit anderen leicht zu erzielen ist, etwa weil der Verband dieses Zusammenwirken durchsetzen kann (ZAgr. **17**, 25). Ob ein Mitglied die Verbandanlagen seinem Grundstücke usw. tatsächlich zugute kommen läßt oder dies, z. B. wegen finanzieller Leistungsunfähigkeit, unterläßt, ist unerheblich; es genügt, daß er technisch dazu in der Lage ist (LWA. **2**, 116, 131, im PrVBl. **38**, 91, PrOVG. **50**, 332, **65**, 315). Wenn ein Verbandmitglied die Verbandanlagen seinem Grundstück nicht zugute kommen läßt, so kann er auch nicht nachträglich die Richtigkeit des Beitragbuches nach § 88 mit Erfolg anfechten (Hintze in ZAgr. **26**, 195 f.).

2. Neben dem Vorteilsmaßstabe können die Aufwendungen des Verbandes, die zur Beseitigung der von Mitgliedern hauptsächlich durch Einleitung ihrer Abwässer in Flüsse und Bäche oder von Bergbautreibenden durch Senkung des Grundwasserstandes der Landwirtschaft und der Fischerei verursachten Schäden dienen, einen Maßstab für die Lastenverteilung bilden. Soweit solche Schadenanrichtung verboten ist, bildet ihre Verhütung oder Behebung durch den Verband einen Vorteil für den Unternehmer. Da einem Unternehmen nach dem allgemeinen Wasserrechte eine schädliche Abwasserabführung aber auch erlaubt sein kann, so ist dieser Maßstab für die Verteilung der Beitraglast ausdrücklich neben den Vorteilmaßstab gesetzt worden, so daß bei solchen Verbänden oft ein doppelter Maßstab anzuwenden ist.

3. Vgl. § 2 Nr. 10.

4. Als Vorteil kann auch die Befreiung von einer bestehenden Verpflichtung zur Unterhaltung oder zur Reinhaltung, nicht aber von einer künftigen Verpflichtung zum Ausbau eines Gewässers angerechnet werden (LWA. **4**, 172, ZAgr. **7**, 227). Bei Ent- und Bewässerungsverbänden ist der Wegfall der Unterhaltungslast als Vorteil nur dann zu berücksichtigen, wenn die Übernahme der Gewässerunterhaltung ganz überwiegend den wesentlichen Gegenstand des Unternehmens bildet (ZAgr. **17**,210, RVBl. **53**,91). Bei der Lastenverteilung ist nicht der Reinvorteil, sondern der Rohvorteil zu berücksichtigen. Es ist also unerheblich, ob der durch die ordnungsmäßige Unterhaltung eines Gewässers entstehende Vorteil die zu übernehmenden Verbandlasten erreicht oder nicht (ZAgr. **6**, 230f., **10**, 123, **11**, 138, **12**, 308, **14**, 253, **15**, 137).

5. Nach Abs. 2 ist für die Bodenverbesserungsverbände (§ 2 Nr. 6) an Stelle des Vorteilsmaßstabes das Verhältnis der für die einzelnen Grundstücke tatsächlich entstandenen Kosten der Lastenverteilung zugrunde zu legen; sie kann aber auch im Verhältnisse der Flächeninhalte erfolgen (§ 82 Abs. 2 Nr. 2).

6. Wegen der Bildung von Beitragsabteilungen s. Anm. 4 zu § 82.

§ 82. Besondere Maßstäbe des Beitragverhältnisses.

(1) An dem Beitragverhältnisse der zur Zeit des Inkrafttretens dieser Verordnung bestehenden Wasser- und Bodenverbände wird durch die Vorschriften des § 81 nichts geändert [1].

(2) Durch die Satzung kann nach Anhörung des Verbandausschusses

1. im Falle des Absatzes 1 das allgemeine Beitragverhältnis des § 81 eingeführt werden;
2. die Beitraglast aus dem Verbessern, Erhalten, Bewirtschaften, Nutzen des Bodens (§ 2 Nr. 6) im Verhältnisse der Flächeninhalte verteilt werden [2];

3. aus Gründen der Billigkeit einem Teile der Mitglieder Erleichterung im Beitragverhältnisse zugestanden werden [3];
4. mit Zustimmung der oberen Aufsichtsbehörde das Beitragverhältnis abweichend von den vorstehenden Regeln der §§ 81 und 82 geordnet werden [4] [5].

1. Vgl. § 56 Abs. 5. Das nach den alten Satzungen bestehende Beitragverhältnis ändert sich auch dann nicht, wenn es von den Regeln der §§ 81, 82 abweicht und geht diesen vor (RVG. in ZAgr. **28,** 211). Sollte aber eine Änderung zweckmäßig sein, so ist nach § 10 zu verfahren.

2. Vgl. auch Anm. 2 zu § 81.

3. Wenn nach Nr. 3 nur einem oder einzelnen Mitgliedern ein unter dem Normalsatze liegender Beitrag zugebilligt wird, so erhöhen sich die Beiträge der anderen Mitglieder entsprechend. Bei Bewilligung solcher Erleichterungen ist daher mit größter Vorsicht zu verfahren (vgl. § 85).

4. Der Zustimmung der oberen Aufsichtsbehörde (§ 112) bedarf (vgl. RVG. in ZAgr. **28,** 211) auch die Neubildung von Beitragsabteilungen oder Beitragsgruppen. Hierbei werden die Kosten der verschiedenen Verbandsunternehmen, z. B. verschiedener Entwässerungsgebiete — etwa wenn verschieden hohe Schöpfwerkkosten entstanden sind — nur den daran beteiligten Mitgliedern zur Last gelegt, während z. B. die Deichbeiträge auf alle Mitglieder umgelegt werden. Eine Beitragsabteilung (Bewässerungsabteilung) wird zweckmäßigerweise z. B. auch dann gebildet, wenn bei einem Entwässerungsverbande nur ein Teil der Fläche auch bewässert wird. Beitragsabteilungen sind überhaupt in allen Fällen zweckmäßig, in denen die verschiedenen Verbandsunternehmungen sachlich nur einen Teil der Mitglieder betreffen und sehr verschieden hohe Kosten für die verschiedenen Mitgliedergruppen dadurch entstehen, so daß die gemeinsame Tragung der Kosten als unbillig empfunden werden würde.

Beitragsabteilungen mit verschiedenen Kostenbeträgen und Beitragsklassen mit verschiedenen Vorteilen der gemeinsam zu tragenden Unternehmungen sind scharf voneinander zu scheiden (vgl. Anm. 2 zu § 86).

5. Das Beitragsverhältnis kann z. B. bei Deichverbänden und Ent- und Bewässerungsverbänden, die wenigstens im großen und ganzen gleiche Bodenverhältnisse haben, nach dem Maßstabe der Fläche der Grundstücke (der praktisch am meisten zu empfehlende Beitragsmaßstab, vgl. Kleffmann in der DLZ. 1937, S. 412), bei Entwässerungsverbänden auch nach der Länge der auf die einzelnen Grundstücke fallenden Saugerstrecken, wenn die Kosten der Hauptvorflut des Dränverbandes nur gering sind (vgl. 1. AV. Nr. 62), bei Verbänden zur Beschaffung von Trink- und Brauchwasser nach der Menge des verbrauchten Wassers bzw. nach der Anzahl der in den Betrieben vorhandenen Personen und gegebenenfalls nach der Stärke des Viehbestandes, bei Abwasserreinigungsverbänden nach der Menge und Beschaffenheit des Abwassers, bei Verbänden zur Herstellung von Stauanlagen nach dem Umfange der Kraftentnahme mit Zustimmung der oberen Aufsichtsbehörde geordnet werden.

§ 83. Ausfall von Beiträgen.

Wenn ein Mitglied seinen Beitrag nicht oder nicht rechtzeitig leisten kann, sind die übrigen Mitglieder verpflichtet, für den Ausfall im Verhältnisse der von ihnen zu leistenden Beiträge einzutreten. In der Satzung kann ein anderes Verhältnis vorgeschrieben werden.

§ 83 regelt die Ausfallhaftung. Alle Verbandmitglieder haften als Gesamtschuldner für die Ausfälle (vgl. Anm. 1 zu § 78). Die Ausfallhaftung aller Mitglieder ergibt sich schon aus § 78; auch bei Bildung von Beitragsabteilungen (vgl. Anm. 4 zu § 82) haften zwar zunächst die Mitglieder der Abteilung, für einen trotzdem noch verbleibenden Ausfall aber auch hier alle Mitglieder des Verbandes.

§ 83 ist daher insofern überflüssig und, soweit durch ihn etwa eine Ausfallhaftung nur der übrigen Mitglieder festgelegt wird (so nach dem Wortlaut der Bestimmung), in der Praxis unbrauchbar.

§ 84. Befreiung von Beiträgen.

Soweit Eigentümer, die nur zum Gebrauchen ihres Grundstückes zur Durchleitung von Wasser, für eine Deichanlage oder für ein Schöpfwerk zum Wasser- und Bodenverbande zugezogen worden sind, keinen Vorteil haben und keinen Schaden verursachen, sind sie von allen Beitraglasten frei.

Vgl. Anm. zu § 155. Die nach § 84 Herangezogenen haben einen gesetzlichen Anspruch auf Freistellung. Wenn für solche Mitglieder, die im Interesse der Vorflutbeschaffung, zur Durchleitung von Ent- und Bewässerungsanlagen, für eine Deichanlage oder ein Schöpfwerk nach § 155 beitragfrei zum Verbande gezogen worden sind, nachträglich Vorteile entstehen, so können sie nach dem Verhältnisse dieser Vorteile zu Beiträgen herangezogen werden. Über das Stimmrecht der beitragfreien Mitglieder bei der Ausschußwahl s. § 56 Abs. 1 Satz 3.

§ 85. Schutz der Gläubiger.

Das Beitragverhältnis darf nicht geändert werden, wenn die Gläubiger des Wasser- und Bodenverbandes durch die Änderung benachteiligt werden und nicht zustimmen.

Vgl. Anm. 1 zu § 78. Um das Vertrauen der Gläubiger auf die Kreditwürdigkeit des Verbandes nicht zu erschüttern, wird durch § 85 der Aufsichtsbehörde besondere Vorsicht bei der durch § 82 Abs. 2 zugelassenen Änderung des Geldbeitragverhältnisses und der dadurch bedingten Satzungsänderung, wozu der Ausschuß (die Verbandversammlung) stets zu hören ist, zur Pflicht gemacht.

§ 86. Ermittlung des Beitragverhältnisses.

In der Satzung ist zu bestimmen, wie das Beitragverhältnis der Mitglieder ermittelt wird [1]. Eine annähernde Ermittlung genügt [2].

1. Die Satzung muß Vorschriften über die Ermittlung des dauernden Beitragsverhältnisses enthalten, falls es nicht bereits in der Satzung festgelegt ist, z. B. in Hundertsätzen (Anm. 2 zu § 87), oder falls die Ermittlung nicht zweckmäßig ist (z. B. bei Bemessung der Beiträge nach der jeweiligen Wassermenge, § 90). Dabei sind §§ 81, 82 zu berücksichtigen.

2. Häufig wird eine Einschätzung der Grundstücke des Verbandsgebietes in Beitragsklassen (vgl. Kleffmann in der DLZ. 1937 S. 411 ff.) nach Verhältnis des den einzelnen Mitgliedern aus den gemeinsamen Anlagen erwachsenden Vorteils durch zwei oder mehr vom Vorstande zu bestimmende, dem Verbande nicht angehörende Sachverständige erfolgen müssen (s. I. A. V. Nr. 64). Diese setzen unter der Leitung des Vorstehers und im Beisein des Technikers die Anzahl der Klassen, ihr Vorteilverhältnis und die Zugehörigkeit der einzelnen Grundstücke zu den Klassen fest. Bei Meinungsverschiedenheiten entscheidet der Vorsteher oder, wenn es sich um dessen Grundstücke handelt, sein Stellertreter (SAMu. § 32). Im Einspruchsverfahren (§ 87 Abs. 2) entscheidet dagegen der Vorstand, beim Einmannvorstand der Vorsteher allein im Streitfalle über die Einschätzung (s. Anm. 4 zu § 87).

§ 87. Beitragbuch. Rechtsmittel [1].

(1) Der Vorsteher des Wasser- und Bodenverbandes gibt den beitragpflichtigen Mitgliedern das ermittelte Beitragverhältnis (Beitragbuch) in der in der Satzung vorgeschriebenen Weise bekannt [2].

(2) Gegen das Beitragbuch können die Mitglieder in zwei Wochen nach der Mitteilung [3] oder, wenn ihnen eine Mitteilung nicht zugeht,

nach der letzten öffentlichen Bekanntmachung bei dem Vorstande Einspruch erheben [4].

(3) Der Vorsteher gibt die Entscheidung des Vorstandes (Einspruchbescheid) nach den Vorschriften der Satzung den Mitgliedern bekannt, deren Beitragverhältnis durch die Entscheidung geändert und deren Einspruch zurückgewiesen wird [5].

(4) Gegen den Einspruchbescheid können sich die betroffenen Mitglieder in zwei Wochen (Abs. 2) bei der Spruchstelle für Wasser- und Bodenverbände beschweren [6].

1. § 87 regelt das Verfahren zur Festsetzung des Beitragbuches (Abs. 1 bis 3) und das Beschwerdeverfahren (Abs. 4).

2. Das Beitragbuch (Beitragkataster) ist ein Verzeichnis, in dem beim Namen eines jeden Mitgliedes die Bezeichnung und der Flächeninhalt seiner zum Verbande gehörenden Grundstücke und seiner zu den einzelnen Klassen gehörenden Grundflächen mit Vorteilklasse oder Vorteilverhältnis anzugeben ist und das auch eine Beschreibung der Vorteilklassen und Angaben über ihre Anzahl und ihr Wertverhältnis enthält (1. AV. Nr. 65). Nach diesen Verhältniswerten sind die Wertzahlen berechnet, die jedem Mitgliede im Beitragbuche beizulegen sind (s. Anm. 2 zu § 89 und § 159 Abs. 2 bis 5). Ist das nach §§ 81, 82 geltende Beitragverhältnis in der Satzung festgelegt, so können die Geldbeiträge nach § 89 festgestellt und eingezogen werden, ohne daß es der Aufstellung eines Beitragbuches bedarf. Das Beitragbuch wird zur Einsicht ausgelegt (SaMu. § 33 Abs. 2). Da die Auslegungsfrist weder in der WVO. noch im SaMu. bestimmt ist, muß sie der Vorsteher festsetzen und bekanntgeben (vgl. Anm. zur 1. AV. Nr. 66 u. 70). Ist sie nicht gewahrt, so wird die Rechtsmittelfrist (Abs. 4) nicht in Lauf gesetzt, es muß eine neue Auslegung erfolgen (RVG. in ZAgr. **29**, 164). Wegen des Beginns der Einspruchsfrist vgl. 1. AV. Nr. 66 Anm.

Die Auslegung ist auch erforderlich, wenn das Mitgliederverzeichnis zugleich als Beitragbuch gelten soll (Anm. 3 zu § 11).

3. Vgl. Anm. 3 zu § 27.

4. Das in Abs. 2 bis 4 geregelte Einspruchs- und Beschwerdeverfahren dient der Feststellung, ob jemand nach §§ 81 ff. überhaupt und wie hoch er im Verhältnis zu den anderen Verbandmitgliedern beitragpflichtig ist. Die in Abs. 2 bestimmte Frist und die entscheidende Stelle (Vorstand) sind im Beitragbuche oder bei dessen Bekanntgabe anzugeben (§ 187). Der Einspruch, der formlos, schriftlich oder mündlich erhoben werden kann, kann z. B. damit begründet werden, daß ein Vorteil (Anm. 1 zu § 81) von vornherein gar nicht vorhanden war, durch spätere Ereignisse, für deren Eintritt das Mitglied nicht verantwortlich gemacht werden kann, ganz oder zum Teil weggefallen, während eines längeren Zeitraumes ausgeblieben oder nur mit ganz unverhältnismäßigen Aufwendungen zu erzielen ist. Der Einwand, daß das Grundstück usw. im Wege der Enteignung zu einer im öffentlichen Interesse erforderlichen Anlage, z. B. zum Eisenbahnbau, der landwirtschaftlichen Nutzung entzogen worden ist, war zwar für den Anspruch aus § 239 PrWG. unbeachtlich (Bochalli S. 60, im VerwArchiv **28,** 416), kann aber zur Begründung des Einspruchs mit Erfolg erhoben werden, da die Änderung der Umstände nicht willkürlich herbeigeführt ist (vgl. Anm. 3 zu § 88).

5. Die Entscheidung des Vorstandes (Vorstehers beim Einmann-Vorstand) auf den Einspruch kann auch dann nicht unterbleiben, wenn feststeht, daß der Vorstand der Beschwerde nicht stattgeben wird, weil er bereits einen den Einspruch ablehnenden Standpunkt eingenommen hat (ZAgr. **26,** 17). Der Einspruchbescheid ist, wenn durch ihn das Beitragverhältnis geändert wird, allen Mitgliedern bekanntzugeben, die von der Änderung betroffen und dadurch stärker belastet werden oder deren Einspruch zurückgewiesen wird. In der Satzung kann bestimmt werden, daß eine öffentliche Bekanntmachung, besonders bei unwesentlichen Änderungen, genügt (1. AV. Nr. 67).

6. Vgl. 1. A. V. Nr. 67. In dem Einspruchbescheide

sind die Frist und die über den Einspruch entscheidende Stelle (§§ 133ff.) anzugeben (§ 187).

Die Beschwerde bei der Spruchstelle kann erst eingelegt werden, wenn der Vorstand (Vorsteher) den Einspruchsbescheid gefaßt und zugestellt hat (ZAgr. **27**, 17).

Wenn ein Verbandmitglied im Spruchverfahren wegen seiner Veranlagung zu den Verbandlasten die Entlassung aus dem Verbande wegen mangelnder Vorteile beantragt, so kann die Spruchstelle nicht darüber entscheiden, mit welcher Fläche das Mitglied dem Verbande angehört, sondern nur darüber, ob die Veranlagung den Vorschriften der Satzung entspricht, nämlich dem Maße seines Vorteils (RVG. in „Deutsche Verwaltung" **21**, 133), s. auch Anm. 6 Abs. 2 zu § 88. Wenn die Spruchstelle einer Beschwerde ganz oder teilweise entspricht, so hat sie ihren Beschwerdebescheid allen beteiligten Mitgliedern zuzustellen (RVG. in ZAgr. **27**, 161), wenigstens in allen Fällen, in denen eine weitere Beschwerde gegeben ist.

Ist eine der in Abs. 2 und 4 bestimmten Ausschlußfristen versäumt, so kann die zur Entscheidung berufene Stelle bei unverschuldeter Fristversäumung Nachsicht üben (§ 141 in Verbindung mit § 130 Abs. 2 RUO., s. auch ZAgr. **27**, 19).

§ 88. Änderung des Beitragbuches.

(1) Wenn sich die dem Beitragbuche zugrunde liegenden tatsächlichen oder rechtlichen Umstände erheblich ändern [1], oder wenn das Mitglied zwei Jahre lang [2] gemäß einem Beitragbuche zu Beiträgen verpflichtet gewesen ist, das sich als unrichtig erweist [3], kann das Mitglied die Änderung des Beitragbuches verlangen. Im übrigen wird das Beitragbuch nach Bedarf geändert [3a].

(2) Der Vorsteher kann die Änderung des Beitragbuches ablehnen, wenn er dem Mitgliede für eine oder mehrere nächste Beitraghebungen eine entsprechende Ermäßigung des Beitrages bewil-

ligt [4]. Er teilt die Bewilligung dem Verbandausschusse mit [5].

(3) Die Regeln des § 87 gelten entsprechend für die Änderung und ihre Ablehnung [6].

1. Wenn das Verfahren zur Festsetzung des Beitragbuches abgeschlossen ist, bleibt das Beitragbuch einstweilen maßgeblich, auch wenn es sich als tatsächlich unrichtig erweist (1. AV. Nr. 69). Ein Rechtsanspruch auf Beitragerlaß, den das Mitglied nach PrWG. (§ 239 Abs. 1) bei mangelndem Vorteil hatte, besteht nicht mehr. Der Anspruch auf Änderung des Beitragbuches ist aber sowohl gegeben, wenn das Vorhandensein von Vorteilen (§ 81) bei einem Verbandmitgliede von vorneherein zu Unrecht angenommen, als auch, wenn erst durch neuere Verhältnisse der Eintritt des anfänglich mit Grund angenommenen Vorteils verhindert worden ist (PrOVG. **33**, 309). Die dem Beitragbuche zugrunde liegenden tatsächlichen Verhältnisse können sich z. B. ändern, wenn sich ergibt, daß ein wegen Verunreinigung eines Gewässers zu Beiträgen herangezogenes Mitglied nach Errichtung von wirksamen Kläranlagen zur Verunreinigung nicht mehr beiträgt. Keine nach § 88 anfechtbare Änderung des Beitragsbuches ist dagegen eine Berichtigung des Beitragbuches wegen des Wechsels des Eigentums eines zum Verbande gehörigen Grundstücks; in diesem Falle hat der Vorsteher, der das Beitragbuch auf den Laufenden hält (SaMu. § 35 Abs. 1), es zu berichtigen (ZAgr. **26**, 181).

2. Bei der dinglichen Mitgliedschaft kann das Mitglied Änderung des Beitragverhältnisses auch dann verlangen, wenn nicht das Mitglied selbst, sondern ein Rechtsvorgänger im Eigentum beitragpflichtig gewesen ist. Für die Berechnung der zweijährigen Frist ist die Mitgliedzeit des Rechtsvorgängers entsprechend anzurechnen (ZAgr. **26**, 178).

3. Es genügt nicht schon die Behauptung der Unrichtigkeit, sondern sie muß „erwiesen", d. h. mindestens wahrscheinlich sein (ebenso Tö. Anm. 2). Der Anspruch aus § 88 ist unbegründet, wenn die Änderung von dem Mitgliede willkürlich herbeigeführt ist (Hintze in ZAgr, **26**, 193).

3a. Dies gilt sowohl für Einzeländerungen, wie für eine Gesamtänderung auf Grund einer Neuermittlung des Beitragverhältnisses. Bei mehrgliedrigem Vorstande empfiehlt es sich, die Gesamtänderung durch diesen (und nicht den Vorsteher allein) beschließen zu lassen (vgl. Anm. zu SaMu § 15).

4. Durch die in Abs. 2 zugelassene Möglichkeit der Beitragermäßigung, die der Vorsteher nach pflichtmäßiger Schätzung bewilligen kann, soll eine allzu häufige Änderung des Beitragbuches und die dadurch bedingte Aufwendung von Arbeit und Kosten verhindert werden.

5. Die Ablehnung der Ermäßigung durch den Ausschuß ist für den Vorsteher unverbindlich.

6. Der Vorsteher ändert das Beitragbuch, wenn sich die ihm zugrundeliegenden tatsächlichen oder rechtlichen Umstände erheblich ändern (SaMu. § 35). Die Änderung ist allen davon betroffenen Mitgliedern mitzuteilen. Wird der Antrag auf Änderung des Beitragbuches oder auf Beitragermäßigung abgelehnt, so erläßt der Vorsteher einen Bescheid; gegen den ablehnenden Bescheid des Verbandvorstandes über den Einspruch ist binnen 2 Wochen das Rechtsmittel der Beschwerde bei der Spruchstelle (§ 133) gegeben. In dem Bescheide sind die Beschwerdefrist und die Beschwerdestelle anzugeben (§ 187).

Die Spruchstelle hat zu prüfen, ob das Beschwerdevorbringen geeignet ist, die Unrichtigkeit des Beitragsbuches nachzuweisen oder wenigstens wahrscheinlich zu machen (Tö. Anm. 2 zu § 88); die Klasseneinschätzung darf die Spruchstelle nur dann nachprüfen, wenn eine dringende Veranlassung dazu vorliegt. Sie kann im Falle des § 88 nur darüber entscheiden, ob der Beitrag des Beschwerdeführers zu den Kosten durch das Beitragbuch zutreffend festgesetzt ist (Hintze in ZAgr. **26,** 195 f.), nicht kann sie allgemein andere Klassen oder ein anderes Wertverhältnis festsetzen. Hält sie dies für erforderlich, so kann sie dem Vorstande oder der Aufsichtsbehörde zunächst anheimgeben, eine Neueinschätzung zu veranlassen und abwarten, ob dadurch die Beschwerden gegenstandslos werden. (Vgl. Bem. der Schriftleitung in ZAgr. **27,** 8.)

§ 89. Festsetzung, Hebung der Geldbeiträge [1].

(1) Der Vorsteher setzt die Geldbeiträge der Mitglieder gemäß den Verpflichtungen des Wasser- und Bodenverbandes auf Grund des Beitragbuches fest (Hebeliste) und zieht sie ein (Hebung) [2].

(2) Für die Festsetzung gelten die Regeln des § 87 entsprechend. Rechtsmittel halten die Hebung nicht auf [3].

(3) Soweit es für die Verwaltung des Verbandes erforderlich ist, kann der Vorstand Geldbeiträge vor der Ermittlung des Beitragverhältnisses (§§ 86, 87) festsetzen und einziehen. Diese Beiträge sind soweit wie möglich dem Beitragverhältnisse, im übrigen der Billigkeit entsprechend zu bemessen [4].

(4) Die Aufsichtsbehörde der Gemeinden und Gemeindeverbände kann anordnen, daß diese dem Verbande ihre Einrichtungen für das Einziehen überlassen. Sie können den Ersatz ihrer Kosten fordern.

(5) Die nicht endgültigen (Abs. 2 Satz 2) und die vorläufigen (Abs. 3) Beiträge sind so bald wie möglich auszugleichen [5].

1. § 89 regelt das Verfahren zur Festsetzung der Hebeliste und das Einziehungsverfahren.

2. Nach dem im Beitragbuche angegebenen Beitragverhältnisse wird die vom Verbande aufzubringende Geldsumme auf die einzelnen Verbandmitglieder verteilt, die hiernach auf jeden einzelnen entfallenden Beiträge werden unter Angabe der Zahlstelle und der Zahlfrist in der Hebeliste festgesetzt. Das Beitragsbuch enthält also nur Verhältniswerte, während die Hebeliste den von jedem Verbandmitgliede zu leistenden Beitrag angibt. Das Beitragbuch bildet die dauernde Grundlage für alle späteren Hebungen (1. AV. Nr. 65).

3. Die Festsetzung der Hebeliste erfolgt in der Regel erst, nachdem das Verfahren nach § 87 durchgeführt und das Beitragbuch rechtskräftig festgesetzt ist. Einwendungen, die in diesem Verfahren geltend zu machen waren, können in dem Verfahren nach § 89 nicht berücksichtigt werden. Wenn das Beitragverhältnis unanfechtbar geworden ist, kann die Beitragerhebung nicht mit einer Bemängelung des Beitragverhältnisses angefochten werden (ZAgr. **27**, 14). Dies gilt z. B. von allen Einsprüchen gegen das Beitragbuch und von der Beanstandung der Einschätzung in eine bestimmte Beitragklasse. In dem Verfahren nach § 89 kann auch nicht der Einwand erhoben werden, daß die Ansätze des Haushaltplanes tatsächlich unrichtig oder zu hoch seien. Ein Einspruch gegen die Hebeliste kann auch nicht damit begründet werden, daß die von den Mitgliedern geforderten Beiträge in ihrer Gesamtheit zur Erfüllung der Verbindlichkeiten des Verbandes nicht erforderlich seien. Das einzelne Mitglied kann nur die Aufsichtsbehörde anrufen, wenn es der Ansicht ist, daß eine von den zuständigen Organen beschlossene Umlage etwa nicht erforderlich sei (PrOVG. **83**, 327, RVG. **2**, 276; ZAgr. **28**, 25). Beitragbuch und Hebeliste können zugleich mitgeteilt und bekanntgegeben, das Verfahren nach § 87 und nach § 89 muß aber getrennt durchgeführt werden. Der Bescheid des Vorstandes auf den Einspruch gegen die Hebeliste braucht nicht öffentlich bekanntgegeben zu werden (1. AV. Nr. 73 und 70). Die einzelnen Mitglieder erhalten Hebelistenauszüge. Mit Genehmigung der Aufsichtsbehörde können die Gemeinden die Einziehung bei den zu ihnen gehörenden Verbandmitgliedern vornehmen; das ist bei vielen großen Verbänden üblich.

Über den Einspruch gegen die Hebeliste entscheidet der Vorstand (vgl. Anm. 5 zu § 87). Wegen der Ausfertigung der Vorstandsbeschlüsse s. Anm. 3 zu § 27. Gegen dessen Bescheid, der einer öffentlichen Bekanntgabe nicht bedarf, ist die Beschwerde an die Spruchstelle (§ 87 Abs. 4) gegeben (vgl. ZAgr. **27**, 17). Beschwerdefrist und Beschwerdestelle (§ 133) sind in dem Bescheide anzugeben (§ 187). Die Einlegung des Rechtsmittels hat — wie nach den Grundsätzen des Steuerrechts — keine aufschiebende Wirkung.

4. Von der ihm nach Abs. 3 zustehenden Befugnis zur vorläufigen Festsetzung und Einziehung von Geldbeiträgen wird der Vorstand häufig Gebrauch machen müssen, um schon vor der Aufstellung und Festsetzung des Beitragbuches mit der Ausführung des Unternehmens beginnen zu können (vgl. §§ 69, 170). Nach SaMu. § 31 Abs. 2 wird bei den landwirtschaftlichen Verbänden empfohlen, die vorläufigen Beiträge auf die dinglichen Mitglieder im Verhältnis der Flächeninhalte der zum Verband gehörenden Grunstücke zu verteilen. Es wäre aber auch eine andere, freiere satzungsmäßige Festlegung denkbar, z. B. Verteilung der vorläufigen Beiträge „möglichst nach dem Beitragsverhältnis, im übrigen nach Billigkeit." Die Hebung der vorläufigen Beiträge ist eine vorübergehende Verwaltungsmaßnahme, gegen die nur die Aufsichtsbehörde angerufen werden kann; das förmliche Rechtsmittelverfahren des § 89 Abs. 2 ist dagegen nicht gegeben (RVG. **2**, 277 in ZAgr. **28**, 125, **29**, 15).

5. Die vorläufigen und die nicht endgültigen, d. h. die vor Rechtskraft der Hebung eingezogenen Beiträge sind baldmöglichst auszugleichen. Der Ausgleich besteht in einer Gegenüberstellung der vorläufigen und der endgültigen Beiträge einerseits, und zwar sowohl insgesamt, wie für jedes in Frage kommende Mitglied, am besten nach Jahren getrennt, und in einer entsprechenden Nachzahlung der Mitglieder, die zu wenig, und Rückzahlung (bzw. Verrechnung) an die, die zu viel gezahlt haben.

Die Ausgleichsbeträge (einschließlich der gegebenenfalls zurückzuzahlenden Beträge) müssen getrennt (wenn auch gegebenenfalls im gleichen Schreiben) den Mitgliedern mitgeteilt werden, um diesen einen besonderen Einspruch zu ermöglichen.

Der Ausgleich wird mit den derzeitigen Mitgliedern durchgeführt, also auch dann, wenn während des Zeitraumes der vorläufigen Beitragshebung ein Eigentumswechsel stattgefunden hat; eventuell notwendige Erstattungen müssen zwischen dem derzeitigen Mitgliede und dem früheren Eigentümer erfolgen.

Für die Entscheidung über einen Streit um die Rückerstattung auf Grund des Ausgleichungsanspruches ist wegen des untrennbaren Zusammenhanges mit der Hebung der Beiträge die Spruchstelle (§ 133 Abs. 1) zuständig. Die Zuständigkeit der ordentlichen Gerichte ist nach § 133 Abs. 2 ausgeschlossen. Die Spruchstelle hat bei begründeter Beschwerde selbst dafür zu sorgen, daß der Ausgleich nach § 89 Abs. 5 erfolgt und darf ihn nicht dem Verbande oder der Aufsichtsbehörde überlassen. Die Spruchstelle muß daher im Tenor des Beschlusses den Leistungsbefehl wegen des zurückerstattenden Betrages erteilen (Schwede in ZAgr. **28**, 145).

§ 90. Hebung ohne Beitragbuch.

Wenn die Festsetzung eines dauernden Beitragverhältnisses nicht zweckmäßig ist, kann in der Satzung die Hebung der Beiträge ohne Beitragbuch vorgeschrieben werden. Für die Festsetzung und die Änderung der Hebeliste und für die Hebung gelten die Vorschriften des § 89 Abs. 1 und der §§ 87 und 88 entsprechend; Abs. 2 des § 89 gilt nicht.

Im Falle des § 90, der insbesondere für die Abwasserreinigungsverbände mit dauernder Veränderung der Wassermenge, aber auch für andere Verbände, z. B. Abwasserverwertungsverbände, von Bedeutung ist, tritt die Hebeliste an die Stelle des Beitragbuches, sie soll deshalb denselben Vorschriften wie dieses unterliegen. Die Hebung erfolgt in solchen Fällen nur auf Grund der Hebeliste.

§ 91. Streit um die Sachbeiträge.

Wenn über den Inhalt der Sachbeitraglast Streit entsteht, setzt der Vorsteher den Inhalt fest. Im übrigen gelten die Vorschriften des § 87 entsprechend.

Vgl. § 79. Bei der Hebung von Sachbeiträgen braucht der Vorsteher zunächst nicht auf eine Einspruchsmöglichkeit hinzuweisen. Erst wenn sich Meinungsverschiedenheiten herausstellen, setzt der Vorsteher — nochmals — den Inhalt nunmehr mit dem Hinweis auf die Einspruchsmöglichkeit beim Vorstand fest. Gegen den auf den Einspruch ergangenen Vorstandsbescheid (s. Anm. 3 zu § 27) hat das Mitglied die Beschwerde bei der Spruchstelle, auf deren Möglichkeit ebenfalls hinzuweisen ist.

Hat der Vorsteher außerdem zur Durchsetzung der Sachbeiträge Zwangsmittel angedroht (vgl. §§ 96 ff.), so kann sich das Mitglied wegen dieser Androhung bei der Aufsichtsbehörde beschweren, nicht aber wegen des sachlichen Inhalts der Androhung.

Diese Regelung bedarf dringend der Vereinfachung.

§ 92. Zuschläge beim Rückstand.

Durch die Satzung können Zuschläge zu rückständigen Beiträgen vorgeschrieben werden.

Der Begriff der rückständigen Beiträge ist durch die Fälligkeit bedingt; eine Beitragforderung ist erst fällig, nachdem der festgesetzte Zahlungstermin dem Verbandmitgliede bekanntgegeben und herangekommen ist (PrOVG, **19**, 300, **83**, 315).

Es empfiehlt sich, die Satzungen der bestehenden Verbände dahin zu ergänzen, daß durch den Vorstand angemessene Zuschläge zu rückständigen Beiträgen festgesetzt werden können (vgl. SaMu. § 37). Festgesetzt werden können entweder Hundertsätze der rückständigen Beiträge, für das Jahr gerechnet, unter Berücksichtigung der Anzahl der rückständigen Tage, oder auch, wenn man diese Anrechnung vermeiden will, ohne Rücksicht auf die Zeitdauer festgesetzte Pauschalzuschläge.

Wegen der Verjährung rückständiger Beiträge s. Anm. 4 zu § 80. Auch für rückständige Beiträge besteht die dingliche Haftung nach § 80 Abs. 2.

§ 93. Zwangsvollstreckung.

(1) Die auf Gesetz oder Satzung beruhenden Forderungen des Wasser- und Bodenverbandes können im Verwaltungswege vollstreckt werden[1 2].

(2) Der Vorsteher des Wasser- und Bodenverbandes ist die Vollstreckungsbehörde [3]. Die Aufsichtsbehörde kann eine andere Vollstreckungsbehörde bestimmen; sie kann selbst als solche eintreten [4].

(3) Die Vollstreckungsbehörde kann sich der Mitwirkung eines Gerichtsvollziehers oder anderen Vollstreckungsbeamten nach Zustimmung des Reichsministers der Justiz bedienen.

(4) Die Aufsichtsbehörde der Gemeinden und Gemeindeverbände kann anordnen, daß diese dem Wasser- und Bodenverbande ihre Einrichtungen für das Vollstrecken überlassen. Sie können den Ersatz ihrer Kosten fordern.

1. § 93 bezieht sich auf die Vollstreckung von Geldforderungen des Verbandes (nicht nur der Beitragforderungen, soweit sie auf Gesetz, d. h. auf der WVO, oder der Satzung beruhen, z. B. Säumniszuschläge, Ordnungsstrafen, Kosten der Ersatzvornahme; Sachbeiträge (§ 79) können vom Vorsteher gemäß §§ 96 ff. vollstreckt werden. Ein rechtsgültiger Anspruch liegt erst vor, wenn die Forderung dem Mitgliede mitgeteilt ist (ZAgr. **27**, 117).

2. Gesetz über die Zulässigkeit des Verwaltungszwangsverfahrens usw. vom 12. Juli 1933 (GS. S. 252). In Preußen ist die Verordnung betr. das Verwaltungszwangsverfahren wegen Beitreibung von Geldbeträgen vom 15. November 1899 (GS. S. 545) maßgebend. Nach § 17 erfolgt die Zwangsvollstreckung in das bewegliche Vermögen durch Pfändung. Als vollstreckbarer Titel genügt die vollstreckbare Hebeliste oder der Auszug aus ihr. Nach § 51 Abs. 2 erfolgt die Zwangsvollstreckung in die zum Verbande gehörenden Grundstücke durch Eintragung einer Sicherungshypothek für die Forderung (ZPO. §§ 866f.) oder durch Zwangsversteigerung oder Zwangsverwaltung nach dem Gesetze vom 24. März 1897 (RGBl. 1898, S. 713), sobald feststeht, daß durch Pfändung die Beitreibung des Geldbetrags nicht erfolgen kann (Vdg. vom 15. November 1899, § 51 Abs. 2).

In Bayern gelten die Vorschriften über die Beitreibung von Gemeindeumlagen (Bayer. Gesetz- u. Vdgs.-Bl. 1899, S. 402).

3. Der Vorsteher ist auch zur Stellung des Antrages auf Eintragung rückständiger Beiträge und auf Eintragung einer Sicherungshypothek in das Grundbuch sowie auf Einleitung der Zwangsvollstreckung in das unbewegliche Vermögen legitimiert (KG. bei Johow **15**, 30, v. Kamptz-Delius **2**, 867, PrVBl. **17**, 394).

4. Meist tritt nur bei Verbänden mit hauptamtlichen Dienstkräften der Vorsteher als Vollstreckungsbehörde auf. Bei den übrigen Verbänden empfiehlt sich meist das Eintreten der Aufsichtsbehörde. Der Vorsteher hat dann bei ihr die Vollstreckung zu beantragen (letzter Satz von SaMu. § 38). Auf Grund der Vereinbarung mit der Gemeinde oder einer Anordnung der kommunalen Aufsichtsbehörde wäre auch die Einfügung in der Satzung zulässig: „Vollstreckungsbehörde ist der Bürgermeister von X-dorf (Sitz des Verbandes) oder der Landrat".

§ 94. Zwangsvollstreckung gegen Nutzberechtigte.

(1) Die Beitreibung kann auch gegen den Pächter und denjenigen anderen Nutzberechtigten der zum Verbande gehörenden Grundstücke, Bergwerke und Anlagen (§ 3 Nr. 1) gerichtet werden, der sein Recht vom Eigentümer herleitet, bei Nutzung eines Teiles nur wegen des hierauf entfallenden Beitragteils [1]. Zu den Nutzberechtigten gehört auch der Mieter einer Anlage oder einer gesonderten Arbeitstelle in einer Anlage.

(2) Der Nutzberechtigte kann gegen das Beitragbuch und die Hebeliste die Rechtsmittel der §§ 87 und 89 noch anwenden [2] [3]. Die Rechtsmittelfrist beginnt mit der Aufforderung, den Bei-

trag zu leisten [4]. Diese Rechtsmittel halten die Vollstreckung nicht auf.

1. Die nach Abs. 1 zugelassene Inanspruchnahme des Nutzberechtigten entspricht der dinglichen Natur der Verbandlasten. Die Rechtslage des Verbandes soll durch Verpachtung eines Grundstücks usw. nicht verschlechtert werden. Ob der Nutzberechtigte einen Ersatzanspruch gegen den Eigentümer hat, richtet sich nach dem zwischen ihnen geschlossenen Vertrage (PrOVG. in ZAgr. **12**, 54, im RVBl. **51**, 657). Grundsätzlich ist der Nutzberechtigte dem Eigentümer gegenüber verpflichtet, die Beiträge an den Verband zu leisten (§ 28 Abs. 1). Zu den Nutzberechtigten gehört auch der Pfarrer als Nießbraucher der zum Verbandgebiete gehörenden Pfarrgrundstücke. Die Beitreibung kann daher auch gegen ihn gerichtet werden, und es muß ihm überlassen bleiben, gegen die Kirchengemeinde auf Rückerstattung zu klagen (Bochalli a. a. O. S. 49 Anm. 95, RGZ. **2**, 329, Gruchot **36**, 1060).

2. Abs. 2 ist eine Billigkeitsbestimmung, weil z. B. im Falle einer Vermietung oder Verpachtung eines Grundstücks oft nicht der Eigentümer, sondern nur der Mieter oder Pächter als tatsächlicher Lastenträger ein Interesse daran hat, die Rechtsmittel einzulegen. Dem Nutzberechtigten stehen die Rechtsmittel des Eigentümers zu, wenn dieser überhaupt weder gegen das Beitragsbuch noch gegen die Hebeliste Einspruch eingelegt hat, und zwar im letzteren Falle insoweit, als er dies nicht getan hat. Wird infolge eines Rechtsmittels gegen das Beitragsbuch das Beitragsverhältnis rechtskräftig abgeändert, so wird allerdings dadurch eine darauf aufgebaute Hebung gegenstandslos, so daß der Nutzberechtigte nunmehr gegen die erneute Hebung ebenfalls die Rechtsmittel des Eigentümers hat, soweit dieser sie nicht geltend macht, ebenso (Tö. Anm. 4 zu § 94).

3. Zu Abs. 2 ist im RdErl. vom 1. Dezember 1938 (Lw. RMBl. S. 120 f.) folgendes bemerkt:

„Wenn das Mitglied im Verzuge ist und nunmehr der Nutzberechtigte, z.B. der Pächter aufgefordert wird, den Beitrag zu leisten, kann letzterer gegen das Beitragbuch und die Hebeliste die Rechtsmittel der §§ 87, 89 der WVO.

noch anwenden, soweit sie der Eigentümer als Verbandmitglied noch nicht benutzt hat. Erst mit dieser Aufforderung zur Zahlung des Verbandbeitrages tritt der Pächter in eine rechtliche Beziehung zum Verbande und beginnt für ihn die Rechtsmittelfrist. Vorher kann weder der Pächter die Rechtsmittel wirksam einlegen, noch der Verband die Rechtsmittelfrist dem Pächter gegenüber in Lauf setzen."

Wenn daher der Pächter von Grundstücken, die zu einem Wasser- und Bodenverbande gehören, gegen das Beitragbuch oder die Hebeliste „Einspruch" erhebt, bevor er vom Verbande in Anspruch genommen ist, so hat dies keine Rechtswirkung. Ein „Einspruchbescheid" (§ 97 Abs. 3) braucht darauf nicht erteilt zu werden. Der Verbandvorsteher soll den Pächter nur über die Rechtslage unterrichten. Wenn aber der Vorsteher einen „Einspruchbescheid" an den Pächter erläßt, muß dieser befugt sein, die Beschwerde bei der Spruchstelle zu erheben. In der Entscheidung wäre zu klären, daß über eine Verpflichtung des Pächters noch nicht entschieden werden kann und daß ein für das Verbandmitglied oder für den Pächter wirksamer Einspruch nicht erhoben ist.

Der Pächter kann aber selbstverständlich in Vollmacht des Verbandmitgliedes Einspruch erheben. Der Rechtsmittelgang hat dann nur Bedeutung für das Mitglied selbst. Das Rechtsverhältnis zwischen dem Verbande und dem Pächter nach § 94 bleibt unberührt (vgl. ZAgr. **27**, 117).

4. In der Aufforderung sind die Rechtsmittelfrist und die über das Rechtsmittel entscheidende Stelle (§ 87 Abs. 4) anzugeben (§ 187).

§ 95. Beiträge der Nutznießer.

(1) Wer als Eigentümer eines Grundstückes, eines Bergwerkes oder einer Anlage, die nicht zum Wasser- und Bodenverbande gehört (§ 3 Nr. 1), von dem Verbandunternehmen Vorteil hat, kann mit Zustimmung der oberen Aufsichtsbehörde, bei zweistufiger Aufsicht (§ 114) der Aufsichtsbehörde, wie ein Mitglied zu Geldbeiträgen herangezogen

werden; er darf aber nicht über das Maß seines Vorteiles belastet werden [1].

(2) Entsprechendes gilt für die Unterhalter von Gewässern (§ 3 Nr. 2) und für Wasser- und Bodenverbände (§ 3 Nr. 3), die Vorteil haben. Das Reich kann aber als Unterhalter nur mit Zustimmung der für die Unterhaltung zuständigen Behörde herangezogen werden.

(3) Vorteil ist auch die Erleichterung einer Pflicht; im übrigen ist die Regel des § 81 Satz 2 nicht anzuwenden [2].

(4) Die Vorschriften über die rechtliche Eigenschaft der Beiträge, das Beitragverhältnis und seine Ermittlung, die Hebung und die Zwangsvollstreckung (§§ 80, 81, 82, 85, 86, 87, 88, § 89 Abs. 1, 2, 4 und 5, §§ 90, 92 und 93) gelten entsprechend [3] [4].

1. § 95 entspricht dem § 242 PrWG. Um die Verbandgründung nicht unnötig zu erschweren, können solche Grundstücke usw., bei denen der Eintritt eines Vorteils zweifelhaft ist, weil die Wirkungen der Anlagen sich noch nicht übersehen lassen, zunächst aus dem Plane herausgelassen, und es kann späterer Prüfung vorbehalten werden, ob sich nach Ausführung des Unternehmens Vorteile herausstellen. Bis zur Höhe des Vorteils kann nach § 95 die Heranziehung zu Beiträgen erfolgen, damit eine ungerechtfertigte Bereicherung von nicht dem Verbande angehörenden Nutznießern der Verbandanlagen verhindert wird. Damit erübrigt es sich auch, dem Verbande ein Recht zur Untersagung der Mitbenutzung der Verbandanlagen zu gewähren, wie es den Verbänden gegenüber Nutznießern ihrer Anlagen nach dem PrWG. (§ 236) zustand. Das in § 95 den Verbänden gegebene Recht zur Heranziehung von Nutznießern zu Beiträgen steht auch den vor dem Inkrafttreten der WVO. gebildeten Verbänden zu, da nach § 1 Abs. 1 Nr. 1 für diese „alten Verbände" dieselben Bestimmungen gelten wie für die nach dem Inkrafttreten der Verordnung gegründeten Verbände. Die Heranziehung zu Beiträgen nach § 95 kann aber erst erfolgen, wenn das Unternehmen ausgeführt ist und es sich herausgestellt hat, daß die heranzuziehenden Grundstücke usw. infolge des Unternehmens tatsächlich Vorteile haben.

2. Wegen des Begriffs des Vorteils s. Anm. 1 zu § 81. Vorteil i. S. des § 95 ist aber nicht der Roh-, sondern der Reinvorteil (a. M. Tö. Anm. 3 zu § 95). Da die Anwendbarkeit des § 81 Satz 2 ausdrücklich ausgeschlossen ist, so kann die Möglichkeit, die Maßnahmen des Verbandes auszunutzen, nicht als Vorteil gewertet werden. Doch ist bei Erleichterung einer Pflicht, z. B. zur Unterhaltung oder Reinhaltung eines Gewässers, die Heranziehung des Unterhalters durch den Verband nach § 95 gerechtfertigt. Liegt eine Verpflichtung einer Person zur Schadensbeseitigung nicht vor, so kann sie wegen schädigender Einwirkungen zu Beiträgen nicht herangezogen werden.

3. Die Heranziehung erfolgt nach dem in der Satzung für die Mitglieder vorgeschriebenen Maßstabe des Beitragverhältnisses (§§ 81, 82), jedoch dürfen die Herangezogenen nicht über das Maß ihres Vorteils belastet werden. Der Verbandvorsteher holt die Zustimmung der oberen Aufsichtsbehörde durch die Hand der unteren ein und gibt den Herangezogenen das ermittelte Beitragverhältnis (Beitragbuch) in der in der Satzung vorgeschriebenen Weise bekannt, zweckmäßig durch Vorlegung eines Nachtrages zum Beitragbuche. Dagegen können sie gemäß § 87 Abs. 2 Einspruch erheben. Für das weitere Verfahren gelten die Vorschriften der §§ 87 bis 89. Rückständige Beiträge — auch mit Zuschlägen (§ 92) — kann der Verbandvorsteher als Vollstreckungsbehörde auch von den Herangezogenen im Verwaltungswege einziehen (§ 93), aber nicht vorläufige Beiträge; § 89 Abs. 3 ist nicht als anwendbar bezeichnet, ebenso nicht § 94, der sich nur auf die Nutzberechtigten innerhalb des Verbandgebiets bezieht.

Der Herangezogene hat einen Rechtsanspruch auf Zuweisung zum Verbande, wenn sein Beitrag die Höhe des satzungsmäßigen Mindestbeitrages erreicht, von der die Mitgliedschaft abhängt (§ 13 Abs. 2).

4. Die Rechtsmittelfrist und die über das Rechtsmittel entscheidende Stelle (§ 87 Abs. 4) sind in der Aufforderung zur Beitragsleistung anzugeben (§ 187).

VIII. Abschnitt.

Ordnungsgewalt. Polizei.

Vorbemerkung.

Im VIII. Abschnitt werden die Ordnungsgewalt und die Polizei der Wasser- und Bodenverbände behandelt. Dem Verbandvorsteher und, wenn es die Satzung bestimmt, auch anderen Vorstandmitgliedern und Dienstkräften des Verbandes stehen folgende Befugnisse zu:

1. die Ordnungsgewalt und die Ordnungsstrafgewalt (§§ 96 bis 98),
2. die Wahrnehmung der an sich der Aufsichtsbehörde (§§ 102 f.) obliegenden Deichpolizei in den Deichverbänden, wenn sie ihnen von der Aufsichtsbehörde übertragen wird (§ 105).

Darüber hinaus stehen dem Verbandvorsteher allein noch folgende Beschlüsse zu:

1. die Exekutivgewalt, die Befugnis, seine Anordnungen durch einen Dritten auf Kosten des Pflichtigen oder durch Verhängung von Zwangsgeld oder durch unmittelbaren Zwang durchzusetzen (§ 99),
2. das Recht der Beitreibung der Beiträge, Kosten und Zwangsgelder im Verwaltungswege (§§ 101, 93).

Als Rechtsmittel gegen die Anordnungen nach §§ 96, 97, sind nur die Aufsichtsbeschwerde und die weitere Beschwerde gegeben (§ 98). Die mit der Anordnung (§ 96) verbundene Androhung des Zwangsmittels kann nur zusammen mit der Anordnung angefochten werden (§ 100). Die in den §§ 102 ff. bezeichneten deichpolizeilichen Anordnungen können in der Form der Polizeiverordnungen, der Polizeiverfügungen oder der Polizeistrafverfügungen ergehen und sich nicht nur gegen die Verbandmitglieder, sondern gegen alle richten, die auf die Verbandanlagen in unzulässiger Weise einwirken. Die das deutsche Wasserrecht seit Jahrhunderten beherrschende Pflicht zur Nothilfe bei Deichgefährdung

(Wasserwehr) liegt nach Anordnung der Polizeibehörde allen Bewohnern der bedrohten und nötigenfalls der benachbarten Gegend ob (§ 106).

Die Vereinigung deutscher Wasser- und Bodenverbände hat Vordrucke für die Einzelanordnungen des Vorstehers mit und ohne Androhung herausgegeben.

§ 96. Ordnungsgewalt.

(1) Die Mitglieder des Wasser- und Bodenverbandes, die Besitzer der zu ihm gehörenden Grundstücke, Bergwerke und Anlagen (§ 3 Nr. 1) und die Besitzer des Vorlandes der Deiche (§ 23) haben die auf Gesetz oder Satzung beruhenden Anordnungen des Vorstehers, insbesondere die Anordnungen zum Schutze des Verbandunternehmens (§ 17), zu befolgen [1] [2]. Für die die Geldbeträge betreffenden Anordnungen gelten die Vorschriften der §§ 78 bis 94 [3].

(2) In der Satzung kann bestimmt werden, daß auch andere Mitglieder des Vorstandes, Vorstandmitglieder eines Unterverbandes (§ 113) und Dienstkräfte des Verbandes und eines Unterverbandes zu der Anordnung befugt sind [4] [5].

1. Die Gehorsamspflicht der Verbandmitglieder besteht nur insoweit, als die Anordnungen des Vorstehers sich im Rahmen des Gesetzes, d. h. der Wasserverbandverordnung, und der Satzung halten. Auch die in Anm. 2 zu § 28 bezeichneten Besitzer, die nicht Verbandmitglieder sind, und die Vorlandbesitzer haben die rechtmäßigen Anordnungen zu befolgen (vgl. 1. AV. Nr. 78).

1a. Hat der Verband die Aufgabe, die Unterhaltung von Gräben seitens der Verbandmitglieder zu überwachen (vgl. Anm. 15 zu § 2), so stehen ihm bei Nichterfüllung die Mittel der Ordnungsgewalt zu (a. M. Tö. Anm. 11 zu § 2).

2. Der Vorsteher kann auf Grund des § 96 auch allgemeine Anordnungen („Vorschriften" im Sinne des § 97 oder „Verordnungen" im Sinne des Polizeirechts, die nur schriftlich, im Gegensatz zu den „Verfügungen" für einen Einzelfall, die auch mündlich erlassen werden können), z. B. über die Schau, d. i. eine Schauordnung, erlassen, ist dabei aber an die zwingenden Vorschriften der §§ 42 bis 45 gebunden, kann sie also nur durch ausführlichere Regeln ergänzen (1. AV. Nr. 30). Auch die Aufsichtsbehörde kann eine solche Schauordnung erlassen, und zwar als Polizeiverordnung nach § 41, und ist dabei gleichfalls an §§ 42 bis 45 gebunden (Nr. 31 a. a. O., s. § 121 Abs. 2). Als weitere allgemeine Anordnungen (Vorschriften) können Ordnungen der Bewässerungen oder Abwässerverwertungen in Betracht kommen.

3. Für die Vollstreckung der die Sachbeiträge betreffenden Anordnungen gelten §§ 96 ff., s. auch Anm. 4 zu § 99; für die Rechtsmittelbelehrung gilt § 187; Geldbeiträge können auf Grund der §§ 96 f. nicht angeordnet werden.

4. Abs. 2 kommt insbesondere für die großen Verbände in Betracht, in denen ein Oberverband mehrere Unterverbände als Mitglieder hat (§ 113).

5. Gegenüber den allgemeinen Anordnungen („Vorschriften" oder „Verordnungen", vgl. Anm. 2) gibt es nur eine — unbefristete — Dienstaufsichtsbeschwerde bei der Aufsichtsbehörde ohne aufschiebende Wirkung; gegenüber der Einzelanordnung („Verfügung") gibt es die sachliche, befristete Beschwerde der §§ 98, 100 mit grundsätzlich aufschiebender Wirkung.

§ 97. Ordnungsstrafen.[1a)]

Der Vorsteher des Wasser- und Bodenverbandes, andere Mitglieder des Vorstandes, Vorstandmitglieder eines Unterverbandes (§ 113) und Dienstkräfte des Verbandes und eines Unterverbandes können durch die Satzung ermächtigt werden, gegen die Mitglieder des Verbandes und die Besitzer der zu ihm gehörenden Grundstücke, Bergwerke und Anlagen (§ 3 Nr. 1) [1] Ordnungstrafen bis zu dreihundert D-Mark zu verhängen für Verstöße gegen die auf Gesetz [2] oder Satzung beruhenden Vorschriften [3] zum Schutze des Verbandunternehmens (§ 17) und gegen die Sachbeitragpflicht (§ 79) [4] [5].

1a. Die Vorschriften der Militärregierungen, insbesondere die britische Anordnung vom 25. September 1945 über die Reorganisation der deutschen Polizei, wonach die Polizei keine Befugnis mehr zur Verhängung von Strafen hat, betrifft die Strafgewalt des Vorstehers eines Wasser- und Bodenverbandes nicht; denn diese beruht auf Verbandsrecht, das im wesentlichen nur Mitglieder der Verbände umfaßt, und nicht auf allgemeinem Polizeirecht.

1. S. Anm. 1 zu § 28. Vorlandbesitzer unterliegen nur der Ordnungsgewalt nach § 96, nicht aber der Ordnungsstrafgewalt nach § 97.

2. D. h. auf der WVO.

3. Die „Vorschriften" (im Gegensatz zu Einzelanordnungen vgl. Anm. 2 und 5 zu § 96) können sich entweder unmittelbar aus der Wasserverbandverordnung, der Satzung oder aus einer allgemeinen Anordnung des Vorstehers („Verordnung") ergeben. Polizeiverordnungen fallen ebensowenig unter § 97 wie Einzelanordnungen; für erstere gilt das allgemeine Polizeirecht, für letztere gelten §§ 96, 97.

4. Für die Rechtsmittel gilt § 98, für die Rechtsmittelbelehrung § 187.

5. In SaMu. § 41 ist eine Ordnungsstrafe von höchstens 10 DM. vorgesehen; diese Grenze „kann entsprechend der Bedeutung des Verbandes, der Zuverlässigkeit des Vorstehers und der Begüterung der Verbandsmitglieder" höher festgesetzt werden (bis 300 DM., 1. AV. Nr. 79). Die Ordnungsstrafe ist ferner in SaMu. 41 an einen w i e d e r h o l t e n Verstoß gebunden. Wiederholt ist ein mindestens zweimaliger Verstoß, es ist aber nicht nötig, daß inzwischen gemahnt ist; die Verstöße können auch jahrelang auseinanderliegen (1. AV. Nr. 80). Das Wort „wiederholt" kann natürlich auch in der Einzelsatzung gestrichen werden, wenn dies zweckmäßig ist. Vgl. hierzu Anm. zur 1. AV. Nr. 79 und 80 und zu SaMu. § 41.

Das Strafgeld fließt in die Verbandkasse (SaMu. §41).

§ 98. Rechtsmittel.

(1) In zwei Wochen nach der Mitteilung ist gegen die Anordnung nach den §§ 96 und 97 die Beschwerde an die Aufsichtsbehörde des Verbandes und gegen deren Entscheidung die weitere Beschwerde an die obere Aufsichtsbehörde zulässig [2] [3].

(2) Die Rechtsmittel haben aufschiebende Wirkung. Im Falle des § 96 kann aber die anordnende Stelle die sofortige Ausführung verlangen, wenn sie dies für das öffentliche Wohl oder die gemeinwirtschaftliche Ordnung für erforderlich hält [4].

1. Die Beschwerdefrist, die nur gewahrt wird, wenn die Beschwerde innerhalb von 2 Wochen beim Vorsteher, bei einem der in § 96 Abs. 2 bezeichneten Organe oder bei der Aufsichtsbehörde eingeht, und die Beschwerdestelle sind in der Mitteilung und in dem Beschwerdebescheide anzugeben (§ 187). Die Rechtsmittel gegen die Anordnungen und Androhungen des Vorstehers, der Vorstandmitglieder und Dienstkräfte des Verbandes sind in §§ 98, 100 anders wie die Rechtsmittel gegen allgemeine polizeiliche Verfügungen geregelt. Nicht mit den letzteren, sondern nach §§ 98, 100 sind solche Anordnungen anfechtbar, die ein Landrat oder ein Amtsvorsteher, der zugleich Verbandvorsteher ist, in dieser Eigenschaft erläßt (Pr.OVG. **23**, 236). Wegen des Verwaltungsrechtsweges s. S. 189.

2. Nur Einzelanordnungen („Verfügungen") und Androhungen eines Zwangsmittels sind mit dieser sachlichen Beschwerde anfechtbar (Anm. 2 und 5 zu § 96). Mit der Beschwerde kann nicht nur die Rechtmäßigkeit, sondern auch die Zweckmäßigkeit angefochten werden.

3. Wenn durch den Beschwerdebescheid der Aufsichtsbehörde sich der Verband beschwert fühlt, muß auch ihm das Recht einer weiteren Beschwerde zustehen.

4. Vgl. Anm. 1 zu § 4.

§ 99. Zwang.

(1) Der Vorsteher des Wasser- und Bodenverbandes kann die Anordnung nach dem § 96 durch einen Dritten auf Kosten des Pflichtigen oder durch unmittelbaren Zwang durchsetzen[1 2]. Er kann die Zwangsmittel bei Geboten wiederholen, bis dem Gebote entsprochen ist, bei Verboten für jeden Fall des Übertretens verhängen[3].

(2) Er droht das Zwangsmittel vorher schriftlich an, und zwar die Kosten in vorläufig geschätzter, das Zwangsgeld in bestimmter, höchstens dreihundert D-Mark betragender Höhe, und setzt für die Befolgung der Anordnung eine angemessene Frist. Bei Gefahr im Verzuge sind die Schriftform und die Frist nicht nötig und kann auch eine andere nach § 96 Abs. 2 berufene Person Zwang anwenden[4].

1. Die Zuständigkeit des Verbandvorstehers nach § 99 beschränkt sich auf das Einschreiten gegen Verbandmitglieder, die gegen eine allgemeine Anordnung („Verordnung") oder eine Einzelanordnung („Verfügung", vgl. Anm. 2 u. 5 zu § 96) verstoßen (Tö. Ansicht in Anm. 1 zu § 99, daß nur Einzelanordnungen erzwungen werden können, weicht vom Polizeirecht ab und ist auch sonst nicht begründet). Im Innenverhältnis ist die Zuständigkeit des Vorstehers insofern erweitert worden, als er auch unmittelbaren Zwang anwenden darf, wozu bisher nur die Aufsichtsbehörde berechtigt war. Der Vorsteher kann aber nur solche Anordnungen gemäß § 99 erzwingen, die auf der WVO. oder auf der Satzung beruhen, insbesondere zum Schutze des Verbandunternehmens erforderlich sind (§ 96 Satz 1).

2. Der Vorsteher hat diese Befugnisse auch ohne Ermächtigung durch die Satzung (anders bei der Ordnungsstrafe nach § 97).

3. Die Höhe einer wiederholt festgesetzten Zwangsstrafe kann in ihrer Gesamtsumme den in Abs. 2 bezeichneten Höchstbetrag von 300 DM. überschreiten. Die Satzung kann einen niedrigeren Höchstbetrag bestimmen (s. SaMu. § 42 Abs. 2). Fortgesetzte Handlungen oder Unterlassungen gelten aber als eine Zuwiderhandlung, gegen sie kann nur eine Strafe festgesetzt werden (PrOVG. **42**, 240, **73**, 388).

4. Der Anwendung der Zwangsmittel muß in der Regel eine schriftliche Androhung vorausgehen; Androhung zu Protokoll oder mündliche Androhung genügen nur bei Gefahr im Verzuge. In allen anderen Fällen droht der Vorsteher das Zwangsmittel vorher schriftlich an, und zwar die Kosten in vorläufig geschätzter, das Zwangsmittel in bestimmter Höhe (SaMu. § 42 Abs. 2). Kann die Handlung, die erzwungen werden soll, nicht mehr geleistet werden, oder ist sie, wenn auch nach Ablauf der gestellten Frist, bereits geleistet, so ist eine Festsetzung des angedrohten Zwangsgeldes unzulässig; die Einziehung des bereits festgesetzten Zwangsgeldes ist dagegen zulässig, auch wenn die Anordnung bereits befolgt ist (PrOVG. **2**, 382, **7**, 374, v. Kamptz **4**, 733, 823; Friedrichs im PrVBl. **31**, 405, a. M. KG. bei Johow **41**, 34), es sei denn, daß es sich um ein Zwangsgeld zur Durchsetzung eines Gebotes handelt (§ 101, Satz 1).

§ 100. Rechtsmittel gegen Zwang.

(1) Die mit der Anordnung (§ 96) verbundene Androhung des Zwangsmittels kann nur zusammen mit der Anordnung angefochten werden [1].

(2) Gegen die von der Anordnung getrennte Androhung des Zwangsmittels sind die gleichen Rechtsbehelfe zulässig wie gegen die Anordnung, wenn diese bei der Androhung noch anfechtbar war; die Anordnung kann zusammen mit der Androhung angefochten werden. Die Regeln des § 98 gelten entsprechend.

(3) Wenn bei der Androhung des Zwangsmittels die Anordnung nicht mehr anfechtbar war, ist

gegen die Androhung nur die Beschwerde an die Aufsichtsbehörde in zwei Wochen nach der Mitteilung zulässig [2 3]. Die Beschwerde hat keine aufschiebende Wirkung; Zwangsgeld darf aber erst beigetrieben werden, wenn die Androhung nicht mehr anfechtbar ist.

1. Anordnung und Androhung des Zwangsmittels können an sich zusammen — d. h. in einer Verfügung — ergehen. Wird die Anordnung aber getrennt, d. h. vor der Androhung des Zwanges, erlassen und nach der Androhung bereits rechtskräftig, so kann sie trotzdem zusammen mit der Androhung innerhalb der für letztere laufenden Rechtsmittelfrist noch angefochten werden.

2. Ist die Anordnung bereits rechtskräftig, so ist gegen die Androhung nur die einfache Beschwerde an die Aufsichtsbehörde, nicht mehr die weitere Beschwerde an die obere Aufsichtsbehörde zulässig.

3. In allen nach § 100 ergehenden Entscheidungen sind die Beschwerdefrist und die Beschwerdestelle anzugeben (§ 187).

§ 101. Zwangsvollstreckung.

Der Vorsteher des Wasser- und Bodenverbandes kann das Zwangsgeld, die vorläufig geschätzten und entstandenen Kosten und die Ordnungsstrafe (§§ 97 und 99) im Verwaltungswege beitreiben, das Zwangsgeld zur Durchsetzung eines Gebotes nur, wenn der Anordnung nicht entsprochen ist [1 2]. § 93 gilt auch hier.

1. Zwangsgeld und Ordnungsstrafe fließen in die Verbandskasse.

2. Die Beitreibung darf erst erfolgen, wenn die Anordnungen, die Strafverfügung oder die Androhung des Zwangsmittels nicht mehr anfechtbar sind (§ 98 Abs. 2 Satz 1, § 100 Abs. 3 Satz 2) oder wenn das Rechtsmittel keine aufschiebende Wirkung hat (§ 98 Abs. 2 Satz 2. § 100 Abs. 2 Satz 2 u. Abs. 3 Satz 2).

§ 102. Deichpolizei.

Die Polizei zum Schutze der Anlagen des Wasser- und Bodenverbandes, die Grundstücke vor Hochwasser oder Sturmflut schützen (Deichpolizei), obliegt der Aufsichtsbehörde des Verbandes [1]. Die Deichpolizei ist auf diese Anlagen (§ 2 Nr. 3, Deiche, Dämme usw.) und ihr Zubehör örtlich beschränkt [2] [3].

1. Die Deichpolizei, die in ihrer Organisation und Zuständigkeit durch das allgemeine Polizeirecht nicht berührt wird, umfaßt alle Maßnahmen, die zum Schutze der Verbandgrundstücke vor Hochwasser oder Sturmflut durch Verbandanlagen (Deiche, Dämme, Schleusen, Gräben, soweit sie dem Schutze der Deiche dienen) erforderlich sind, mithin auch die Anordnungen, die eine Beschränkung der Benutzung der Deiche oder der als Bestandteile der Deiche anzusehenden Deichböschungen, z. B. durch Betreten, Befahren, Beweiden (wegen Strafbarkeit vgl. ZAgr. **22**, 165), Bepflanzen vorsehen. Die deichpolizeilichen Anordnungen können sich gegen jeden — nicht nur gegen die Verbandmitglieder — richten. Die örtliche Deichpolizei und auch das Polizeiverordnungsrecht zum Schutze der Deiche (vgl. StGB. § 366a) steht der Aufsichtsbehörde des Verbandes nach § 102 zu. Diese kann jedoch den Vorsteher, andere Verbandsorgane und Dienstkräfte des Verbandes mit der Wahrnehmung der deichpolizeilichen Aufgaben ganz oder zum Teil beauftragen (§ 105). Für die Deichpolizei gilt auch § 41 Abs. 1 nicht aber § 41 Abs. 2 (s. Anm. 2 zu § 41).

2. Die Deichpolizei beschränkt sich auf den Schutz der Hochwasserschutzanlagen, sie erstreckt sich nicht auf die Gewässer innerhalb des Verbandgebietes; ihr Schutz obliegt der Wasserpolizei.

3. Für die öffentlichen Wege, die sich ausnahmsweise auf der Deichstrecke hinziehen, ist nicht die Deichpolizei, sondern die Wegepolizei (Ortspolizeibehörde) zuständig; diese kann aber wegebauliche Leistungen, die in den Bestand des Deiches eingreifen, dem Wegebaupflichtigen nur mit Zustimmung der Deichpolizei aufgeben. Deich-

und Wegepolizeibehörde haben sich wegen der zu erlassenden Anordnungen miteinander ins Benehmen zu setzen (PrOVG. **18**, 227, **46**, 286). In der Regel gehören aber die für den öffentlichen Verkehr bestimmten Wege auf Deichen nicht zu den öffentlichen Wegen im Sinne des Wegerechts, sie sind vielmehr grundsätzlich als Bestandteile der Deiche anzusehen und unterstehen daher der Deichpolizei. Ein Weg, der über die Krone eines Deiches läuft, ist auch nicht vom ordentlichen Wegebaupflichtigen, sondern vom Deichpflichtigen zu unterhalten (Germershausen-Seydel, Wegerecht und Wegeverwaltung, S. 21, 310, 398).

§ 103. Erweiterte Deichpolizei.

(1) Wenn der Aufsichtsbehörde eines Wasser- und Bodenverbandes nach § 102 die Deichpolizei obliegt, kann die obere Aufsichtsbehörde anordnen, daß ihr auch die Polizei zum Schutze der Gewässer des Verbandes ganz oder teilweise obliegt (erweiterte Deichpolizei). Die Erweiterung ist auf diese Gewässer und ihr Zubehör örtlich beschränkt.

(2) Die Anordnung ist in dem Nachrichtenblatte der Aufsichtsbehörde bekanntzumachen.

Die erweiterte Deichpolizei i. S. des § 103 umfaßt auch die Wasserpolizei über die im Verbandgebiete gelegenen Gewässer (s. Anm. 2 zu § 2), schließt also die Zuständigkeit der ordentlichen Wasserpolizeibehörden aus. Abweichend hiervon will Tö. Anm. 4 zu § 103 die Wasserpolizei zum Schutze der Gewässer und andere Teile der Wasserpolizei, z. B. Regelung des Gemeingebrauchs, unterscheiden, und die letztere der ordentlichen Wasserpolizeibehörde belassen. Entsprechend der geschichtlichen Entwicklung ist aber anzunehmen, daß die gesamte Wasserpolizei innerhalb des Verbandgebietes in § 103 Abs. 1 Satz 1 gemeint ist. Zudem würde diese Teilung zu einem sehr unerwünschten ständigen ‚Nebeneinander von erweiterter Deichpolizei der Aufsichtsbehörde (bzw. des

Deichhauptmannes nach § 105) und der ordentlichen Wasserpolizeibehörde führen.

Allerdings hat die Wasserpolizei nicht alle im Bezirk eines Deichverbandes gelegenen Gewässer zum Gegenstande, sondern sie erstreckt sich auf diese Gewässer (Wasserläufe und Gräben) nur insoweit, als deren Überwachung in der Satzung zur Verbandssache, zum Gegenstand einer dem Deichverbande gegenüber zu erfüllenden Pflicht gemacht ist (PrOVG. **28**, 261, **29**, 272, 277, **64**, 501, PrVBl. **30**, 731). Soweit dies nicht zutrifft, ist die ordentliche Wasserpolizeibehörde zuständig. Um eine einheitliche Zuständigkeit zu erreichen, ist es daher zu empfehlen, die Überwachung auch dieser Gewässer zur Verbandsaufgabe zu machen.

Im übrigen vgl. wegen Zuständigkeitsfragen Anm. 1 zu § 105.

Im Falle der Übertragung nach § 103 gehen die deichpolizeilichen Befugnisse der Aufsichtsbehörde nicht weiter als das deichpolizeiliche Interesse reicht (PrOVG. **78**, 336); vgl. auch Anm. 1 zu § 102.

§ 104. Allgemeines Polizeirecht.

(1) Für die Deichpolizei und die erweiterte Deichpolizei der Aufsichtsbehörde des Wasser- und Bodenverbandes gelten die allgemeinen Vorschriften des Polizeirechtes entsprechend. Hinsichtlich der polizeilichen Zwangsmittel und der Anfechtung polizeilicher Anordnungen hat die Aufsichtsbehörde die ihr oder der entsprechenden Behörde durch das allgemeine Polizeirecht gegebene Stellung.

(2) Als Polizeiaufsichtsbehörden und als Rechtsmittelbehörden gelten an Stelle der nach dem allgemeinen Polizeirechte berufenen Verwaltungsbehörden die obere und die oberste Aufsichtsbehörde des Verbandes. Bei zweistufiger Aufsicht (§ 114) fällt das zweite Rechtsmittel weg.

Für das frühere Land Preußen gelten, und zwar nicht nur für das materielle Polizeirecht, sondern auch für die Anfechtung der polizeilichen Verfügung vor den Verwaltungsgerichten, die Vorschriften des Polizeiverwaltungsgesetzes vom 1. Juni 1931 (GS. S. 77) sowie die dazu ergangenen Ausführungsbestimmungen vom 1. 10. 1931 (MBliV. S. 923) in der Fassung des Runderlasses vom 19. September 1932 (MBliV. S. 953) und der Vdg. vom 17. März 1933 (GS. S. 43, 48) Art. X.

Auf Grund von Bestimmungen der Militärregierungen (vgl. Anm. 1a zu § 97) wurde die Strafgewalt der Polizei auf den Amtsrichter übertragen; die übrigen Befugnisse der Polizei, z. B. auch die Anordnung der Wasserwehr (§ 106), sind aber hiervon nicht berührt.

§ 105. Wahrnehmung der Deichpolizei.

(1) Die Aufsichtsbehörde kann den Vorsteher und andere Vorstandmitglieder des Wasser- und Bodenverbandes, der Grundstücke vor Hochwasser oder Sturmflut zu schützen hat (§ 2 Nr. 3), Vorstandmitglieder seines Unterverbandes (§ 113) und Dienstkräfte des Verbandes und seines Unterverbandes mit der Wahrnehmung der deichpolizeilichen Aufgaben nach den §§ 102 und 103 oder mit einzelnen dieser Aufgaben betrauen [1].

(2) Die Betrauung ist in dem Nachrichtenblatte der Aufsichtsbehörde des Verbandes bekanntzumachen, und ein allgemeiner Hinweis ist in die Satzung zu nehmen [2].

(3) Polizeiliche Anordnungen der hiernach betrauten Personen gelten als polizeiliche Anordnungen der Aufsichtsbehörde des Verbandes und können wie diese angefochten und erzwungen werden [3].

1. Nach § 307 PrWG. wurde die örtliche Deichpolizei von dem Deichvorsteher wahrgenommen; durch die Satzung konnten die örtliche Deichpolizei oder einzelne ihrer Geschäfte anderen Vorstandmitgliedern übertragen werden.

Nach § 105 Abs. 1, der sich auch nur auf Deichverbände bezieht, steht es künftig im Ermessen der Aufsichtsbehörde, ob sie die Wahrnehmung aller oder einzelner deichpolizeilicher Befugnisse dem Deichvorstande, anderen Vorstandmitgliedern oder Dienstkräften des Haupt- oder Unterdeichverbandes übertragen will; die Wahrnehmung der Polizeigewalt, wozu das Polizeiverordnungsrecht nicht gehört, steht also den Organen und Dienstkräften des Deichverbandes nicht kraft Gesetzes ohne weiteres zu, sondern nur dann, wenn die Aufsichtsbehörde von der ihr nach § 105 Abs. 1 zustehenden Übertragungsbefugnis Gebrauch macht. Die örtliche Wegepolizei kann den Verbandpersonen nicht übertragen werden; für die öffentlichen Wege auf der Deichkrone ist vielmehr die Ortspolizeibehörde als Wegepolizeibehörde zuständig (vgl. Anm. 3 zu § 102).

Parisius hat in seinem Aufsatz: „Wasserpolizei und erweiterte Deichpolizei in Preußen" (RVBl. **59**, 909) sich dafür ausgesprochen, daß die Aufsichtsbehörde die Wahrnehmung der örtlichen Deichpolizei (im engeren Sinne des § 102) in der Regel dem Deichhauptmann überträgt, hält es ferner auch für zweckmäßig, daß die Aufsichtsbehörde auf Grund der Anordnung der oberen Aufsichtsbehörde nach § 103 die erweiterte Deichpolizei erhält, diese aber ihrerseits nicht dem Deichhauptmann weiter überträgt, um die Einheitlichkeit der Verwaltung des Landrats, der gleichzeitig auch Jagdpolizeibehörde, Naturschutzpolizeibehörde, Verkehrspolizeibehörde usw. sei, zu erhalten.

Li. stimmt der Übertragung auch der erweiterten Deichpolizei zu, empfiehlt aber, sie — und zwar ganz (nicht nur Einzelaufgaben) — ebenfalls dem Deichhauptmann im Interesse einer einheitlichen Wasserwirtschaft im Gebiet des ganzen Deichverbandes weiter zu übertragen, zumal sich in den Gebieten der preußischen Deichverbände diese schon bisher übliche Regelung durchaus bewährt habe.

2. Die Betrauung wird schon mit der Bekanntmachung rechtswirksam. Die §§ 102 bis 104 gelten mithin auch für polizeiliche Anordnungen der nach Abs. 1 mit der Wahrnehmung der Deichpolizei betrauten Personen.

3. Die polizeilichen Anordnungen der nach Abs. 1 betrauten Personen sind mithin nach den Vorschriften des allgemeinen Polizeirechts anfechtbar und erzwingbar.

§ 106. Wasserwehr.

(1) Wenn eine Anlage eines Wasser- und Bodenverbandes, die Grundstücke vor Hochwasser oder Sturmflut schützt (§ 2 Nr. 3), gefährdet ist, haben alle Bewohner der bedrohten und nötigenfalls der benachbarten Gegend nach Anordnung der Polizeibehörde zu den Schutzarbeiten Hilfe zu leisten, die erforderlichen Arbeitgeräte und Beförderungsmittel zu stellen und die erforderlichen Baustoffe hinzugeben [1].

(2) Die Polizeibehörde kann die nötigen Maßregeln sofort zwangsweise durchsetzen [2].

(3) Der Verband leistet den zu Sachbeiträgen (§ 79) nicht verpflichteten Personen nach Billigkeit Ersatz für Schaden, den sie durch ihre Leistungen nach den Absätzen 1 und 2 erleiden, und der Vorsteher des Verbandes sorgt nach Billigkeit für Ausgleich unter den Beitragpflichtigen [3].

(4) Die Aufsichtsbehörde entscheidet über Beschwerden gegen Festsetzungen nach Abs. 3 [4].

1. Die in § 106 geregelte Pflicht zur Nothilfe bei Deichgefährdung beherrscht das deutsche Deichrecht schon seit mehr als 700 Jahren; sie findet sich bereits im Sachsenspiegel (vgl. Bochalli S. 98, 119, Albers S. 24, 37). Die Pflicht zur persönlichen Hilfeleistung, zur Deichverteidigung, bezieht sich nur auf die zu einem Deichverbande gehörenden Deiche, sie beschränkt sich aber nicht auf die Mitglieder des Deichverbandes, sondern sie liegt allen Bewohnern ob, auch denen, die keinen Grundbesitz haben.

2. Die Aufsichtsbehörde als Polizeibehörde (§ 102) und die nach § 105 betrauten Personen können die Nothilfe durch polizeiliche Verfügung im Einzelfalle regeln und durch die Zwangsmittel des allgemeinen Polizeirechts — ohne vorherige Androhung — durchsetzen, da § 104 auch im Falle des § 106 anzuwenden ist. Die Aufsichtsbehörde kann auch eine allgemeine Regelung durch Polizeiverordnung gemäß § 41 Abs. 1, § 102 vornehmen. Insbesondere dürfen die Aufsichtsbehörde und die von ihr betrauten Personen schon im voraus Sicherheitsanstalten durch Bereitstellung von Materialien, Gestellung von Mannschaften, Gespannen u. dgl. (Sachbeiträge, SaMu. § 39) treffen. Sie dürfen sogar zur Abwendung größeren Schadens den Durchstich des Deiches anordnen. Den Schaden der dadurch betroffenen Besitzer muß der zur Unterhaltung des Deiches Verpflichtete tragen (Strieth Arch. **6**, 220). Wer der polizeilichen Aufforderung zur Hilfeleistung nicht nachkommt, obwohl er der Aufforderung ohne erhebliche eigene Gefahr und ohne Verletung anderer wichtiger Pflichten genügen kann, wird mit Gefängnis bis zu 2 Jahren oder mit Geldstrafe bestraft (StGB. § 330c, Gesetz vom 28. Juni 1935, RGBl. S. 839 Art. 9).

3. Die Deichverbände sind bei Unglücksfällen bei der Wasserwehr wegen Personenschaden ohne weiteres bei dem zuständigen Versicherungsverbande, im früheren Lande Preußen bei den Gemeinde-Unfallversicherungsverbänden versichert. Denn sie gelten insoweit als „Betriebe zur Hilfeleistung bei Unglücksfällen" gemäß § 537 Abs. 1 Nr. 4a der Reichsversicherungsordnung (vgl. Bekanntmachung des Reichsverbandes, DLZ. 1940 S. 71).

4. Eine weitere Beschwerde ist nicht gegeben, die Aufsichtsbehörde entscheidet endgültig.

IX. Abschnitt.

Dienstkräfte. Besoldung.

Vorbemerkung.

Nach preußischem Rechte hatten die Vorstandmitglieder der Wassergenossenschaften und Deichverbände die rechtliche Stellung von mittelbaren Staatsbeamten. (RG. bei Gruchot **30**, 390, im PrVBl. **8**, 182, Holtz-Kreutz-Schlegelberger Anm. 4 zu § 212, Bochalli S. 23). Nach der WVO. sind die Vorsteher und Vorstandsmitglieder der Wasser- und Bodenverbände nicht ohne weiteres mittelbare Reichsbeamte, sondern nur insoweit, als es in der Satzung bestimmt ist. Die Aufsichtsbehörde beruft in diesen Fällen den Verbandvorsteher zum Beamten, dieser die anderen Beamten (§ 110). Neue Beamtenstellen dürfen in der Satzung nur mit Zustimmung der obersten Aufsichtsbehörde vorgesehen werden. Beamtenstellen werden hauptsächlich in den Deichverbänden und in den großen Abwässerverbänden zuzulassen sein, wie z. B. Deichhauptmänner, Geschäftsführer, Verbandtechniker (Deichinspektor), Deichrentmeister, Deichwärter, Grabenaufseher. Nicht wesentlich für die Übertragung der Beamteneigenschaft ist es, ob es sich um Vorstandmitglieder oder um Dienstkräfte des Verbandes handelt; erstere werden in der Regel Ehrenbeamte, letztere Berufsbeamte sein.

§ 107. Vorgesetzte. Einstellung der Dienstkräfte.

Der Vorsteher [1] des Wasser- und Bodenverbandes ist Dienstvorgesetzter aller Beamten [2], Angestellten [3] und Arbeiter [4] des Verbandes [5]. Er stellt sie ein und entläßt sie [6].

1. Der Vorsteher ist Dienstvorgesetzter der Verbandbeamten und entscheidet über deren persönliche beamtenrechtliche Angelegenheiten. Er ist wegen dieser Entscheidungsbefugnis auch Dienstvorgesetzter im Sinne des § 8 Abs. 1 des Beamtengesetzes für die bizonalen Länder. Die Befugnis zur Genehmigung einer Nebentätigkeit a) der Verbandbeamten, ist dem Vorsteher, b) des Vorstehers, ist der Aufsichtsbehörde übertragen worden (LwRMBl. **1937**, S. **862**).

Gegen die Angestellten und Arbeiter des Verbandes stehen dem Vorsteher nur die aus den Verträgen und Tarifordnungen sich ergebenden Befugnisse zu.

Die dem Vorsteher in § 107 eingeräumte Stellung kann in der Satzung nicht eingeschränkt und nicht dem Gesamtvorstande übertragen, doch kann in der Satzung bestimmt werden, daß der Vorsteher von seiner Vertretungsmacht nur mit Zustimmung des Gesamtvorstandes Gebrauch machen darf.

2. Über Ausstellung und Vereidigung der Verbandsbeamten s. Anm. 3 zu § 110.

3. Die Verleihung der in den Besoldungsgesetzen oder Besoldungsordnungen festgelegten Amtsbezeichnungen an Nichtbeamte, insbesondere an Angestellte, ist unzulässig. Berufsbezeichnungen, die den Amtsbezeichnungen der Beamten gleichlauten, dürfen Angestellten oder Arbeitern ausnahmsweise noch insoweit beigelegt werden, als sie deren Tätigkeit zutreffend kennzeichnen und als diese Bezeichnungen nicht ihrer Art nach Uneingeweihten gegenüber den Anschein erwecken, als ob es sich um eine beamtete Stelle handele (LwRMBl. 1938, S. 981).

Die Angestellten und Arbeiter derjenigen Verbände, deren Aufgaben sich nach Art und Umfang im Rahmen eines landwirtschaftlichen Betriebes halten, sind bei den landwirtschaftlichen Berufsgenossenschaften, die anderer Verbände bei der Zweigstelle der Tiefbaugenossenschaft gegen Unfälle bei ihrer Tätigkeit versichert (LwRMBl. 1941 S. 575). Die Arbeiten der erstgenannten Verbände (mit überwiegend landwirtschaftlichen Aufgaben) werden als Teile der bei der landwirtschaftlichen Berufsgenossenschaft versicherten Betriebe der Mitglieder der Verbände angesehen. (Entsprechende Anwendung des § 916 Reichsversicherungsordnung.) Daher haben die Verbände grundsätzlich auch keine Beiträge an die Berufsgenossenschaft zu zahlen (eine Annahme macht die Landwirtschaftliche Berufsgenossenschaft Oldenburg—Bremen). Wasserversorgungsverbände rechnen zu den bei der landwirtschaftlichen Berufsgenossenschaft versicherten Verbänden, wenn mindestens 4/5 des Wassers von landwirtschaftlichen Betrieben verbraucht wird.

4. Die Wasser- und Bodenverbände sind öffentliche Verwaltungen. Da sie aber keine öffentlichen Betriebe haben, so werden bei ihnen Vertrauensräte nicht gebildet. Daraus erwächst für den Vorsteher eine gesteigerte Pflicht, für das Wohl der Beschäftigten zu sorgen und deren begründeten Vorstellungen Rechnung zu tragen (Lw. MBl. 1934 S. 366, 1938 S. 1241). Über die Tarif- und Dienstordnungen für Gefolgschaftsmitglieder in Wasser- und Bodenverbänden vgl. LwMBl. 1938 S. 1240. Hiernach gelten für sie ohne weiteres die von dem Reichstreuhänder für den öffentlichen Dienst erlassenen Vorschriften der Allgemeinen Tarif- und Dienstordnung vom 30. April 1938 mit Ausnahme der §§ 8, 12, nicht aber die besonderen, in den Tarifordnungen A und B enthaltenen Vorschriften über die Höhe der Vergütungen und Löhne usw. (vgl. Kranefuß in der DLZ. 1939 S. 253). Die Gehälter und Löhne der Angestellten und Arbeiter können daher in freier Vereinbarung, wenn auch unter Berücksichtigung der Angleichungsbestimmungen (Anm. 2 zu § 109) festgesetzt werden. Zur Einführung der Tarifordnungen A und B und der Allgemeinen Dienstordnung hierzu ist in jedem Falle die Genehmigung der obersten Aufsichtsbehörde zu erbitten. Diese Regelung wird auch gegenwärtig (1949) noch als fortgeltend betrachtet.

5. Wegen eines schuldhaft herbeigeführten Fehlbestandes am Vermögen der Verwaltung ist gegen die schuldigen Beamten, Angestellten und Arbeiter im Dienste eines Verbandes als einer Körperschaft des öffentlichen Rechts das Erstattungsverfahren durch die Aufsichtsbehörden auf Grund des Erstattungsgesetzes vom 18. April 1937 (RGBl. S. 461) durchzuführen. Zur Einleitung des Erstattungsverfahrens und zur Anordnung und Aufhebung vorläufiger Beschlagnahme sind die Aufsichtsbehörden zuständig. In Eilfällen können die Vorsteher, wenn sich das Verfahren nicht gegen sie richtet, vorläufige Beschlagnahmen anordnen. Im Erstattungsverfahren wird der Verband vom Vorsteher und, wenn es sich gegen ihn richten soll, von der Aufsichtsbehörde vertreten, die auch in jedem anderen Falle die Vertretung selbst übernehmen kann (LwRMBl. 1939 S. 439; RMBliV. 1939 S. 621).

6. Die Befugnis des Vorstehers zur Einstellung und Entlassung der Dienstkräfte kann durch die Satzung nicht eingeschränkt werden; die Einstellung und Entlassung der Beamten richtet sich nach den Bestimmungen des DBG. (s. Anm. 2 u. 3 zu § 110).

§ 108. Geschäftsführer. Techniker. Kassenverwalter.

(1) Die Einstellung des Geschäftführers, des (ersten) Technikers und des (ersten) Kassenverwalters des Wasser- und Bodenverbandes bedarf der Bestätigung der Aufsichtsbehörde.

(2) In der Satzung kann vorgeschrieben werden, daß der Verband einen Geschäftsführer, einen genügend vorgebildeten Techniker und einen Kassenverwalter einstellt [1].

(3) Wenn der Verband die Vorschrift nicht befolgt oder wenn die Aufsichtsbehörde die Einstellung nicht bestätigt, kann die Behörde den Geschäftsführer, den Techniker und den Kassenverwalter einstellen und ein angemessenes Entgelt für sie festsetzen [2].

1. In der Satzung kann bestimmt werden, daß der Geschäftsführer, der bei größeren Verbänden die laufenden Geschäfte unter dem Vorsteher führen kann, der Verbandtechniker, z. B. der Deichinspektor, und der Kassenverwalter (Deichrentmeister, Rechner) für mehrere Verbände gemeinsam bestellt werden. Diese Stellen können auch in einer Person vereinigt sein, im Nebenamte, z. B. vom Kreisbaumeister, dem technischen Berater des Landrats oder von einem staatlichen Beamten oder Angestellten geführt (vgl. 1. AV. Nr. 82) und auch einem Vorstandmitgliede übertragen werden. Wird der Kreisbaumeister zum Verbandtechniker berufen, so kann er nicht zum Berater der Aufsichtsbehörde be-

stellt werden (1. AV. Nr. 22). Werden besondere Geschäftsführer, Techniker und Kassenverwalter eingestellt, so können sie zugleich Vorstandmitglieder sein.

2. Als Techniker und Kassenverwalter können auch staatliche oder kommunale Beamte oder Angestellte nebenamtlich eingestellt werden (vgl. I. A.V. Nr. 82 und 83). Für eine größere Zahl von Verbänden — so etwa für alle Verbände eines Kreises — kann eine gemeinsame „Gesamtrechnerstelle" eingerichtet werden (s. Li. in der DLZ. 1940 S. 113). In diesem Falle sind bei der Einstellung eines Gesamtrechners durch den Abschluß eines schriftlichen Vertrages zwischen ihm und dem Verbande klare Verhältnisse über die Rechtsnatur und die Rechtsfolgen dieses Vertragsverhältnisses zu schaffen. Aus diesen Verträgen muß klar hervorgehen, ob eine bestimmte Person (z. B. der Kreiskommunal-Kassenführer oder der Kreisbaumeister, und zwar im Nebenamt) oder ob der Kreis als Körperschaft die Rechengeschäfte für die beteiligten Verbände übernimmt (LwRMBl. 1939 S. 331). Auch Förderungsverbände können hierfür gebildet werden (vgl. Anm. 15 zu § 2). Die Gesamtrechner sollen die Kassen- und Rechnungsführung der Verbände und auch die Einziehung der Beiträge übernehmen.

Neben dem Geschäftsführer, Techniker und Kassenverwalter können auch noch andere Angestellte, z. B. Büropersonal, Damm-, Wallmeister, Deichaufseher, Schleusen-, Sielwärter, im Dienste des Verbandes stehen; auf sie bezieht sich § 108 nicht. Sie dürfen nicht solche Amtsbezeichnungen erhalten, die den Anschein erwecken, als ob es sich um Beamte handle (s. Anm. 3 zu § 107).

§ 109. Besoldung.

Die Vergütung des Vorstehers des Wasser- und Bodenverbandes und die Besoldung des Geschäftsführers, des Technikers und des Kassenverwalters (§ 108) bedürfen der Genehmigung der Aufsichtsbehörde [1]. Die Vorschriften des allgemeinen Beamten- und Angestelltenrechtes bleiben unberührt [2].

1. Die Aufsichtsbehörde hat dafür zu sorgen, daß offenbar unzulängliche Vergütungen und Besoldungen angemessen erhöht und daß zu hohe Beträge herabgesetzt werden, auch kann die Genehmigung davon abhängig machen (s. auch § 108 Abs. 3, § 122 Nr. 6, § 127). In der Regel werden die Vorstand- und Ausschußmitglieder ehrenamtlich tätig sein und nur Ersatz ihrer baren Auslagen und der Vorsteher bei größeren Verbänden eine jährliche Entschädigung erhalten (SaMu. § 11 Abs. 2, nähere Darstellung der verschiedenen Arten der Vergütung des Vorstehers im Erlaß vom 16. Juli 1943, DLZ. 1943 S. 108). Vergütungen, die von der Aufsichtsbehörde nicht genehmigt sind, dürfen nicht gezahlt werden, nicht genehmigte Verträge hierüber sind nach § 123 unwirksam.

2. Die Bezüge der Beamten und Angestellten des Verbandes, der Versorgungsberechtigten und der Hinterbliebenen müssen nach diesen Vorschriften den Bezügen der Beamten usw. des Reiches und der Länder mit gleichzubewertender Tätigkeit entsprechen, dürfen also nicht höher liegen (LwRMBl. 1942 S. 235).

§ 110. Beamte.

(1) Der Wasser- und Bodenverband darf mittelbare Reichsbeamte haben, wenn es in der Satzung zugelassen ist [1]. Der allgemeine Rechtstand der Beamten (Beamter auf Lebenszeit, auf Zeit, auf Widerruf, Ehrenbeamter) ist in der Satzung zu bestimmen [2].

(2) Die Aufsichtsbehörde beruft in diesen Fällen den Vorsteher des Verbandes zum Beamten, der Vorsteher der anderen Beamten. Entsprechendes gilt für die Verteidigung [3].

(3) Die Vorschriften des allgemeinen Beamtenrechtes bleiben unberührt [4].

1. Vgl. Vorbemerkung zum IX. Abschnitt. Nach dem RdErl. vom 26. Februar 1940 (LwRMBl. S. 209) bedarf jede Neueinrichtung von Beamtenstellen und — unabhängig davon — jede persönliche Neubesetzung einer vorhandenen Beamtenstelle der Genehmigung der obersten Aufsichtsbehörde. Vor dem 30. Juni 1937 (Inkrafttreten des DBG.) nach bisherigem Recht gültig berufene Beamte behalten ihre Rechtstellung, für spätere Berufungen gilt dagegen das DBG. und § 110 Abs. 1 der WVO. (vgl. Anm. 3). Bei Neueinrichtung und Aufrechterhaltung von Beamtenstellen wird zu prüfen sein, ob die Stelle die Wahrnehmung obrigkeitlicher Aufgaben in sich schließt oder aus Gründen der Sicherheit nicht von Angestellten oder Arbeitern versehen werden darf. Da die Wasser- und Bodenverbände auch in früherer Zeit höchstens nur ihre leitenden und ihre als Aufsichtspersonal tätigen Dienstkräfte als Beamte eingestellt haben, so werden auch die früher eingerichteten Beamtenstellen im allgemeinen diesen Anforderungen entsprechen.

Den großen Verbänden ist die Aufstellung eines Stellen- und Besoldungsplanes aller Dienstkräfte — der Beamten, Angestellten und Arbeiter — aufzugeben.

2. Über die Nebentätigkeit der Beamten der Wasser- und Bodenverbände s. LwRMBl. 1937 S. 862 und Anm. 1 zu § 107.

3. Die Berufung als Verbandbeamter muß nach dem Beamtengesetz in der Form der Aushändigung einer Ernennungsurkunde erfolgen, in der die Worte „unter Berufung in das Beamtenverhältnis auf Lebenszeit, auf Probe oder auf Kündigung", gegebenenfalls mit dem Zusatze als „Ehrenbeamter" enthalten sein müssen. Wer keine solche Urkunde erhalten hat, ist nicht Beamter im Sinne des Beamtengesetzes, sondern Angestellter des Verbandes, mit dem ein Privatdienstvertrag abzuschließen ist. Die Verbandsbeamten haben beim Dienstantritt den Beamteneid zu leisten. Über die Vereidigung der Verbandbeamten ist eine Niederschrift aufzunehmen, die den geleisteten Eid wörtlich enthalten muß. Die nichtbeamteten Gefolgschaftsmitglieder haben durch Handschlag gewissenhafte und uneigennützige Erfüllung ihrer Dienstobliegenheiten zu geloben. Der Handschlag wird mit dem Verbandvorsteher oder seinem Vertreter gewechselt (LwMBl. 1937 S. 5).

Beamte, deren persönliche Interessen durch eine Amtshandlung wesentlich betroffen werden, haben sich der Beteiligung an einer solchen bei Vermeidung der Rechtsunwirksamkeit ihrer Handlungen zu enthalten (PrOVG. **84**, 307, **99**, 194).

X. Abschnitt.

Aufsicht.

Vorbemerkung.

Die Staatsaufsicht als Gegenstück der Selbstverwaltung der Wasser- und Bodenverbände ist im X. Abschnitt nur im allgemeinen geregelt, die Befugnisse der Aufsichtsbehörde im einzelnen finden sich an den einschlägigen Stellen der Verordnung.

Rechtsmittel gegen Anordnungen der Aufsichtsbehörde ist die Beschwerde an die nächsthöhere Aufsichtsbehörde (§ 131).

In den Ländern, in denen alle Verwaltungsakte durch Klage vor den Verwaltungsgerichten angefochten werden können (Generalklausel), kann der Verband auch die Anfechtungsklage gegen die Aufsichtsbehörde erheben, wenn in sein Selbstverwaltungsrecht unzulässiger Weise eingegriffen wird. Die Klage kann aber nur darauf gestützt werden, daß die Anordnungen und Verfügungen der Aufsichtsbehörde den Gesetzen nicht entsprechen oder die Grenzen pflichtmäßigen Ermessens überschreiten (Verordnungsblatt für die britische Zone Nr. 41/48 v. 13. 9. 48 S. 263 § 23, bayer. Ges. Nr. 39 v. 25. 9. 46, Ges. V. Bl. S. 281 § 36, hess. Ges. v. 31. 10. 46, G.V.Bl. § 194, für Baden u. Württemberg-Nord Ges. v. 16. 10. 46, Reg.Bl. S. 221, Verfassung für Rheinland-Pfalz v. 16. 5. 47, V.Bl. Nr. 14 Art. 124).

§ 111. Inhalt der Aufsicht.

(1) Der Staat beaufsichtigt den Wasser- und Bodenverband, um sicherzustellen, daß er im Ein-

klang mit den Gesetzen, der Satzung und den Zielen der Staatsführung verwaltet wird [1].

(2) Die Aufsicht soll so geführt werden, daß der Wille der Verbandverwaltung zum Entschluß und zur Verantwortung gefördert wird [2].

1. § 111 entspricht dem § 106 DGO. und regelt den Inhalt der Staatsaufsicht. Der Aufsichtsbehörde steht hiernach eine überwachende und eine vorbeugende Tätigkeit zu. Die ihr zustehenden Befugnisse sollen, wie nach früherem Rechte, eine Gewähr dafür bieten, daß die Verbandanlagen ordnungsmäßig ausgebaut und unterhalten werden, daß der Verband in Übereinstimmung mit den Gesetzen und der Satzung verwaltet, daß sein Vermögen bestimmungsgemäß verwendet wird und daß die Gläubiger nicht geschädigt werden.

2. Nur innerhalb der durch § 111 gezogenen Grenzen ist die Aufsichtsbehörde zu Eingriffen in die Selbstverwaltung der Verbände befugt. Sie kann Entschließungen und Anordnungen der Verbandorgane, die das Gesetz oder die Satzung verletzen oder den Zielen der Staatsführung zuwiderlaufen, aufheben und die Rücknahme der bereits getroffenen ungesetzlichen Maßnahmen verlangen (§§ 124, 125). Abs. 2 entspricht dem § 106 Satz 2 DGO. und soll zum Ausdruck bringen, daß die Aufsichtsbehörde unnötige Eingriffe in die Selbstverwaltung, ein Hineinregieren in alle Einzelheiten der Verbandverwaltung zu unterlassen hat. (Vgl. hierzu den Erlaß des Niedersächsischen Mnisters für Ernährung, Landw. u. Forsten vom 20. Juni 1947, Vorbemerkung zum Kommentar S. 17ff.).

§ 112. Ordentliche Aufsichtsbehörden.

(1) Oberste Aufsichtsbehörde des Wasser- und Bodenverbandes ist der Reichsminister für Ernährung und Landwirtschaft. Er handelt im Einvernehmen mit den anderen Fachministern (§ 189) [1].

(2) Obere Aufsichtsbehörde ist:

a) in Preußen und Bayern
der Regierungspräsident;

b) in Sachsen
der Kreishauptmann [2];

c) in Hamburg
die Baubehörde;

d) in den anderen Ländern [2] und in Berlin
die oberste Landesbehörde;

(3) Aufsichtsbehörde ist:

a) in Preußen
der Landrat oder der Oberbürgermeister [3];

b) in Berlin
dei Polizeipräsident;

c) in Hamburg und Bremen
der Landherr [4];

d) in den anderen Ländern und im Saarlande
die den preußischen Behörden entsprechenden Stellen.

1. An Stelle des Reichsministers für Ernährung und Landwirtschaft war auf Grund des Erlasses vom 29. Juli 1941 der Generalinspektor für Wasser- und Energie (mit Ausnahme der reinen Bodenverbände) getreten.

Gegenwärtig ist dasjenige Länderministerium zuständig, das in dem betreffenden Lande die Wasserwirtschaft betreut. In den meisten Ländern ist dies das Ministerium für Ernährung, Landwirtschaft und Forsten, in Nordrhein-Westfalen das Wirtschaftsministerium, in Bayern das Innenministerium (Oberste Baubehörde).

Neben diesem können auch andere Minister beteiligt sein z. B. der Minister des Innern für Verbände zur Wasserbeschaffung (§ 2 Nr. 5), zur Reinigung der städtischen Abwässer oder als Kommunalaufsichtsbehörde bei Beteiligung von Gemeinden und Gemeindeverbänden, der Wirtschaftsminister für Verbände zur Herstellung, Betreibung und Unterhaltung von Wasserkraftanlagen und für andere gewerbliche Verbände.

2. Nach der 3. Vdg. über den Neuaufbau des Reichs vom 28. November 1938 (RGBl. I S. 1675) ist auch hier, wie in Preußen, obere Aufsichtsbehörde der Regierungspräsident, Aufsichtsbehörde der Landrat.

3. Die Vertretung des Landrats im früheren Lande Preußen ist durch die Vdg. vom 31. Juli 1944 (GS. S. 51) geregelt. Landrat (Oberkreisdirektor) oder Oberbürgermeister (Oberstadtdirektor) sind zuständig, je nachdem der Verband im Landkreise oder im Stadtkreise seinen Sitz hat (§ 115).

4. Aufsichtsbehörde ist jetzt: a) in Hamburg die Baubehörde, Hauptabteilung Wasserbau; b) in Bremen der Senator für die innere Verwaltung.

§ 113. Unterverbände.

Wenn ein Wasser- und Bodenverband einen anderen Wasser- und Bodenverband zum Mitgliede hat, und wenn mehrere Wasser- und Bodenverbände Aufgaben für dieselben Grundflächen haben, kann die gemeinsame Aufsichts- oder nächsthöhere Aufsichtsbehörde den einen der Verbände zum Oberverbande bestimmen. Die zur Aufsicht, zur oberen und zur obersten Aufsicht über den Oberverband berufenen Behörden führen auch die Aufsicht über den Unterverband [1] [2].

1. Nach dem preußischen Deichrechte konnten mehrere Deichverbände, die ein gemeinschaftliches Interesse an der Anlegung oder Unterhaltung von Deichen, Ent- oder Bewässerungsanlagen haben, zu einem Deichverbande in der Weise vereinigt werden, daß die Einzelverbände als Unterverbände eines Hauptverbandes bestehen blieben. Mitglieder des letzteren waren die Unterdeichverbände als solche (PrWG. § 298). Die 1. WVO. übernimmt diese bewährte Einrichtung für alle Wasser- und Bodenverbände

(s. jedoch Anm. zu § 119). Sie wird, außer für Deichverbände, für große Entwässerungsverbände in Betracht kommen. Die Aufsicht über den Oberverband und die Unterverbände wird nach Satz 2 einheitlich von den für den Oberverband zuständigen Aufsichtsbehörden geführt. Dem Oberverbande werden in der Regel die großen Aufgaben, z. B. der Ausbau oder die Unterhaltung der wichtigeren Gewässer oder Deiche innerhalb des großen gemeinsamen Verbandgebietes, dem Unterverbande die kleineren Aufgaben innerhalb seines Teilgebietes obliegen. Dem Oberverbande kann auch die Überwachung seiner Unterverbände übertragen werden (§ 2 Nr. 11, § 119).

2. Liegen Ober- und Unterverband in einem Landkreise, so führt der Landrat (Oberkreisdirektor), liegen sie in mehreren Kreisen, so führt der Regierungspräsident die Aufsicht über beide Verbände oder er bestimmt einen der Landräte (Oberkreisdirektoren) zur Aufsichtsbehörde. Liegen sie in mehreren Regierungsbezirken, so bestimmt die oberste Aufsichtsbehörde (Anm. 1 zu § 112) die Aufsichtsbehörde. In den Satzungen beider Verbände müssen die dem Oberverbande an den Grundstücken des Unterverbandes zustehenden Befugnisse sowie die vom Oberverbande und die vom Unterverbande auszuführenden Arbeiten genau angegeben werden (Anm. 1 zu § 116, s. auch § 119 Abs. 1).

§ 114. Besondere Aufsichtsbehörden.

(1) Die Fachminister können für einen Wasser- und Bodenverband eine andere Behörde zur Aufsichts-, zur oberen und zur obersten Aufsichtsbehörde bestimmen, als in den §§ 112 und 113 vorgeschrieben ist [1].

(2) Sie können auch bestimmen, daß die oberste Aufsichtsbehörde zugleich die obere Aufsichtsbehörde ist (zweistufige Aufsicht) [2].

1. Z. B. den Regierungspräsident an Stelle des Landrats (Oberkreisdirektor) als Aufsichtsbehörde für größere Verbände oder für solche, die sich über mehrere Kreise erstrecken oder besondere Schwierigkeiten bieten, oder die Umlegungsbehörde (vgl. Anm. 3 zu § 152). Wer Fachminister ist, bestimmt § 189 (s. auch Anm. 1 zu § 112).

2. Bei der zweistufigen Aufsicht des Abs. 2 ist an Verbände gedacht, die nach Bedeutung und Größe einer unteren Verwaltungsbehörde nicht unterstellt werden können, wie z. B. große Deich- oder Abwässerverbände; für sie können die in § 112 Abs. 2 aufgeführten Behörden mit der Übernahme der gesetzlichen Aufgaben der Aufsichtsbehörde betraut werden; die oberste Aufsichtsbehörde (§ 112 Abs. 1) führt dann zugleich die Aufsicht in der mittleren Stufe.

§ 115. Örtliche Zuständigkeit.

(1) Die Behörde, in deren Bezirk der Wasser- und Bodenverband seinen Sitz hat, ist unabhängig von den Landesgrenzen für die Aufsicht zuständig[1].

(2) Die obere und die oberste Aufsichtsbehörde können aus besonderen Gründen eine andere Aufsichtsbehörde bestimmen[2].

1. Vgl. Anm. zu § 6. Die Staatsaufsicht ist von den Landesgrenzen nicht mehr abhängig. Die nach Abs. 1 zuständige Aufsichtsbehörde übt die Aufsicht auch über den Teil des Verbandes aus, der in einem anderen deutschen Lande liegt, ohne daß es einer Vereinbarung zwischen den Ländern bedarf. Dies wird — besonders in den Ländern des vereinigten Wirtschaftsgebietes — auch heute gelten, da Deutschland nach wie vor als eine Einheit anerkannt wird; immerhin ist eine Verständigung zwischen den betreffenden Ländern zweckmäßig.

2. Z. B. einem von mehreren örtlich in Frage kommenden Landräten oder Regierungspräsidenten. Der die Aufsicht über einen Deichverband führende Regierungspräsident ist nicht berechtigt, dem Ortsbaubeamten Befugnisse der Deichaufsicht zu übertragen (PrOVG. in ZAgr. **17,** 11, **25,** 39).

§ 116. Satzung.

Die nach den §§ 113, 114 und 115 getroffenen Bestimmungen sind in die Satzung des Wasser-

und Bodenverbandes aufzunehmen und im Nachrichtenblatte der ordentlichen oberen Aufsichtsbehörde (§ 112) bekanntgeben [1] [2].

1. Die Satzungen des Ober- und des Unterverbandes sind von der Aufsichtsbehörde entsprechend zu ergänzen, so insbesondere § 4 SaMu. hinsichtlich der Aufgabenteilung.

2. Die Bekanntmachung erfolgt im Nachrichtenblatte der nach § 112 Abs. 2 zuständigen oberen Aufsichtsbehörde, in Preußen im Regierungsamtsblatte.

§ 117. Ausschaltung der Aufsichtsbehörde.

Die obere und die oberste Aufsichtsbehörde können an Stelle der Aufsichtsbehörde handeln, wenn damit nicht ein Rechtsmittel wegfällt.

Vgl. Anm. 1 zu § 152.

§ 118. Beratende Stellen.

Die Aufsichtsbehörde wird in technischen Angelegenheiten von der staatlichen Fachbehörde [1a] [1] und in landwirtschaftlichen Angelegenheiten von dem Reichsnährstande [2] beraten. Die oberste Aufsichtsbehörde kann anordnen, daß an die Stelle der staatlichen Fachbehörde oder neben sie ein anderer Berater tritt [3] [4].

1a. An die Stelle des Reichsnährstandes ist die heutige landwirtschaftliche berufsständische Organisation getreten, soweit sie diese Mitwirkung mit Zustimmung der zuständigen obersten Aufsichtsbehörde beansprucht. In diesem Kommentar wird statt von Landbauaußenstelle und von Kreislandwirtschaftsvorsteher (Kreisbauernvorsteher) allgemein von „landwirtschaftlicher Dienststelle" (§ 118) gesprochen.

1. Vgl. 1. A. V. Nr. 85. Als staatliche Beratungsstellen in technischen Angelegenheiten kommen z. B. das Wasserwirtschaftsamt oder eine andere kulturbautechnische Staatsbehörde (Wasserbauamt), die Wasserstraßenämter, die Gewerbeaufsichtsämter in Betracht. In allen Fragen des Gesundheitswesens, z. B. in Trink- und Abwasserfragen, ist die Gesundheitsverwaltung zu beteiligen (LwRMBl. 1938 S. 1242). Daneben können als beratende Stellen auch andere, z. B. kommunale Stellen (Kreisbauämter, Tiefbauämter) und Flußwasseruntersuchungsämter mitwirken, wenn die oberste Aufsichtsbehörde es gemäß Satz 2 anordnet.

Die Verträge über die Vergebung der Arbeiten sind dem Wasserwirtschaftsamte zur Stellungnahme zuzuleiten, dem auch der Beginn der Ausführungsarbeiten rechtzeitig anzuzeigen ist. Während der Bauausführung hat der Vorsteher den Rat des Wasserwirtschaftsamtes einzuholen und zu berücksichtigen; auch die Beendigung der Arbeiten ist ihm anzuzeigen. Das Wasserwirtschaftsamt hat die Anlagen abzunehmen, es ist allein zur technischen Abschlußprüfung befugt (s. auch 1. AV. Nr. 21).

2. Insbesondere hat die landwirtschaftliche Dienststelle in allen landwirtschaftlichen Fragen (SaMu. § 48 Abs. 3) ebenso wie bei der Gründung von Bodenverbänden die Aufsichtsbehörde zu beraten (vgl. Anm. 3 zu § 157 Abs. 2).

3. Z. B. der Kreisbaumeister (s. Anm. 1 zu § 108) und, bei Bodenverbänden die landwirtschaftliche Dienststelle.

4. Die technischen Behörden und landwirtschaftlichen Beratungsstellen sind befugt, mit dem Verbandvorsteher von Aufsicht wegen unmittelbar Verbindung zu halten, die technischen bzw. landwirtschaftlichen Angelegenheiten des Verbandes zu prüfen und den Vorsteher zu beraten. Sie können, wenn Eile geboten ist, insbesondere bei der ersten Ausführung des Unternehmens, einstweilige Anordnungen geben (SaMu. § 48 Abs. 3). Die wichtigsten technischen Aufsichtsgeschäfte, nämlich Beanstandung der Verdingung der Arbeiten an einen Unternehmer und die technische Abschlußprüfung nach Beendigung der Arbeiten, sind der staatlichen Fachbehörde als Berater in der Aufsichtsbehörde allein vorbehalten; der Kreisbaumeister hat ihr die Verdingung und die Beendigung der Arbeiten rechtzeitig mitzuteilen (1. AV. Nr. 21, SaMu. § 5).

Hierdurch ist die unmittelbare Verbindung der die

Verbände beratenden technischen und landwirtschaftlichen Stellen mit den Organen und den Dienstkräften (Technikern) der Verbände sichergestellt. Die Erklärungen der beratenden Stellen müssen, falls die Satzung ihnen die Befugnis zu einstweiligen Anordnungen gibt, vorläufig als Anordnungen der Aufsichtsbehörde angesehen und befolgt werden. Diese bleibt aber frei in ihren Entschließungen. Wegen der Beratung bei der Durchführung der landwirtschaftlichen Folgeeinrichtungen vgl. Rd.-Erl. vom 10. August 1937 (LwRMBl. S. 671).

§ 119. Überwachung der Unterverbände.

(1) Wenn ein Oberverband (§ 113) seinen Unterverband zu überwachen hat (§ 2 Nr. 11), kann durch die Satzung des Unterverbandes vorgeschrieben werden, daß der Vorsteher des Oberverbandes neben der Aufsichtsbehörde die Befugnisse der §§ 111, 120, § 121 Abs. 1 und 2 Satz 1, §§ 125 und 126 hat.

(2) Der Unterverband kann gegen die von Aufsicht wegen getroffenen Maßnahmen und Anordnungen des Vorstehers des Oberverbandes die Aufsichtsbehörde des Unterverbandes anrufen. Die Anrufung hat aufschiebende Wirkung, soweit nicht der Vorsteher des Oberverbandes die sofortige Ausführung für das öffentliche Wohl oder die gemeinwirtschaftliche Ordnung verlangt. Der Vorsteher des Oberverbandes hat die Anordnungen der Aufsichtsbehörde zu befolgen.

S. Anm. 1 zu § 113 und Anm. 2 zu § 114. Dem Vorsteher des Oberverbandes kann nur die Wahrnehmung der Aufsicht mit den Befugnissen, die sich aus den in Abs. 1 aufgeführten Vorschriften ergeben, durch die Satzung übertragen werden, aber nur, wenn der Oberverband nach der Satzung die Aufgabe hat, den Unterverband zu überwachen. Die Aufsichtsbehörde wird hierdurch nur entlastet, kann aber jederzeit von Aufsichts wegen eingreifen. Die sich aus §§ 48, 96, 97, 121 Abs. 2 Satz 2, §§ 122, 124, 127 —129 ergebenden Befugnisse der Aufsichtsbehörde können dem Vorsteher des Oberverbandes nicht übertragen werden. Zwangsmittel stehen ihm nur im Rahmen des § 126 zu. Die Satzung beider Verbände ist im Falle des § 119 entsprechend zu ergänzen, auch durch Aufnahme einer Bestimmung, daß der Vorsteher des Oberverbandes zu den Sitzungen des Unterverbandes einzuladen ist.

An Stelle der recht komplizierten Bestimmung des § 119 empfiehlt es sich bei einer Neuregelung die volle Aufsicht wieder — wie in § 302 Abs. 4 pr. W. G. — dem Oberverbande zu übertragen.

§ 120. Teilnahme an Sitzungen.

Die Aufsichtsbehörde und die sie beratenden technischen Stellen (§ 118) können an den Sitzungen der Organe des Wasser- und Bodenverbandes teilnehmen oder Beauftragte teilnehmen lassen. Sie können jederzeit das Wort ergreifen.

Die Behörden sind zu den Sitzungen einzuladen; sie sind auch befugt, die Anberaumung einer Sitzung zu verlangen (§§ 51, 59); die Aufsichtsbehörde kann einen Beauftragten entsenden und auch die Leitung der Sitzung übernehmen (§ 60 Abs. 1). Zu wichtigen Vorstandssitzungen und zu den Ausschußsitzungen sind außer der Aufsichtsbehörde das Wasserwirtschaftsamt und die landwirtschaftliche Dienststelle einzuladen (SaMu. §§ 16, 22).

§ 121. Unterrichtung der Behörde. Aufsichtschau.

(1) Die Aufsichtsbehörde kann sich jederzeit, auch durch Beauftragte, über alle Angelegenheiten des Wasser- und Bodenverbandes unterrichten, sie kann mündliche und schriftliche Berichte fordern,

Akten und andere Unterlagen einfordern, an Ort und Stelle prüfen und besichtigen [1].

(2) Sie kann die Anlagen, Gewässer und Grundstücke des Verbandes (§ 42) selbst prüfen und eine Verbandschau anordnen. Sie kann durch Polizeiverordnung eine Schauordnung für ein vom Verbande unabhängiges Schauen erlassen (Aufsichtschau) [2].

(3) Die die Aufsichtsbehörde beratenden technischen Stellen (§ 118) können jederzeit die Anlagen, Gewässer und Grundstücke prüfen.

1. Nach Abs. 1 kann die Aufsichtsbehörde durch ihre eigenen oder durch andere Dienststellen, z. B. des Reichsnährstandes, des Wasserwirtschaftsamtes, auch jederzeit Kassenprüfungen vornehmen lassen.

2. Wenn die Aufsichtsbehörde glaubt, daß die Vorschriften über die Verbandschau (§ 42) für den Verband nicht zweckmäßig sind, kann sie mit Zustimmung der oberen Aufsichtsbehörde in der Satzung bestimmen, daß die Verbandschau ganz oder zum Teil unterbleibt, und gemäß Abs. 2 eine Schauordnung erlassen. Die staatliche Aufsichtschau tritt dann an die Stelle der Verbandschau. Bei dieser Schau hat die Aufsichtsbehörde oder die sie beratende Stelle (§ 118) die Schau zu führen (s. 1. AV. Nr. 31). An den regelmäßigen Schauen der Meliorationsanlagen hat außer dem Wasserwirtschaftsamte auch ein Vertreter der landwirtschaftlichen Dienststelle (§ 118) teilzunehmen (LwRMBl. 1940 S. 353, 1941 S. 925).

3. Anm. 1 zu § 118.

§ 122. Genehmigung von Geschäften.

(1) Der Wasser- und Bodenverband bedarf der Genehmigung der Aufsichtsbehörde [1]

1. zur unentgeltlichen Veräußerung von Vermögengegenständen;

2. zur Veräußerung von Grundstücken und grundstückgleichen Rechten [2];
3. zur Veräußerung und zur wesentlichen Änderung von Sachen, die einen besonderen wissenschaftlichen, geschichtlichen oder Kunstwert haben;
4. zur Aufnahme von Darlehen (Anleihen, Schuldscheindarlehen, anderem Kredit) [3];
5. zum Eintreten in Gesellschaften und andere Vereinigungen bürgerlichen Rechtes;
6. zu Verträgen mit einem Mitgliede des Vorstandes [4];
7. zur Gewährung von Darlehen und anderem Kredit an Mitglieder des Vorstandes und des Ausschusses und an Dienstkräfte des Verbandes;
8. zur Bestellung von Sicherheiten;
9. zur Übernahme von Bürgschaften und Verpflichtungen aus Gewährverträgen.

(2) Die Genehmigung ist auch zu Rechtsgeschäften erforderlich, die einem der im Abs. 1 angegebenen Geschäfte wirtschaftlich gleichkommen.

(3) Zur Aufnahme von Kassenkredit (§ 68) genügt eine mit einem Höchstbetrage zu gebende Ermächtigung der Aufsichtsbehörde. Die Ermächtigung erlischt mit dem Ablaufe des Rechnungsjahres (§ 65) [5].

(4) Die oberste Aufsichtsbehörde kann für bestimmte Geschäfte Ausnahmen von den Vorschriften des Absatzes 1 zulassen. Diese sind in der Satzung anzugeben [6].

1. Die Genehmigungsvorschriften, die sich nach früherem Rechte auf die Veräußerung von Grundstücken und die Aufnahme von Anleihen beschränkten, sind entsprechend den Bestimmungen der DGO. erheblich erweitert worden, um das Verbandvermögen im Interesse der Verbandgläubiger sicherzustellen. Werden Geschäfte des bürgerlichen Rechtsverkehrs ohne diese Genehmigung abgeschlossen, so sind sie nach § 123 rechtsunwirksam, es sei denn, daß nach § 122 Abs. 4 eine Ausnahme von der obersten Aufsichtsbehörde zugelassen ist. Geschäfte, die vor der Entscheidung der Aufsichtsbehörde abgeschlossen werden, sind schwebend unwirksam, d. h. sie werden durch eine nachträgliche Genehmigung wirksam und durch die Versagung der Genehmigung nichtig. Der Vorsteher, der ein Rechtsgeschäft abgeschlossen hat, das der Genehmigung bedarf, hat dem Vertraggegner von der Entscheidung der Aufsichtsbehörde Mitteilung zu machen (RdErl. vom 12. Januar 1939, LwRMBl. S. 142). In dem RdErl. vom 21. März 1938 (LwRMBl. S. 249) sind Grundsätze aufgestellt, die die Aufsichtsbehörden bei der Genehmigung von Geschäften der in § 13 des Gemeindeumschuldungsgesetzes genannten Art, die von den zweckverbandähnlich gestalteten Wasserverbänden, insbesondere von den in § 191 Abs. 2 aufgeführten Verbänden, abgeschlossen werden, zu beachten haben.

Bei einer Änderung der Wasserverbandverordnung sollte man zu der einfacheren früheren Regelung zurückkehren, die sich als völlig ausreichend erwiesen hat.

2. Der Genehmigung bedarf nicht nur die Auflassung, sondern auch der Kaufvertrag. Grundstücksgleiche Rechte sind z. B. Erbbaurecht (§ 184), Bergwerkseigentum.

3. Als Darlehen im Sinne von Nr. 4 ist die Aufnahme jeder Art von Kredit zu verstehen, einerlei, ob es sich um langfristige oder um kurzfristige Kredite handelt, ob durch die Anleihen der Schuldenbestand vermehrt wird oder nicht, oder ob nur eine Kreditumwandlung (Konversion) vorliegt. Genehmigungspflichtig ist jede Änderung der Darlehensbedingungen, insbesondere auch die Erhöhung der Zins- oder der Tilgungsbeträge aufgenommener Darlehen. Zur Deckung solcher Beträge darf das Darlehen nicht verwendet werden. Die Genehmigungsbehörde hat sowohl die planmäßige Verwendung der früher aufgenommenen Darlehen, als auch die beabsichtigte Verwendung der neuen Anleihe zu prüfen und dabei das Interesse des Verbandes und seiner Gläubiger zu berücksichtigen. Um die bestimmungsmäßige Verwendung des Darlehens sicherzustellen, kann die Aufsichtsbehörde eine Prüfung der wirtschaftlichen Lage des Verbandes und des Bedürfnisses nach einer weiteren Vermehrung der Schuldenlast veranlassen oder die Darlehensaufnahme nur ratenweise, dem nachgewiesenen Fortschritte der Arbeiten entsprechend, genehmigen, oder die Genehmigung unter dem Vorbehalte des späteren Nachweises der bestimmungsmäßigen Verwendung zu erteilen.

4. Z. B. über Entschädigungen für seine Mühewaltung (s. § 109, SaMu. § 11 Abs. 2).

5. Vgl. Anm. zu § 68.

6. Abs. 4 soll den Bedürfnissen der großen Verbände Rechnung tragen und die Möglichkeit geben, unbedeutendere Geschäfte, wie z. B. die Veräußerung von kleineren Grundstückteilen, von der Genehmigungspflicht zu befreien. Eine Ausnahme kann auch zugelassen werden, wenn es sich um die Aufnahme eines kurzfristigen Zwischenkredits handelt, durch den eine bereits ordnungsmäßig genehmigte Anleihe gedeckt ist oder der allein der Erhaltung der Liquidation der laufenden Verwaltung dient. Ist eine solche Ausnahme nicht gemacht, so sind auch Zwischenkredite genehmigungspflichtig (Barocka in ZAgr. **8**, 1 ff., **9**, 111 ff.).

§ 123. Unwirksamkeit nicht genehmigter Geschäfte.

Geschäfte des bürgerlichen Rechtsverkehres, die der Wasser- und Bodenverband ohne die nach diesem Gesetze [1] erforderliche Genehmigung der Aufsichtsbehörde abgeschlossen hat, sind unwirksam [2].

1. D. h. nach der WVO. § 123 entspricht dem § 104 DGO.

2. Vgl. Anm. 1 zu § 122.

§ 124. Aufhebung von Maßnahmen.

Die Aufsichtsbehörde kann Entschließungen und Anordnungen der Organe des Wasser- und Bodenverbandes, die das Gesetz [1] oder die Satzung verletzen oder den Zielen der Staatsführung zuwiderlaufen, aufheben und verlangen, daß Maßnahmen, die auf Grund solcher Entschließungen oder Anordnungen getroffen sind, rückgängig gemacht werden [2].

1. Die 1. WVO. § 124 entspricht dem § 109 DGO.

2. Vgl. Anm. 1 u. 2 zu § 111. In der Verfügung der Aufsichtsbehörde ist die Entschließung oder Anordnung genau zu bezeichnen und die Aufhebung zu begründen. Die Rechtswirkungen der bereits getroffenen Maßnahmen richten sich nach den Vorschriften des bürgerlichen Rechts. Die Aufsichtsbehörde kann die Rückgängigmachung binnen einer von ihr zu bestimmenden Frist nach § 125 anordnen. Rechtsmittel: §§ 131, 187.

§ 125. Anordnung von Maßnahmen.

Wenn die Organe des Wasser- und Bodenverbandes Entschließungen, Erklärungen, Anordnungen, Verfügungen unterlassen, die zur Erfüllung der Verbandaufgaben erforderlich sind, kann die Aufsichtsbehörde anordnen, daß sie in einer bestimmten Frist das Erforderliche tun. Die Behörde hat die geforderte Handlung im einzelnen zu bezeichnen.

§ 125 geht weiter als die entsprechende Bestimmung des § 110 DGO. und kann auch zur Erzwingung von Verpflichtungen Anwendung finden, die dem Verbande nach der Satzung obliegen, wenn die Verbandorgane versagen (vgl. auch § 25 u. ZAgr. **26**, 366). Rechtsmittel: §§ 131, 187.

§ 126. Durchführung der Aufsicht.

Die Aufsichtsbehörde kann ihre Anordnungen an Stelle und auf Kosten des Wasser- und Bodenverbandes selbst durchführen oder von einem anderen durchführen lassen.

Von der ihr nach § 126 zustehenden Befugnis zur Ersatzvornahme, z. B. zur Änderung von Verbandanlagen, wird die Aufsichtsbehörde (nach vorheriger Androhung unter Fristsetzung) nur selten Gebrauch machen, weil deren Anwendung zu einer Haftung des Staates führen kann; sie wird gegen widerstrebende Organe in der Regel von den ihr nach §§ 128, 130 zustehenden Befugnissen Gebrauch machen. Rechtsmittel: §§ 131, 187.

§ 127. Besetzung offener Stellen.

Wenn offene Stellen im Vorstande oder im Ausschusse zur Verhütung von Nachteilen sofort besetzt werden müssen, kann die Aufsichtsbehörde es für die Zeit bis zur ordentlichen Besetzung [1] tun und eine angemessene Entschädigung für die berufenen Personen festsetzen. Sie kann diese abrufen [2].

1. Nur bis zu diesem Zeitpunkte; die satzungsmäßige Amtszeit gilt für die nach § 127 berufenen Personen nicht.

2. Vgl. § 48 Abs. 3; Rechtsmittel: §§ 131, 187.

§ 128. Amtsenthebung.

(1) Die Aufsichtsbehörde kann Mitglieder des Vorstandes und des Ausschusses, die ihre Pflicht verletzen oder für ihre Stellung ungeeignet sind, ihres Amtes entheben [1] [2].

(2) Für Beamte auf Lebenszeit, auf Zeit und auf Widerruf gelten die beamtenrechtlichen Vorschriften [3].

1. Die Amtsenthebung bedeutet für den von ihr Betroffenen einen so starken Eingriff in seine Ehre und Stellung, daß sie ohne seine vorherige Anhörung nicht verfügt werden darf (PrOVG. **101**, 258). Die Verfügung über die Amtsenthebung ist mit Gründen zu versehen; fehlt die Begründung, so wird die Rechtsmittelfrist nicht in Lauf gesetzt (PrOVG. im RVBl. **60**, 256, in ZAgr. **25**, 183).

2. Die früher nur bei grober Pflichtverletzung zulässige Amtsenthebung kann künftig auch bei Unfähigkeit von Verbandorganen ausgesprochen werden (s. aber Anm. 2 zu § 111). An Stelle des seines Amtes enthobenen Vorstand- oder Ausschußmitgliedes kann die Aufsichtsbehörde bis zur ordentlichen Besetzung eine andere Person berufen, wenn der Fall des § 127 vorliegt, z. B. an Stelle des Verbandvorstehers den Bürgermeister einer Gemeinde, deren Gemarkung ganz oder zum Teil zum Verbandgebiete gehört.

3. Vgl. § 110; Abs. 2 gilt nicht für Ehrenbeamte, sie können nach Abs. 1 ihres Amtes enthoben werden. Rechtsmittel: §§ 131, 187.

§ 129. Untersagung der Geschäfte.

Die Aufsichtsbehörde kann Mitgliedern des Vorstandes, die mit der Leistung eines Beitrages im Rückstande sind und eine Erinnerung der Aufsichtsbehörde nicht befolgen, die Vorstandgeschäfte für die Zeit bis zur Leistung untersagen.

Wegen des Begriffs der rückständigen Beiträge vgl. Anm. zu § 92. Diese Vorstandmitglieder können die säumigen Verbandmitglieder nicht mit dem nötigen Nachdruck zur Erfüllung ihrer Pflicht anhalten. Daher müssen die Aufsichtsbehörden alle Fälle, in denen Vorstandmitglieder ihren Beitragpflichten gegenüber dem Verbande in unzureichendem Maße nachgekommen sind, prüfen und, wenn ein Rat an die säumigen Vorstandmitglieder, sich freiwillig von den Geschäften zurückzuhalten, nicht genügt, ihnen die Vorstandgeschäfte gemäß § 129 für die Zeit bis zur Leistung des Beitrags — diesen Zeitpunkt wird die Aufsichtsbehörde durch Verfügung genau festsetzen müssen — untersagen (LwMBl. 1936 S. 125). In diesem Falle bleibt das Vorstandmitglied im Amte, kann es aber nicht ausüben, der Stellvertreter tritt für ihn ein. Rechtsmittel: §§ 131, 187.

§ 130. Staatsbeauftragter.

(1) Wenn die Befugnisse der Aufsichtsbehörde nach den §§ 124 bis 128 nicht ausreichen, um einen geordneten Gang der Verwaltung des Wasser- und Bodenverbandes zu sichern, kann die obere Aufsichtsbehörde einen Beauftragten bestellen, der an Stelle aller oder einzelner Verbandorgane alle oder einzelne Geschäfte des Verbandes auf dessen Kosten führt [1]. In solchem Falle kann die obere Aufsichtsbehörde die Aufsicht abweichend vom Gesetze regeln.

(2) Die Aufsichtsbehörde kann bestimmen, welche Entschädigung der Wasser- und Bodenverband dem Beauftragten zu leisten hat [2].

(3) Die obere Aufsichtsbehörde hat die ordentliche Verwaltung möglichst bald wieder herzustellen. Die Aufsichtsbehörde kann die Bestellung neuer Organe betreiben.

1. § 130 entspricht dem § 112 DGO. In der Begründung hierzu wird die Bestellung eines Staatsbeauftragten als das schärfste Mittel der Staatsaufsicht und als der schwerste Eingriff in die Selbstverwaltung bezeichnet und die Anwendung dieses Mittels nur als gerechtfertigt bezeichnet, wenn schwere Erschütterungen des Gemeindelebens zu befürchten seien. Sinngemäß wird dies auch für die Beurteilung der Frage gelten müssen, ob das

Selbstbestimmungsrecht eines Wasser- und Bodenverbandes durch Einsetzung eines Staatskommissars zum Teil oder ganz aufzuheben ist. Es wird daher stets besonders sorgfältig zu prüfen sein, ob die Sicherung des geordneten Ganges der Verwaltung die Anwendung des § 130 rechtfertigt und ob nicht die in §§ 124 bis 128 bezeichneten Mittel der Staatsaufsicht ausreichen.

In der Regel wird die Ersetzung des Vorstehers durch den Staatsbeauftragten genügen (vgl. auch Anm. 3 zu § 48).

Die Aufsichtsbehörde hat die Aufgaben des Beauftragten genau zu bezeichnen, den Zeitraum der Beauftragung soweit möglich festzustellen, die Verfügung mit Gründen zu versehen und dem Verbande zuzustellen, dem dagegen die Rechtsmittel nach §§ 131, 187 zustehen. Der Beauftragte ist an die WVO. und an die Satzung gebunden.

2. Die Entschädigung kann nach § 126 erzwungen werden.

3. Die Bestellung eines Beauftragten ist nur eine vorübergehende Maßnahme, der Beauftragte ist abzuberufen, sobald der Grund der Bestellung fortfällt.

§ 131. Beschwerde gegen Aufsichtsanordnungen.

(1) Der Wasser- und Bodenverband kann sich gegen die Anordnungen der Behörde nach den §§ 124 bis 130 in zwei Wochen nach der Mitteilung beschweren [1]. Die Beschwerde über die Amtsenthebung und die Untersagung der Geschäfte steht auch der betroffenen Person zu. Über die Beschwerde entscheidet die nächsthöhere Aufsichtsbehörde [2].

(2) Einer Anordnung nach Abs. 1 steht eine Entscheidung der Aufsichtsbehörde des Unterverbandes nach § 119 Abs. 2 über Maßnahmen und Anordnungen des Vorstehers des Oberverbandes gleich [3].

(3) Die Beschwerde hat aufschiebende Wirkung. Die Behörde kann aber die sofortige Ausführung verlangen, wenn sie dies für das öffentliche Wohl [4] oder die gemeinwirtschaftliche Ordnung für erforderlich hält [5].

1. Beschwerdeberechtigt ist der Vorsteher (§ 49 Abs. 1) Die Frist wird nicht in Lauf gesetzt, wenn die Anordnung nach § 128 nicht mit Gründen versehen ist (Anm. 1 zu § 128); die Frist ist eine Ausschlußfrist.

Wegen des Verwaltungsrechtsweges s. Vorbemerkung zu diesem Abschnitt (S. 189). Es wird sich in der Regel um eine reine Ermessensentscheidung der Aufsichtsbehörde handeln, die nur bei Überschreitung der Grenzen oder Mißbrauch des Ermessens anfechtbar ist.

2. In der Mitteilung der Anordnung, die in den Fällen der §§ 128, 129 sowohl an den Verband, als auch an die Betroffenen ergehen muß, sind die Beschwerdefrist und die Beschwerdestelle anzugeben (§ 187).

3. S. Anm. zu § 119.

4. Vgl. Anm. 1 zu § 4.

5. Gemäß Abs. 3 werden in der Anordnung die Gründe anzugeben sein, aus denen die sofortige Ausführung geboten erscheint, wenn die Einlegung der Beschwerde ausnahmsweise keine aufschiebende Wirkung haben soll.

§ 132. Ansprüche gegen die Mitglieder des Vorstandes. Verträge[1].

Die Aufsichtsbehörde kann an Stelle des Wasser- und Bodenverbandes dessen Ansprüche gegen Mitglieder des Vorstandes geltend machen. Der Verband trägt die Kosten der Rechtsverfolgung[2].

1. Das Wort „Verträge" ist überflüssig, da § 132 nicht von Verträgen handelt.

2. Durch § 132 soll verhütet werden, daß in Rechtsstreitigkeiten des Verbandes mit Vorstandmitgliedern ein Teil des Vorstandes gegen den anderen auftritt (vgl. DGO. § 115 Abs. 1).

XI. Abschnitt.

Spruchbehörden.

Vorbemerkung.

Streitigkeiten, welche die inneren Vorgänge im Verbande betreffen, und zwar Beschwerden über Beitrag- und Entschädigungsfragen (§ 27, § 87 Abs. 4, § 88 Abs. 3, § 89 Abs. 2, §§ 90, 91, 94, 95) sowie wegen der Mitgliedschaft (§ 12) sind den ordentlichen und den Verwaltungsgerichten entzogen und den bei den oberen Umlegungsbehörden eingerichteten Spruchstellen für Wasser- und Bodenverbände zur Entscheidung übertragen worden (§ 133). Obere Umlegungsbehörden sind die Landeskulturämter, in den Ländern, Bayern, Baden, Württemberg, Sachsen, Mecklenburg, Oldenburg die zuständigen Ministerien. Die oberen Umlegungsbehörden unterstehen dem Minister für Ernährung und Landwirtschaft.

Als Rechtsmittel gegen die Entscheidungen der Spruchstelle für Wasser- und Bodenverbände ist die in zwei Wochen zu erhebende weitere Beschwerde gegeben, aber nur, wenn die Spruchstelle sie wegen grundsätzlicher Bedeutung der Angelegenheit zuläßt oder wenn der Streitgegenstand mehr als fünfhundert D-Mark wert ist (§ 137). Über die weitere Beschwerde entscheidet die oberste Spruchstelle für Wasser- und Bodenverbände. Vgl. jedoch zu § 138.

Für große Verbände, insbesondere solche, deren Aufgaben nicht überwiegend landwirtschaftlich sind, ist die Einsetzung besonderer Spruchstellen (§ 142) ermöglicht, bei denen außer Berufsmitgliedern Laienrichter und Kommunalvertreter mitwirken können.

Die Schiedsgerichte, die nach den Landesgesetzen mit beschränkter Zuständigkeit zur Entscheidung über genossenschaftliche Angelegenheiten, hauptsächlich über Beitragstreitigkeiten zwischen Verbandvorstand und Verbandmitgliedern, auf Anrufen beider Parteien zugelassen waren, sind beseitigt. Mangels einer dem § 215 PrWG. entsprechenden Bestimmung können durch die Satzung Vorschriften über die Bildung eines Schiedsgerichts nicht mehr getroffen werden. Über Streitigkeiten zwischen dem Verbande und dritten Personen kann aber, wie bisher, in einem schiedsrichterlichen Verfahren nach ZPO. §§ 1025ff. in der Fassung des Gesetzes vom 27. Oktober 1933 (RGBl. I S. 780) Art. IX entschieden werden, wenn die Parteien einen Schiedsvertrag miteinander abgeschlossen und sich darin der Entscheidung eines Schiedsgerichts an Stelle der ordentlichen Gerichte unterworfen haben.

§ 133. Spruchstelle.

(1) Über die in den §§ 12, 27, § 87 Abs. 4, § 88 Abs. 3, § 89 Abs. 2, §§ 90, 91, 94 und 95 angegebenen Beschwerden [1] entscheiden als „Spruchstellen für Wasser- und Bodenverbände" die bei den oberen Umlegungsbehörden eingerichteten Spruchstellen (§§ 94, 95 der Reichsumlegungsordnung vom 16. Juni 1937 — Reichsgesetzbl. I S. 641) [2].

(2) Die ordentlichen Gerichte und Verwaltungsgerichte können nicht angerufen werden[3].

1. Der Zuständigkeit der Spruchstelle unterliegen nicht sämtliche Rechtsverhältnisse zwischen dem Verbande und seinen Mitgliedern, sondern nur die in der WVO. genau umschriebenen Beschwerdefälle (Hintze in ZAgr. **26**, 196), die sich auf die Mitgliedschaft, die Benutzungsentschädigung und die Beiträge beziehen. Aus dieser Aufzählung ist jedoch als Wille und Inhalt des Gesetzes zu entnehmen, daß die Lösung von Streitigkeiten im Verhältnis zwischen Verband und Verbandmitgliedern wegen der Einwirkungen aus dem Unternehmen lediglich dem Spruchstellen-Beschwerdeverfahren, nicht etwa dem ordentlichen Rechtswege überlassen sein soll, soweit das Gesetz nicht eine bestimmte Ausnahme macht, wie das für den Fall der Enteignung in § 33 geschehen ist. Die Spruchstellen, nicht die ordentlichen Gerichte haben darüber zu entscheiden, ob eine Einwirkung des Verbandunternehmens auf ein Verbandgrundstück als Benutzung im Sinne des § 22 anzusehen ist und ob für eine solche Einwirkung aus allgemeinen Rechtsgründen eine Entschädigung verlangt werden kann (s. aber Anm. 1 zu § 26). Durch §§ 133, 137 ist nur die Regelung der Rechtsbeziehungen von Verbandsmitgliedern — als solchen und mit ihren dem Verbande angehörigen Grundstücken — zum Verbande dem Beschwerdeverfahren vor den Spruchstellen zugewiesen worden (RGZ. **167**, 312, in ZAgr. **27**, 183).

Über die Fälle des § 133 Abs. 1 hinaus steht den Spruchstellen eine Entscheidungsbefugnis nicht zu. Insbesondere können sie in die äußeren Rechtsverhältnisse, also in die rechtlichen Beziehungen des Verbandes zu Dritten, nicht regelnd eingreifen und auch nicht eine Schadenersatzforderung eines Verbandmitgliedes gegen den Verband wegen fehlerhafter Durchführung des Verbandunternehmens regeln (ZAgr. **26**, 27; s. auch ZAgr. **27**, 20, RGZ. **97**, 115 und Anm. 2 zu § 8), auch keine Satzungsänderungen vornehmen.

2. Für die Beurteilung der Zulässigkeit des Rechtsweges ist grundsätzlich das tatsächliche Vorbringen des Klägers maßgebend (TGZ. **146**, 244, **153**, 1, **154**, 144; ZAgr. **27**, 183). Einwendungen gegen die auf Grund des

§ 22 vorgenommene verbandrechtliche Benutzung ihrer Grundstücke durch den Verband, auch Beseitigungsansprüche, können die Verbandmitglieder nicht vor den ordentlichen Gerichten, sondern nur vor der Aufsichtsbehörde (§§ 25, 125) geltend machen (ZAgr. **26**, 366). Im Rahmen eines schwebenden Spruchverfahrens ist für eine selbständige Tätigkeit der Aufsichtsbehörde kein Raum (RVG. **2**, 268, ZAgr. **27**, 317). Über die Festsetzung des Beitragverhältnisses durch die Spruchstelle s. Anm. 6 zu § 88. Ein Mitglied, dessen Beitragleistung von der Spruchstelle für unbegründet erklärt ist, kann nicht die Rückzahlung des Beitrages durch Anrufung der Spruchstelle erzwingen. Die Aufsichtsbehörde hat aber die rechtskräftig festgestellte Rückzahlungspflicht nötigenfalls durchzusetzen (ZAgr. **27**, 20).

3. Die Vorschriften der §§ 133 ff. werden von dem Erlaß über die Vereinfachung der Verwaltung vom 28. August 1939 (RGBl. I S. 1535) nicht berührt (Vdg. vom 23. Februar 1940, RGBl. I S. 413 Art. I § 1).

§ 134. Örtliche Zuständigkeit.

Die Spruchstelle ist örtlich zuständig für die Angelegenheiten der Wasser- und Bodenverbände, die ihren Sitz im Bezirke der Spruchstelle haben.

Wegen des Sitzes des Verbandes s. § 6.

§ 135. Mitglieder.

(1) Die obere Umlegungsbehörde hat als Spruchstelle für Wasser- und Bodenverbände außer den im § 95 der Reichsumlegungsordnung angegebenen Mitgliedern einen höheren unmittelbaren technischen Staatsbeamten und seine Stellvertreter als beamtete Mitglieder [1].

(2) In Sachen eines Verbandes, an dem ein Bergwerk erheblich beteiligt ist, tritt außerdem ein höherer unmittelbarer staatlicher Bergbeamter als beamtetes Mitglied hinzu. Dies Mitglied und

seine Stellvertreter werden auf Vorschlag des Reichswirtschaftsministers bestellt.

1. Die wassertechnischen Mitglieder der Spruchbehörden werden durch den Minister für Ernährung und Landwirtschaft bestellt (LwRMBl. 1942 S. 757 oben).

§ 95 RUO. ist durch die Vdg. vom 23. Februar 1940 (RGBl. I S. 413) über die Vereinfachung des Spruchverfahrens (§ 4) in der Auslegung des RM.f.E.u.L. vom 27. März 1940 (LwMBl. S. 332) dahin abgeändert worden, daß die Spruchstelle nur noch aus vier Mitgliedern besteht, je einem höheren Umlegungsbeamten als Vorsitzer und beamteten Mitglied, einem höheren technischen Staatsbeamten als beamteten Mitglied und einem Bauern als Zeitmitglied, den der Landesbauernschaftsvorsteher vorschlägt. Dazu tritt bei erheblicher Beteiligung eines Bergwerks am Streite der in § 135 Abs. 2 bezeichnete Bergbeamte.

Als technisches Mitglied der Spruchstelle wird je nach Lage des Falles der Vorsteher des Wasserwirtschaftsamtes, des Wasserstraßenamtes, ein Abwasserchemiker (bei Beschwerden in Abwasserverbänden) usw. in Betracht kommen.

§ 136. Zusammensetzung zur Sache.

(1) Der Vorsitzende der Spruchstelle bestimmt die Beschwerdefälle, an denen ein Bergwerk nach § 135 beteiligt ist. Die Spruchstelle kann eine andere Bestimmung treffen.

(2) Die Bestimmung ist unanfechtbar. Aus einer Verletzung der Vorschriften können Rechte nicht hergeleitet werden.

(3) Die Spruchstelle ist beschlußfähig, wenn außer den im § 99 Abs. 3 der Reichsumlegungsordnung angegebenen Mitgliedern der technische Beamte und in den Fällen des vorstehenden Absatzes 1 außerdem der Bergbeamte mitwirkt [1] [2].

1. Vgl. Anm. 3 zu § 133. An die Stelle des § 99 Abs. 3 RUO. ist die Vereinfachungsverordnung getreten. Die in Anm. 1 zu § 135 bezeichneten 4 bzw. 5 Mitglieder müssen an der Beschlußfassung teilnehmen.

2. Die Beschlüsse der Spruchstellen sind mit Gründen zu versehen und den Beteiligten zuzustellen; am Schlusse der Begründung ist die Rechtsmittelbelehrung zu geben. Mit der Belehrung ist ein kurzer Hinweis darüber zu verbinden, ob die weitere Beschwerde gemäß § 137 wegen grundsätzlicher Bedeutung der — bestimmt zu bezeichnenden Angelegenheit — oder wegen der Höhe des Wertes des Streitgegenstandes zulässig ist (LwRMBl. 1941 S. 953), vgl. auch Hintze in ZAgr. **26**, 197, Anm. 3 zu § 137.

Abschrift des Beschlusses ist der obersten Aufsichtsbehörde einzureichen (LwRMBl. 1939 S. 1314).

§ 137. Weitere Beschwerde.

Gegen die Entscheidungen der Spruchstelle für Wasser- und Bodenverbände können die Beteiligten [1a] [1] in zwei Wochen die weitere Beschwerde erheben, wenn die Spruchstelle in der Entscheidung sie wegen grundsätzlicher Bedeutung der Angelegenheit zuläßt oder wenn der Streitgegenstand mehr als fünfhundert D-Mark wert ist [2] [3].

1a. Über die weitere Beschwerde kann erst nach Wiedereinrichtung der obersten Spruchstelle entschieden werden.

1. Beteiligter ist nicht nur das durch die Entscheidung der Spruchstelle unmittelbar betroffene Verbandmitglied, sondern jedes Mitglied, dessen Rechte oder Pflichten gegenüber dem Verbande in ihrem bisherigen Umfange durch die Entscheidung mittelbar geändert werden. Beteiligt ist deshalb, wenn im Streitverfahren eines Mitglieds dessen Beitragsverhältnis zu seinen Gunsten geändert wird (§ 87), auch jedes andere Verbandmitglied, weil eine Entscheidung, die das Beitragsverhältnis für ein Mitglied günstiger gestaltet, zwangsläufig zu einer Erhöhung des Gesamtbeitrags aller anderen Mitglieder führt. Beteiligt ist indessen ein anderes Verbandmitglied nicht, wenn nur der Hebungsbeitrag im Streite eines Mitglieds gegen die Hebeliste herabgesetzt wird (§ 89), ohne daß das Beitragsverhältnis dieses Mitglieds geändert wird (RVG. **2**, 270, ZAgr. **27**, 261).

2. In der Entscheidung der Spruchstelle sind die Frist für die weitere Beschwerde und die über sie entscheidende Stelle (§ 138) anzugeben (§ 187 Abs. 1). Die Rechtsmittelbelehrung ist stets am Schlusse der Begründung zu geben. Ist die Entscheidung endgültig, so ist auch diese Feststellung in der Entscheidung zu treffen (§ 11 der Geschäftsordnung vom 29. Juni 1938, LwRMBl. S. 745). Da die Frist auch durch Anbringen bei der Stelle gewahrt wird, die über die Beschwerde entschieden hat (§ 187 Abs. 2), so empfiehlt es sich, im Beschwerdebescheide die Spruchstelle für Wasser- und Bodenverbände als die Stelle zu bezeichnen, bei der die weitere Beschwerde anzubringen ist, um Schreibwerk und Zeit zu sparen.

3. Über den Begriff des Streitgegenstandes vgl. ZAgr. **21**, 78. Maßgebend für die Zulässigkeit der weiteren Beschwerde bei einem mehr als 500 DM. werten Streitgegenstande ist nicht der Wert des Beschwerdegegenstandes, sondern die Höhe der von dem Beschwerdeführer bei der Einlegung des Rechtsmittels geltend gemachten Forderung, über die im ersten Rechtszuge entschieden ist (ZAgr. **27**, 313, 264). Ob die weitere Beschwerde auch dann zulässig ist, wenn die grundsätzliche Bedeutung des Einzelfalles später wegfällt oder der Wert nachträglich unter 500 DM. sinkt, kann aber zweifelhaft sein (Bemerkung der Schriftleitung in ZAgr. **27**, 70). In rechtlich zweifelhaften Fällen ist die weitere Beschwerde zuzulassen, damit die oberste Spruchstelle zum Zuge kommt (LwRMBl. 1941 Sl 953, DLZ. 1942, S. 16). In einem Beitragsstreite sind sämtliche vom Beschwerdeführer künftig zu entrichtende Jahresbeiträge zu kapitalisieren. Das 25fache des strittigen Jahresbeitrages kann aber nur dann zugrunde gelegt werden, wenn es sich um einen Beitrag handelt, der voraussichtlich für unbeschränkte Dauer in gleichbleibender Höhe erhoben wird (Hintze in ZAgr. **26**, 198). Über die Berechnung der Gesamtforderung bei wiederkehrenden Leistungen s. ZAgr. **27**, 313.

§ 138. Oberste Spruchstelle.

Über die weitere Beschwerde entscheidet als oberste Spruchstelle für Wasser- und Bodenverbände die bei der obersten Umlegungsbehörde eingerichtete Spruchstelle (§§ 96, 97 der Reichsumlegungsordnung vom 16. Juni 1937 — Reichsgesetzbl. I S. 641) [1] [2].

1. Die oberste Spruchstelle bestand früher beim Reichsminister für Ernährung und Landwirtschaft als der obersten Umlegungsbehörde. Durch Erlaß vom 3. April 1941 (RGBl. I S. 201) war sie mit dem Reichsverwaltungsgericht vereinigt worden.

Gegenwärtig besteht eine oberste Spruchstelle weder zentral, noch auch in den einzelnen Ländern. Ihre Wiedereinrichtung ist von einzelnen Ländern in Aussicht genommen worden.

2. Vgl. Anm. 3 zu § 133. Über die Zulässigkeit der weiteren Beschwerde entscheidet die oberste Spruchstelle, sie ist dabei an die Festsetzung des Wertes des Streitgegenstandes durch die Spruchstelle nicht gebunden (Hintze in ZAgr. **26**, 197).

Hält die oberste Spruchstelle die weitere Beschwerde für begründet, so kann sie die Sache unter Aufhebung der angefochtenen Entscheidung an die Spruchstelle zurückverweisen. Dabei sind für letztere die von der obersten Spruchstelle aufgestellten Grundsätze maßgebend (RUO. § 101).

§ 139. Mitglieder.

Für die Mitgliedschaft in der obersten Spruchstelle für Wasser- und Bodenverbände [1] gelten außer dem § 97 der Reichsumlegungsordnung die Vorschriften der §§ 135 und 136 entsprechend. An die Stelle eines der nach der Reichsumlegungsordnung zu bestellenden Mitglieder tritt eine im Recht der Wasser- und Bodenverbände erfahrenes Mitglied. Der technische Beamte und der Bergbeamte werden nebenamtlich bestellt (§ 97 Abs. 2 Satz 2 der Reichsumlegungsordnung).

1. S. Anm. 1 zu § 138.

§ 140. Verfahrenskosten.

Der Wasser- und Bodenverband trägt die Kosten des Verfahrens der Spruchstelle und der obersten Spruchstelle für Wasser- und Bodenverbände. Diese können sie ganz oder teilweise einem Beteiligten auferlegen, soweit sie durch dessen unbegründete oder zurückgezogene Anträge oder Einwendungen veranlaßt sind.

Die Verfahrenskosten sind durch die Vierten Ausführungsvorschriften vom 20. April 1942 (LwRMBl. S. 429) geregelt. (s. unten S. 360 ff.)

§ 141. Anwendung der Umlegungsordnung.

Im übrigen gelten für die Spruchstellen und die oberste Spruchstelle die für die obere und die oberste Umlegungsbehörde als Spruchstellen, für ihr Verfahren und für die Verfahrenkosten gegebenen Vorschriften der Reichsumlegungsordnung vom 16. Juni 1937 (Reichsgesetzblatt I S. 629) [1 2].

1. Über die Verfahrenskosten s. oben Anm. zu § 140. Die Geschäftsordnungen der Spruchstellen vom 29. Juni 1938 und der obersten Spruchstelle vom 4. Juli 1938 sind im LwRMBl. S. 745 u. 774 veröffentlicht.

2. Zu den nach § 141 anzuwendenden Verfahrensbestimmungen gehört auch § 130 Abs. 2 RUO., wonach wegen Versäumung einer Frist Nachsicht gewährt werden kann, aber nur bei unverschuldeter Fristversäumung. Bei der Nachsichtgewährung ist ein strenger Maßstab anzulegen. Eine Wiedereinsetzung in den vorigen Stand ist dem Spruchverfahren fremd (RVG. in ZAgr. **29**, 15).

§ 142. Besondere Spruchstellen.

(1) Abweichende Vorschriften für Wasser- und Bodenverbände, deren Aufgaben nicht überwiegend landwirtschaftlich sind, bleiben vorbehalten.

(2) Die Fachminister können bestimmen, daß für einen Wasser- und Bodenverband eine besondere Spruchstelle eingesetzt wird [1]. Der Verband hat den gesamten für die besondere Spruchstelle entstehenden Sach- und Geldaufwand zu tragen. Die vom Gesetze [2] abweichenden Teile der Anordnung sind in die Satzung aufzunehmen.

1. Bei den großen Entwässerungs- und Abwasserverbänden sind besondere aus Staats- und Gemeindebeamten und aus Verbandmitgliedern gebildete Berufungsausschüsse zur Entscheidung über Beitragsstreitigkeiten eingerichtet, die, soweit sie auf den in § 191 Abs. 2 aufgeführten Sondergesetzen beruhen, bestehen geblieben sind. Soweit sie auf Sondergesetzen beruhen, die nach § 191 Abs. 1 außer Kraft getreten sind (Anm. 2 zu § 191), können sie nur auf Grund ministerieller Anordnung als besondere Spruchstellen wieder eingerichtet werden, und zwar auch, wie nach früherem Rechte, mit der Aufgabe, endgültig zu entscheiden.

2. D. h. von der WVO.

Zweiter Teil.

Verfahren zur Umgestaltung, Gründung, Auflösung von Wasser- und Bodenverbänden.

XII. Abschnitt.

Die Neugestaltung der alten Wasser- und Bodenverbände.

Vorbemerkung.

Der XII. Abschnitt behandelt die Ordnung der Rechtsverhältnisse der alten Wasser- und Bodenverbände in der Übergangszeit. Grundsätzlich gilt auch für sie vom Zeitpunkt des Inkrafttretens der WVO., d. h. vom 1. Januar 1938 an, das neue Recht. Soweit aber die alten Satzungen den zwingenden Vorschriften der WVO. nicht widersprechen, sind sie für die alten Verbände bis zur Verkündung der neuen Satzung (§ 145) bestehen geblieben (vgl. Tö. Vorbemerkung zu § 143, Li. in der DLZ. S. 356, 361; Beschluß des RVG. in ZAgr. **28**, 211). Die früheren Gesetze über Wasser- und Bodenverbände enthalten aber auch Vorschriften, die von der WVO. nicht berührt worden sind. Diese Vorschriften sind noch in Geltung. Hierunter fallen insbesondere solche Vorschriften, die kein inneres Verbandrecht, sondern z. B. allgemeines Wasserrecht enthalten, oder die die Einwirkungen von außerhalb des Verbandes stehenden Personen auf das Verbandunternehmen oder den Schutz außerhalb stehender Personen gegenüber dem Verbandunternehmen regeln (ZAgr. **28**, 246, vgl. auch Albers S. 32, 41 u. Anm. 1 zu § 191 am Schluß).

Während der Übergangszeit sind auch die bisherigen Organe der alten Verbände bestehen geblieben, aber mit dem sich aus der WVO. ergebenden neuen Aufgabenkreise (§ 143 Satz 1). Die Aufsichtsbehörde wird ermächtigt, alle zur Anpassung an das neue Recht erforderlichen

Anordnungen mit sofortiger Wirkung zu treffen (§ 144) und deren Abwicklung zu verfügen (§ 150). Diese Ermächtigung der Aufsichtsbehörde ist zeitlich und inhaltlich unbeschränkt, so daß auch eine von der WVO. abweichende Regelung nicht ausgeschlossen ist. Es handelt sich aber nur um vorläufige Anordnungen, die Aufsichtsbehörde hat diesen Übergangszustand baldigst zu beseitigen.

§ 143. Organe im Übergang.

Die Organe der zur Zeit des Inkrafttretens dieser Verordnung (§ 192) bestehenden Wasser- und Bodenverbände (alten Verbände, § 1) bleiben bis zu ihrer neuen Bildung nach den §§ 144 und 150 bestehen. Sie haben die in diesem Gesetze [2] den entsprechenden Organen zugewiesenen Aufgaben.

1. S. Vorbemerkung zum XII. Abschnitt.

Unter die nach § 143 bestehen gebliebenen Organe fallen sowohl die Einrichtungen als solche (Vorstand, Mitgliederversammlung, Ausschuß), wie auch die bestellten Personen. Diese bleiben, und zwar auch nach Ablauf ihrer Amtszeit, bestehen, haben aber vom 1. Januar 1938 ab nicht mehr die Aufgaben, die sich aus den alten Satzungen ergeben, sondern die ihnen in der WVO. zugewiesenen Aufgaben und Befugnisse; die Vertretungsmacht des Vorstehers kann daher rechtswirksam nur gemäß § 50 Satz 2 eingeschränkt werden. Die Berufungsausschüsse (Anm. 1 zu § 142) fallen nicht unter § 143 (ebenso jetzt Tö. Anm. 2 zu § 143).

Wenn in alten Deichverbänden neben dem Deichhauptmann das „Deichamt" das einzige Organ darstellt und sowohl Aufgaben des heutigen Ausschusses wie des heutigen Vorstandes hat, so verbleiben ihm nunmehr — falls nicht nach § 144 ein neuer Ausschuß bestellt wird — nur die Aufgaben des heutigen Ausschusses.

2. D. h. in der WVO.

§ 144. Vorübergehende Regelung.

Die Aufsichtsbehörde kann alle Anordnungen mit sofortiger Wirkung treffen, die erforderlich sind, um die Angelegenheiten des alten Wasser- und Bodenverbandes bis zu seiner Anpassung an das neue Recht in Ordnung zu halten. Sie kann insbesondere Organe einrichten und aufheben, bestellen und entlassen.

S. Vorbemerkung zum XII. Abschnitt.

Die Aufsichtsbehörde hat insbesondere die Wahl der Mitglieder des Ausschusses (§ 55), wo ein solcher noch nicht besteht, zu veranlassen, wenn nicht, wie bei kleineren Verbänden, die Verbandversammlung dessen Aufgaben übernehmen soll (§ 46 Abs. 1, § 62). Sie hat dann aber nicht mehr die Befugnisse der früheren Mitgliederversammlung, sondern die nach dieser Verordnung dem Ausschusse zustehenden Befugnisse. Sind die Ausschußmitglieder bestätigt (§ 58 Abs. 2), so ist die Mitgliederversammlung in den größeren Verbänden (Anm. 1 zu § 46) aufzuheben, da der Verband nur eins von beiden Organen nach § 62 haben kann. Das alte Stimm- und Beitragverhältnis ist nach § 56 Abs. 5, § 82 Abs. 1 unverändert bestehen geblieben.

§ 145. Erlaß der Satzung.

Die Aufsichtsbehörde erläßt für jeden alten Wasser- und Bodenverband eine neue Satzung [1] [2]. Diese bedarf der vorherigen Prüfung der oberen Aufsichtsbehörde, wenn nicht eine höhere Behörde, als im § 112 Abs. 3 vorgeschrieben ist, die Aufsicht führt (§ 114). Soweit ein Vorstand besteht (§§ 143, 144), ist er vorher zu hören [3].

S. Vorbem. zum XII. Abschnitt und Anm. 1 zu § 169; wegen der Satzungsmuster s. Anm. 5 zu § 9.

1. In den Fällen, in denen der bisherige Name des Verbandes geändert wird, ist zur Klarstellung nach außen die Übereinstimmung des alten mit dem neu bezeichneten Verbande durch einen Hinweis in § 1 der Satzung zum Ausdruck zu bringen. Demgemäß ist in § 1 der Satzung ein Zusatz etwa des Inhalts anzubringen: „Der Verband ist der ehemalige „. . .' " (frühere Name des Verbandes). LwRMBl. 1939 S. 441.

2. Gegen den Erlaß der Satzung ist ein Rechtsmittel nicht gegeben (s. § 7); sie wird, wenn nichts anderes vorgeschrieben wird, mit dem Tage nach ihrer Verkündung wirksam (§ 149 Abs. 3).

Die Vereinigung des Verfahrens nach §§ 174 ff. mit dem Verfahren nach §§ 145 bis 149 ist in § 176 zugelassen.

Die Überführung der alten Verbände in das neue Recht durch Erlaß der neuen Satzungen sollte am 1. Januar 1942 beendet sein (LwRMBl. S. 10), infolge des Krieges steht aber ein großer Teil noch aus.

3. Zur ordnungsmäßigen Anhörung des Vorstandes (nicht nur des Vorstehers) ist Vorlage des Entwurfes der Satzung erforderlich. Durch spätere Änderungen darf der Anhörung nicht „die Grundlage entzogen" werden. (§ 165 Abs. 1 ist sinngemäß anzuwenden).

§ 146. Inhalt der Satzung. Verordnung.

(1) In die neue Satzung ist dasjenige in dem Wasser- und Bodenverbande nach früherem Gesetze, Gewohnheitrecht und Herkommen und nach früherer Satzung geltende Recht (einschließlich der Polizei nach § 105 Abs. 2) aufzunehmen, das mit dieser Verordnung über Wasser- und Bodenverbände vereinbar ist [1].

(2) Die Aufsichtsbehörde kann in der Satzung Angelegenheiten, die nicht oder mit dieser Verordnung nicht vereinbar geregelt sind, nach dieser Verordnung regeln [2]. Sie bedarf der Zustimmung der oberen Aufsichtsbehörde zu einer Regelung, die in dieser Verordnung einer höheren Behörde vorbehalten ist [3].

1. Vgl. Vorbemerkung und § 82 Abs. 1. Das frühere Recht braucht in die Satzung nur insoweit aufgenommen zu werden, als es in der WVO. nicht enthalten ist. Vereinbar mit dieser Verordnung ist das frühere Recht auch insoweit, als es zur Ergänzung des landesrechtlichen Wassergesetzes oder in Abweichung von ihm zugelassen ist. Die Aufsichtsbehörde hat die Rechtslage selbständig zu klären, die vor dem Inkrafttreten der WVO. für die einzelnen Verbände bestand, und hat für eine baldige Neuordnung Sorge zu tragen.

2. Alle Satzungsvorschriften der alten Verbände, die mit dieser Verordnung nicht vereinbar sind, müssen beseitigt oder dem neuen Rechtszustande angepaßt werden. Mit der Anpassung der alten Satzung an das neue Recht kann eine Änderung von Satzungsvorschriften (§ 10) verbunden werden, auch wenn diese an sich mit der WVO. vereinbar sind; diese Möglichkeit, Mängel, die sich in der Praxis herausgestellt haben, zu beseitigen, darf aber nicht dahin führen, daß lediglich die neue Mustersatzung, die auch bei der Neugestaltung der Verbände anzuwenden ist (s. Anm. 5 zu § 9), als neue Satzung erlassen wird. Polizeiliche Befugnisse, die den Verbänden nach früherem Rechte zustanden, können in die neue Satzung nicht aufgenommen werden (Niermann in ZAgr. **24,** 192, a. M. Kleinsorg S. 74), da für sie nur noch die Bestimmungen der WVO. maßgebend sind. Am Schluß der neuen Satzung ist auf §§ 145, 149, 10 zu verweisen.

3. Z. B. in den Fällen des § 48 Abs. 1, 2 5, des § 56 Abs. 6; es genügt in allen Fällen, auch wo ministerielle Zustimmung in der WVO. vorgeschrieben ist, die Zustimmung der oberen Aufsichtsbehörde.

§ 147. Mitgliedschaft.

(1) Die Aufsichtsbehörde kann das Mitgliederverzeichnis (§ 11) festsetzen. Die Vorschriften des § 145 geltend entsprechend [1].

(2) Das Verzeichnis hat vom Tage nach der Mitteilung an den Vorsteher ab rechtliche Wirkung [2].

1. Es steht im freien Ermessen der Aufsichtsbehörde, ob sie von der ihr in Abs. 1 erteilten Befugnis Gebrauch macht; nach Erlaß der neuen Satzung kann das Mitgliederverzeichnis nur noch festgesetzt werden, wenn die Satzung einen entsprechenden Hinweis enthält. Die Festsetzung setzt voraus, daß das Mitgliederverzeichnis den Anforderungen des § 11 entspricht (s. Anm. 2 zu § 11).

2. Die Festsetzung des Mitgliederverzeichnisses nach § 147 hat unmittelbare Rechtswirkung, beweist mithin die Mitgliedschaft der in dem Verzeichnisse aufgeführten Personen (1. AV. Nr. 8). Die Mitgliedschaft ist unanfechtbar (§ 16), ein Versehen kann aber durch Entlassung des Mitgliedes nach § 14 ausgeglichen werden.

§ 148. Plan des Unternehmens.

(1) Die Aufsichtsbehörde kann den Plan des Unternehmens und das Verzeichnis der Anlagen und Gewässer (§ 17) festsetzen [1].

(2) Die Vorschriften der §§ 145, 146 und § 147 Abs. 2 gelten entsprechend.

Die Aufsichtsbehörde wird von der ihr in § 148 erteilten Ermächtigung zur Festsetzung der urkundlichen Grundlagen des Verbandes nach pflichtmäßigem Ermessen Gebrauch machen, wenn die alten Urkunden unklar oder ungenau sind. Auch hierbei ist die Mitwirkung des Vorstandes gemäß § 145 Satz 3 erforderlich. Die in § 148 bezeichneten Urkunden (Plan, Lagerbuch) müssen dem bisherigen Rechte entsprechen, sie können von der Aufsichtsbehörde auch ergänzt (§ 146), aber nicht geändert werden; hierfür ist sie nach § 21 Abs. 1 nicht zuständig.

§ 149. Verkündung der Satzung.

(1) Die Aufsichtsbehörde verkündet die neue Satzung.

(2) Für die Form der Verkündung ist die in der Satzung für Bekanntmachungen des Wasser- und

Bodenverbandes gegebene Vorschrift (§ 9) maßgeblich. Die Aufsichtsbehörde kann die Satzung außerdem in ihrem Nachrichtenblatte bekanntgeben. Der Verband trägt die Kosten [1].

(3) Die Satzung wird, wenn nicht anders vorgeschrieben wird, mit dem Tage nach der Verkündung wirksam [2]. Die frühere Satzung tritt außer Kraft.

1. Vgl. Anm. 3 zu § 169, Anm. 4 zu § 169, SaMu. § 46.

2. Die neue Satzung tritt, wenn die Bekanntmachung nach Abs. 1 § 46 SaMu. erfolgt, am Tage nach der Vollendung der Verkündung in Kraft, d. h. am Tage nach dem Erscheinen des Kreisblattes und der ortsüblichen Bekanntmachung. Wenn in der Satzung vorgesehen ist (vgl. § 46 SaMu), daß zur Bekanntmachung größerer Urkunden die Angabe des Ortes genügt, an dem Einblick in die Urkunde getan werden kann, so genügt diese Angabe auch für die Bekanntmachung der neuen Satzung.

§ 150. Neue Organe. Abwicklung von Übergangsmaßnahmen.

Die Aufsichtsbehörde sorgt für die Berufung der Organe des Wasser- und Bodenverbandes nach dieser Verordnung und verfügt die Abwicklung ihrer nach § 144 gegebenen Anordnungen.

Durch die nach § 150 der Aufsichtsbehörde obliegende Sorge für die sofortige Berufung der neuen Organe soll der Übergang in den neuen Rechtszustand beschleunigt werden. Die Aufsichtsbehörde könnte selbst den Vorstand und den Ausschuß berufen (§ 144 Satz 2), wird aber in der Regel den bisherigen Vorsteher ersuchen, den Vorstand zu berufen und den Ausschuß wählen zu lassen.

XIII. Abschnitt.

Die Umwandlung der privatrechtlichen Verbände.

§ 151.

(1) Der Fachminister kann anordnen, daß eine zur Zeit des Inkrafttretens dieser Verordnung bestehende privatrechtliche Körperschaft in einen Wasser- und Bodenverband umgewandelt wird [1] [2].

(2) Die Aufsichtsbehörde (§ 112) erläßt die Satzung. Die Vorschriften der §§ 145 bis 150 sind entsprechend anzuwenden. Mit dem Inkrafttreten der Satzung ist die Körperschaft umgewandelt.

1. Vgl. Anm. 3 zu § 1. Die dem Fachminister (§ 189) in § 151 erteilte Ermächtigung erstreckt sich auf alle privatrechtlichen Körperschaften. In der neuen Satzung kann das bisherige Recht der privatrechtlichen Verbände beibehalten werden, soweit es mit der WVO. vereinbar ist, und auch durch neues Recht ergänzt werden. Diese Verbände werden erst mit dem Erlaß der Satzung zu Körperschaften des öffentlichen Rechts und unterliegen erst von diesem Zeitpunkte ab der WVO. und damit auch der Staatsaufsicht. Welche Aufsichtsbehörde zuständig ist, ergibt sich aus § 112 Abs. 3, § 115. Privatrechtliche Verbände, die erst nach dem 1. Januar 1938, dem Zeitpunkte des Inkrafttretens der WVO., gegründet worden sind, können nicht in Wasser- und Bodenverbände umgewandelt werden.

2. Voraussetzung für die Umwandlung in einen Wasser- und Bodenverband ist, daß die privatrechtliche Körperschaft eine der in § 2 bezeichneten Aufgaben zu erfüllen hat und aus dinglichen Mitgliedern, öffentlichrechtlichen Körperschaften oder Unterhaltern besteht.

3. Nach § 151 ist der frühere Verein „Reichsverband der Wasser- und Bodenverbände" in einen Wasser- und Bodenverband umgewandelt worden. Vgl. Anm. 15 zu § 2.

XIV. Abschnitt.

Die Gründung des Wasser- und Bodenverbandes.

Vorbemerkung.

Das Verfahren zur Verbandgründung wird, wie bisher, von der Aufsichtsbehörde und von der oberen Aufsichtsbehörde geleitet, beide können Gründungsbehörden sein (§ 152 Abs. 1).

Zu dem Wasser- und Bodenverbande werden in erster Linie dingliche Mitglieder (Realprinzip, § 3 Anm. 1) vereinigt werden (§ 153), doch läßt die WVO. auch die Zuziehung von nicht dinglichen Mitgliedern zu (§ 154) und auch von solchen Mitgliedern, die nur Anlagen dulden müssen (§ 155) und deshalb von allen Beitragslasten frei sind (§ 84).

Gegenüber den bisherigen Verfahrensvorschriften ist das Gründungsverfahren wesentlich vereinfacht worden. Die Satzung wird nicht mehr von den Beteiligten beschlossen, sondern vom Staate erlassen (§ 169). Die Verbandgründung ist zwar gesetzlich von der Zustimmung der Beteiligten unabhängig. Jedoch wird nach wie vor auf ihre Meinung Gewicht gelegt. Sie werden daher in einem formellen Verfahren angehört (§162). Die Zustimmung der Mehrheit soll in der Regel Voraussetzung der Gründung sein (vgl. Anm. zu § 166). Zur Gründung entgegen der Stellungnahme der Mehrheit ist ministerielle Genehmigung erforderlich (§ 166).

Die Gesetzmäßigkeit der Gründungsvorgänge kann nach § 168 durch Beschwerde bei der nächsthöheren Aufsichtsbehörde angefochten werden. Wegen des Verwaltungsrechtswegs s. Vorbemerkung zum X. Abschnitt, oben S. 189.

§ 152. Gründungsbehörden.

(1) Die nach § 112 zur Aufsicht und die zur oberen Aufsicht berufenen Behörden können neue Wasser- und Bodenverbände nach den folgenden Vorschriften gründen (Gründungsbehörde) [1 2 3 4].

(2) Wenn der Verband sich auf die Bezirke mehrerer Gründungsbehörden erstreckt, bestimmt die gemeinsame nächsthöhere Behörde (§ 112) die Gründungsbehörde [5].

1. Die in § 112 Abs. 3 bezeichneten Aufsichtsbehörden werden zweckmäßig vor der Gründung, insbesondere wegen der Finanzierung, die Zustimmung der oberen Aufsichtsbehörde einholen. Die obere Aufsichtsbehörde (§ 112 Abs. 2) kann an Stelle der Aufsichtsbehörde einen Beauftragten (Kommissar) zur Verhandlung mit den Beteiligten bestellen und wird von dieser Befugnis insbesondere bei größeren Unternehmungen und in schwierigen Fällen Gebrauch machen (vgl. auch § 117). Der Leiter der Gründungsbehörde kann sich von seinem allgemeinen Vertreter bei der Gründung vertreten lassen.

2. Das Verfahren wird stets von Amts wegen eingeleitet, ein Antragsrecht steht dem Beteiligten nicht mehr zu, sie können die Gründung bei der Aufsichtsbehörde nur noch anregen. Diese entscheidet darüber nach pflichtgemäßem Ermessen, bei der Gründung landwirtschaftlicher Verbände im Benehmen mit der heutigen berufständischen landwirtschaftlichen Organisation (vgl. Anm. 1a zu § 118, § 157 Abs. 2 Satz 2).

3. Unberührt bleibt § 46 RUO., wonach die Umlegungsbehörde einen Wasser- und Bodenverband nach den Vorschriften der WVO. gründen kann, wenn Bodenverbesserungen oder wasserwirtschaftliche Anlagen großen Umfangs im Umlegungsverfahren ausgeführt werden sollen. Nach § 42 RUO. und nach der Anlage zum LwRMErl. vom 23. Juni 1938 sollen im Zusammenhang mit den Umlegungen alle zweckmäßigen Meliorationen, d. h. Bodenverbesserungen oder wasserwirtschaftliche Arbeiten, durchgeführt werden. Zur Erreichung dieses Zieles kann die Teilnehmergemeinschaft zunächst als Träger des Unternehmens auftreten, bis — bei größeren Meliorationen — der Wasser- und Bodenverband gemäß § 46 RUO. von der Umlegungsbehörde gegründet ist. Die Umlegungsbehörde ist bis zur Beendigung des Umlegungsverfahrens, d. h. bis zur Zustellung der Schlußfeststellung an den Vorsteher der Teilnehmergemeinschaft (RUO. § 145),

Aufsichtsbehörde des Verbandes; alsdann geht die Aufsicht auf die nach §§ 112 ff. zuständigen Behörden über. Die Umlegungsbehörden müssen im Einvernehmen mit den ordentlichen Aufsichtsbehörden vorgehen und diesen auch die Verbandgründung mitteilen. Eine enge Zusammenarbeit zwischen den Umlegungsbehörden einerseits den Wasserwirtschafts- (Kultur-) und Wasserbaubehörden andererseits sieht der RdErl. vom 29. September 1938 (LwRMBl. S. 995) vor.

4. Beihilfen und zinslose Darlehen können den Wasser- und Bodenverbänden für Landeskulturarbeiten und landwirtschaftliche Folgeeinrichtungen gewährt werden.

Für die Gewährung von Beihilfen bestand früher der Reichswasserwirtschaftsfonds (vorher Reichslandeskulturfonds, vgl. Runderlaß vom 15. April 1942, LwRMBl. S. 393). Seine Vorschriften sind in den meisten Ländern bestehen geblieben, wenn auch die Mittel nunmehr Landesmittel sind. Soweit der landwirtschaftliche Berufsstand mitwirkt (vgl. § 118 Anm. 2), hat er sich über die Wirtschaftlichkeit der Melioration und über die tragbare Höchstbelastung gutachtlich zu äußern und auch darzutun, daß jedes Mitglied einen Reinvorteil haben wird. (Anm. 2 zu § 153, LwRMBl. 1939, S. 497, S. 502 zu 15). Das Gutachten ist dem Entwurfe beizufügen und dient als Grundlage für die Aufstellung des Finanzierungsplanes. Die Erstattung des Gutachtens schließt nicht eine Garantie in sich, daß etwa entstehende Mehrkosten von der öffentlichen Hand in der Form weiterer Beihilfen getragen werden. Die Mitglieder können sich mithin gegenüber den Beitragsforderungen der Verbände und gegenüber einer Erhöhung der Beiträge nicht auf das Gutachten berufen (LwRMBl. 1940 S. 329).

5. Die Verbandgründung kann sich über die Landesgrenzen hinaus erstrecken und Grundstücke, Bergwerke und gewerbliche Anlagen, die in einem anderen deutschen Lande liegen, umfassen, ohne daß es hierzu eines Staatsvertrages bedarf (vgl. § 115 Abs. 1).

§ 153. Dingliche Mitglieder.

(1) Zu dem Wasser- und Bodenverbande können die jeweiligen Eigentümer derjenigen Grundstücke, Bergwerke und Anlagen (§ 3 Nr. 1) vereinigt[1] werden,

a) für die Vorteil aus der Durchführung der Verbandaufgabe (§ 2) in Aussicht steht[2],

b) wegen deren schädigender Einwirkungen der Verband gegründet wird[3 6 7],

c) für die Beiträge zu wasserwirtschaftlichen, zu wasserbaulichen, zu Bodenverbesserungs- oder zu Abwassermaßnahmen zu leisten sind (§ 2 Nr. 10[4].

(2) Vorteile sind auch die Erleichterung einer Pflicht und die Möglichkeit, die Maßnahmen des Verbandes zweckmäßig und wirtschaftlich auszunutzen[5]).

(3) Wegen schädigender Einwirkungen dürfen Personen nur mit Zustimmung des Fachministers zum Verbande gezogen werden.[1] Dies gilt nicht für Einwirkungen durch Abwasser.

1. Die Gründung eines Verbandes mit nur einem einzigen Mitgliede ist begrifflich ausgeschlossen. Die Gründung eines Zweimännerverbandes ist dagegen zulässig, aber wegen der Haftung des einen Mitgliedes für rückständige Beiträge des anderen (§ 83) unerwünscht. Über die Verdinglichung der Mitgliedschaft s. Anm. 1 zu § 3. Die in §§ 153 bis 155 für die Mitgliedschaft gegebenen Bestimmungen gelten nicht nur für die Verbandgründung, sondern auch für die Zuweisung neuer Mitglieder zu einem bestehenden Verbande (§ 13 Abs. 1) und für die Ausdehnung des Verbandes (§ 174 Abs. 1).

2. Über den Begriff des Vorteils vgl. Anm. 1 u. 4 zu § 81, vgl. auch ZAgr. **26**, 257.

Vorteil i. S. von Abs. 1 zu a ist nur der Reinvorteil (Nettovorteil), d. h. der nach Abzug der Verbandlasten verbleibende Nutzen, der dem Verbandmitgliede aus der Durchführung des Unternehmens erwächst (ZAgr. **26**, 223) Der Zusammenschluß der Grundstückseigentümer ganzer Niederschlagsgebiete ohne Prüfung, ob sie Vorteil haben, kommt also nicht in Frage.

3. Vgl. Anm. 1 zu § 81. Eine schädigende Einwirkung i. S. von § 153 zu b kann durch die Einleitung von Abwasser, z. B. aus gewerblichen oder bergbaulichen Betrieben, in die Flüsse und Bäche, aber auch auf andere Weise, z. B. durch Grundwasserentziehung, verursacht werden (vgl. Li., Zum Wasser- und Bodenverbandrecht, WaBo. 1949, Heft 2). Auch wenn eine solche schädigende Einwirkung nach dem WG. erlaubt ist, kann der Unternehmer mit Zustimmung des Fachministers zum Verbande gezogen werden. (Abs. 3) Dieser Zustimmung bedarf es nur dann nicht, wenn zugleich der Fall des § 153 Abs. 1 zu a vorliegt, wenn also zugleich Vorteil für die Grundstücke, Bergwerke und Anlagen aus der Durchführung der Verbandaufgabe in Aussicht steht.

4. Vgl. Anm. 14 zu § 2.

5. Vgl. Anm. 1 u. 4 zu § 81.

6. Wie weit können Oberlieger, die durch verstärkte Entwässerung ihrer landwirtschaftlich genutzten Grundstücke Unterlieger schädigen, als Schädiger herangezogen werden? Nach allgemeinen Wasserrecht kann nicht schon jeder geringfügigen Veränderung des Wasserablaufes entgegengetreten, jeder geringfügige Nachteil als auszugleichender Schaden aufgefaßt werden. Dieser Grundsatz muß gerade auch bei der landwirtschaftlichen Entwässerung gelten. Die Entscheidung, ob eine erheblichere Schädigung, die als „schädigende Einwirkung" zu betrachten ist, vorliegt trifft der Fachminister (s. Anm. 1 zu § 112) von dessen Zustimmung gemäß Abs. 3 die Heranziehung abhängig ist.

Eine solche Schädigung muß durch richtige wasserbauliche Planung sowie durch Befolgung des — nicht immer beachteten — Grundsatzes: „Melioration von unten hinauf statt von oben herab" vermieden werden. Wo solche erheblichere Schädigung nicht vermieden werden kann oder nicht vermieden wird, ist die Heranziehung der schädigenden Oberlieger mit Zustimmung des Fachministers zulässig.

7. Die Beitragslast verteilt sich auf die Schädiger, soweit sie keinen Vorteil von den Verbandsanlagen haben (vgl. Anm. 3), im Verhältnisse der Lasten, die der Verband auf sich nimmt, um ihren schädigenden Einwirkungen zu begegnen (§ 81 Abs. 1 Satz 1, Anm. 2 zu § 81).

§ 154. Nicht dingliche Mitglieder.

Unabhängig vom Eigentum kann als Mitglied zum Wasser- und Bodenverbande gezogen werden,

a) wem die Unterhaltung eines Gewässers oder eines Ufers obliegt, wegen deren der Verband gegründet wird (§ 3 Nr. 2) [1];

b) eine Gemeinde und ein Gemeindeverband (§ 3 Nr. 3), wenn der Reichsminister des Innern oder die von ihm bestimmte Behörde zustimmt [2];

c) eine andere öffentlich-rechtliche Körperschaft (§ 3 Nr. 3), wenn sie von der Verbandaufgabe berührt wird oder wenn ihre Aufsichtsbehörde die Mitgliedschaft für zweckmäßig erklärt [3];

d) wer von der obersten Aufsichtsbehörde zugelassen wird (§ 3 Nr. 4).

1. Der nach dem allgemeinen Wasserrechte zur Gewässer- oder Uferunterhaltung öffentlich-rechtlich Verpflichtete kann Mitglied eines Verbandes der in § 2 Nr. 1 bezeichneten Art werden, ohne daß er, wie in den Fällen des § 153 Abs. 1, Eigentümer eines Grundstücks usw. zu sein braucht und ohne daß ihm aus der Unterhaltung ein Vorteil erwächst. Entsteht aber ein Vorteil, so ist er bei der Verteilung der Beitraglast nach § 81 Abs. 1 zu berücksichtigen.

2. Eine Gemeinde oder ein Gemeindeverband (Kreis, Provinz) darf nur mit Zustimmung des Ministers des Innern, dem Verbande eingegliedert werden. Die Gründungsbehörde hat diese Zustimmung durch die Hand der Aufsichtsbehörde einzuholen. Der Zustimmung bedarf es nicht, wenn eine Gemeinde oder ein Gemeindeverband als dingliches Mitglied i. S. des § 153 zum Verbande gezogen werden soll.

3. Unter c fallen z. B. andere Wasser- und Bodenverbände, Zweckverbände (s. Anm. 6 zu § 1), Teilnehmergemeinschaften i. S. des § 17 RUO.

§ 155. Mitglieder, die nur Anlagen dulden.

Der jeweilige Eigentümer kann zum Wasser- und Bodenverbande gezogen werden, wenn sein Grundstück zur Durchleitung von Wasser oder für eine Deichanlage oder für ein Schöpfwerk gebraucht werden muß.

§ 155 bildet in Verbindung mit § 84 eine Ausnahme von dem Grundsatze, daß der jeweilige Eigentümer zum Verbande nur gezogen werden kann, wenn ihm Vorteil aus dem Unternehmen in Aussicht steht (§ 153 Abs. 1 zu a), und soll dem Verbande die Einleitung des förmlichen Enteignungsverfahrens ersparen. Die nach § 155 zum Verbande gezogenen Mitglieder sind von allen Beitragslasten frei, soweit und solange sie mit ihren Grundstücken keinen Vorteil haben und keinen Schaden verursachen (§ 84). Die Beitragfreiheit ist im Mitgliederverzeichnisse zu vermerken.

Die bloße Erlaubnis des Eigentümers zur Inanspruchnahme des Grundstücks bietet keine gesicherte Rechtsgrundlage, auch eine vertragsmäßige Verpflichtung zur Duldung der Durchleitung genügt nicht. Die förmliche Einbeziehung des Grundstücks in das Verbandgebiet kann auch dann erfolgen, wenn Schädigungen möglich oder voraussehbar sind (LWA. **2**, 119), s. §§ 24, 26, 27.

§ 156. Urkundliche Grundlagen.

(1) Der Gründung des Wasser- und Bodenverbandes sind Entwürfe des Planes für das Unternehmen (§ 17) [1], des Mitgliederverzeichnisses (§ 11) [2] und der Satzung (§ 9) [3] zugrunde zu legen.

(2) Die oberste Aufsichtsbehörde kann zulassen, daß der Gründung nur der Entwurf der Satzung

und ein Verzeichnis der wichtigeren Mitglieder zugrunde gelegt wird, wenn in der Satzung das Unternehmen und die Voraussetzungen der Mitgliedschaft für die spätere Aufstellung des Planes und des Mitgliederverzeichnisses deutlich genug beschrieben werden [4] [5].

1. Der Plan (das Projekt) muß es den Behörden und den Beteiligten ermöglichen, sich ein Urteil über die Grundzüge des Unternehmens, insbesondere über die geplanten Anlagen, über die Art der geplanten Arbeiten und über die Höhe der Kosten, zu bilden (vgl. auch Anm. 3 zu § 17, Anm. 1 zu § 157). Auch die Einwirkungen des Unternehmens auf Wasserläufe und Grundwasserstand sowie auf Grundstücke usw., die außerhalb des Verbandgebietes liegen, müssen aus dem Plane ersichtlich sein, für dessen Geheimhaltung die Vdg. vom 6. Februar 1940 (RGBl. I S. 294) zu beachten ist.

2. Das Mitgliederverzeichnis ist das Verzeichnis der jeweiligen Eigentümer mit ihren Grundstücken, Bergwerken und Anlagen, der Personen der in § 3 Nr. 2 und 4 bezeichneten Art, der öffentlichen Körperschaften, die Mitglieder des zu gründenden Verbandes sein sollen, sowie anderer von der obersten Aufsichtsbehörde zugelassener Personen (vgl. Anm. 2 zu § 11, § 159).

3. Die Satzung ist das Grundgesetz des Verbandes, das dessen Rechtsverhältnisse enthalten muß (vgl. Vorbemerkung zum II. Abschnitt, oben S. 52).

Die vorstehend zu 1 bis 3 bezeichneten Urkunden müssen, soweit sie erforderlich sind, vor der Gründung aufgestellt werden; jeder ist dazu befugt, doch kann die Gründungsbehörde ungeeignete Urkunden zurückweisen. Diese hat vor Einleitung des Verfahrens auch die Zustimmung der oberen Aufsichtsbehörde in den Fällen unverzüglich herbeizuführen, in denen sie im Gesetze vorgeschrieben ist (vgl. § 20 Satz 2, § 48 Abs. 5, § 56 Abs. 6, § 153 Abs. 3, § 154 zu b u. d).

Nur die Gründungsbehörde, nicht aber der Verbandvorstand kann die Entwürfe des Planes, des Mitgliederverzeichnisses und der Satzung unter der Voraussetzung des § 165 Abs. 1 ändern.

4. Von der nach Abs. 2 zulässigen Ermächtigung zur Verbandgründung ohne Planunterlagen wird die oberste Aufsichtsbehörde (§ 112 Abs. 1) nur in Ausnahmefällen Gebrauch machen, insbesondere dann, wenn die Wirtschaftlichkeit des Unternehmens gesichert erscheint und wenn es sich darum handelt, schwerwiegende Mißstände für das Gemeinwohl mit möglichster Beschleunigung zu beseitigen, z. B. unerträgliche hygienische Mißstände, die durch Gründung eines Verbandes nach § 2 Nr. 4 oder 5 behoben werden sollen. In dem nach Abs. 2 einzureichenden Verzeichnis der wichtigeren dinglichen Mitglieder sind auch die Grundstücke, mit denen sie zum Verbande gezogen werden sollen, anzugeben oder wenigstens auf einem dem Verzeichnis beizufügenden Lageplane kenntlich zu machen. Wenn die oberste Aufsichtsbehörde im Einvernehmen mit den anderen Fachministern (Anm. 1 zu § 112) die Beschränkung der in Abs. 1 vorgeschriebenen Gründungsunterlagen zugelassen hat, muß die Aufsichtsbehörde nach der Verbandgründung die Beschaffung der vollständigen Unterlagen durch den Verband veranlassen und überwachen, der seine Aufgabe nicht ohne die Zustimmung der Aufsichtsbehörde zu den Plänen ausführen darf (§ 20).

5. Zur Beschleunigung der Bauausführung kann eine Gemeinde oder ein Kreis als vorläufiger Träger des Unternehmens dieses vor der Verbandgründung beginnen (s. Anm. 1 u. 2 zu § 69); die Kosten können ihm nach § 69 Abs. 1, § 173 Abs. 2 erstattet werden.

§ 157. Plan.

(1) Der Plan des Wasser- und Bodenverbandes enthält die erforderlichen Zeichnungen, Erläuterungen, Kostenanschläge und Untersuchungen über die Nützlichkeit des Unternehmens [1].

(2) Die staatlichen Fachbehörden prüfen den Plan [2]. Für einen Wasser- und Bodenverband, dessen Aufgaben überwiegend in der Landwirtschaft liegen, wirkt der Reichsnährstand in landwirtschaftlicher Hinsicht gutachtlich mit [3].

1. Der Plan (s. Anm. 3 zu § 17, Anm. 1 zu § 156) muß außer den erforderlichen Zeichnungen (Katasterkarten), Nivellements und Profilen einen Erläuterungsbericht und einen Kostenanschlag enthalten; die Beschaffung weiterer Unterlagen (Katasterauszüge usw.) können die Prüfungsstellen (Abs. 2) verlangen. Generalpläne, deren Ergänzung der Bauausführung vorbehalten bleibt, können gegebenenfalls genügen. Ein unvollständiger Plan, der Art und Umfang der Beteiligung im Ungewissen läßt, kann aber nicht die Grundlage für die Verbandbildung sein (ZAgr. **14**, 257 f.), es sei denn, daß die Voraussetzungen des § 156 Abs. 2 gegeben sind. Die beteiligten Behörden haben dafür zu sorgen, daß Überschreitungen des Kostenvoranschlags möglichst vermieden werden.

Im Erläuterungsberichte muß angegeben werden, welche der Voraussetzungen der §§ 153 ff. für die Zuziehung der einzelnen Flächen zum Verbande erfüllt sind, insbesondere welche Vorteile ihnen daraus erwachsen. Der Plan wird in der Regel vom Wasserwirtschaftsamte oder Kreisbaumeister, kann aber auch von privaten Ingenieuren aufgestellt werden. vgl. LwMBl. 1934 S. 595, 1938 S. 911, 1939 S. 747.

2. Der Einleitung des Verfahrens muß eine genaue technische Prüfung des Planes durch die staatlichen Fachbehörden (s. Anm. 1 zu § 118) vorhergehen. Die Zuständigkeit für die technische (landespolizeiliche) Prüfung der Entwürfe ist durch LwMErl. vom 8. März 1934 — IV 28420 — geregelt. Nach Abschluß der Prüfung ist die landespolizeiliche Genehmigung des Entwurfes beim Regierungspräsidenten einzuholen. Die Bauleitung kann von den staatlichen und kommunalen wasserwirtschaftlichen Dienststellen auf Antrag der Träger der Unternehmungen und auf deren Kosten übernommen werden.

3. Wegen Ersatzes des Reichsnährstandes durch die heutige berufständische landwirtschaftliche Organisation vgl. Anm. 1a zu § 118. Die Mitwirkung des früheren Reichsnährstandes bei der Aufstellung von Meliorationsentwürfen ist durch die RdErl.d.R. u. PrMf.E.u.L. vom 17. Juli 1934 (LwMBl. S. 595), 10. August 1937 (LwRMBl. S. 671), 15. September 1937 (LwMBl. S. 727), 24. April

1939 Nr. 15 (RMBl. S. 497) geregelt, s. auch Anm. 4 zu § 152.

§ 158. Planarbeiten auf Grundstücken.

(1) Die Gründungsbehörde kann anordnen, daß die Besitzer von Grundstücken Arbeiten zur Aufstellung des Planes, bei erheblichem Schaden gegen Entschädigung zu dulden haben.

(2) Die Anordnung ist mindestens drei Tage vor den Arbeiten unter Angabe von Zeit und Ort in allen betroffenen Gemeinden dem Bürgermeister mitzuteilen. Dieser benachrichtigt die Grundbesitzer einzeln oder in ortsüblicher Weise.

(3) Über die Entschädigung entscheidet auf Antrag die Gründungsbehörde. Der Rechtsweg ist ausgeschlossen.

Zur Vorbereitung der Gründung, insbesondere zur Aufstellung des Planes, sind in der Regel umfangreiche technische Vorarbeiten, wie z. B. Ermittlungen über die wasserwirtschaftlichen Verhältnisse, Aufnahme des Nivellements, Bodenuntersuchungen erforderlich. Das Verfahren hierfür ist in § 158 geregelt. Der bei der Vornahme der Vorarbeiten entstehende Schaden ist dem Grundbesitzer sofort nach der Abschätzung, nicht erst nach Beendigung der Vorarbeiten, zu vergüten. Über die Frage, ob und in welcher Höhe eine Entschädigung zu zahlen ist, entscheidet die Gründungsbehörde endgültig. Die Gründungsbehörde kann dem Verbande auch die durch die Vorarbeiten entstehenden Kosten auferlegen, wenn sie dies vor dem Abschlusse der Verhandlungen ankündigt (§ 173 Abs. 2). Zu den Vorarbeiten können staatliche Beihilfen gewährt werden. S. auch Anm. 4 zu § 173.

§ 159. Mitgliederverzeichnis.

(1) Im Mitgliederverzeichnisse (§ 156 Abs. 1) sind die einzelnen Grundstücke, Bergwerke und Anlagen jedes Mitgliedes aufzuführen, mit denen es am Wasser- und Bodenverbande beteiligt sein soll, und dazu Wertzahlen nach den folgenden Vorschriften anzugeben, so daß das Verzeichnis die Berechnung der Mehrheit nach dem § 165 ermöglicht [1].

(2) Wenn nur Grundstückeigentümer Mitglieder werden sollen, ist als Wertzahl der Flächeninhalt zu nehmen [2].

(3) Wenn Eigentümer von Bergwerken und Anlagen, Unterhalter eines Gewässers oder eines Ufers (§ 3 Nr. 2), öffentlichrechtliche Körperschaften (§ 3 Nr. 3) und andere von der obersten Aufsichtsbehörde zugelassene Personen (§ 3 Nr. 4) Mitglieder werden sollen, ist für jedes Mitglied der von der Durchführung der Verbandaufgabe (§ 2) zu erwartende Vorteil in Verhältniszahlen anzugeben [3]. Dabei gilt für die Grundeigentümer unter sich als Vorteilverhältnis das Verhältnis der Flächeninhalte nach Abs. 2.

(4) Aus besonderen Gründen kann an Stelle des Flächeninhaltes (Abs. 2, Abs. 3 Satz 2) der geschätzte Vorteil als Verhältnisgrundlage genommen werden [4].

(5) Die oberste Aufsichtsbehörde kann zulassen, daß Wertzahlen nicht angegeben werden.

1. Über den Inhalt des Mitgliederverzeichnisses vgl. Anm. 2 zu § 11. Die Verhältniszahlen sollen die Mitglieder zwecks Berechnung der Mehrheit im Gründungsverfahren in ein Wertverhältnis zu einander bringen und grundsätz-

lich die Größe des ihnen aus dem Unternehmen erwachsenden Vorteils (vgl. Anm. 1 zu § 81) bezeichnen, und zwar kommt es hier auf den Rohvorteil an. Für die Prüfung einer Beschwerde nach § 168, durch die der Vorteil im einzelnen Falle bemängelt wird, und für das Beitragverhältnis sind die Wertzahlen ohne rechtliche Bedeutung. Um Verwechslungen mit den Wertzahlen des (dauernden) Beitragbuches (§ 87) zu vermeiden, wird empfohlen, nur die letzteren als Wertzahlen, die Zahlen des § 159 aber als Stimmzahlen zu bezeichnen. Wenn der Beitragmaßstab des Verbandes mit den Bestimmungen des § 159 über die Wertzahlen übereinstimmt, so kann das Mitgliederverzeichnis zugleich als Beitragbuch verwendet werden.

2. Die Schätzung des Vorteils erübrigt sich, wenn der Verband nur aus Grundeigentümern gebildet werden soll; diese stimmen nur im Verhältnis des Flächeninhaltes der Grundstücke ab (vgl. Abs. 3 Satz 2). Erwünscht ist, den Stimmzahlen die Zahl der Quadratmeter zugrunde zu legen; es muß aber auch die Zahl der Are genügen (nach Ermessen der Gründungsbehörde). Die Berechnung der Mehrheit sowohl nach der Fläche als auch nach dem Grundsteuerreinertrage (PrWG. § 238 Abs. 2) ist beseitigt.

3. Der Vorteil ist für die Grundeigentümer insgesamt, für die übrigen Mitglieder einzeln zu schätzen.

Im Falle des § 153 zu b soll nicht das Vorteilsverhältnis, sondern das Verhältnis der schädigenden Einwirkungen das Stimmverhältnis darstellen. In diesem Falle kann die oberste Aufsichtsbehörde (§ 112 Abs. 1) zulassen, daß Wertzahlen nicht angegeben werden (§ 159 Abs. 5).

4. Abs. 4 bildet eine Ausnahme von Abs. 3 Satz 2, die insbesondere bei der Gründung von Wasserbeschaffungsverbänden (§ 2 Nr. 5) Anwendung finden soll, bei denen der Flächeninhalt der beteiligten Grundstücke keinen geeigneten Maßstab für die Berechnung der Mehrheit bildet.

§ 160. Satzung.

Wenn nicht die nach § 112 zur oberen Aufsicht berufene Behörde Gründungsbehörde ist, bedarf die Satzung ihrer Prüfung.

Vgl. Anm. zu § 190.

Der Entwurf der Satzung ist schon während der Planarbeiten aufzustellen und mit dem Plane zugleich zur Prüfung vorzulegen; bei erheblichen Abweichungen vom Satzungsmuster ist der wasserrechtliche Beamte der Mittelbehörde zu beteiligen (LwRMBl. 1941 S. 59). Die Satzung wird erst bei ihrem Erlaß (§ 169) von der Aufsichtsbehörde unterschrieben. Über die Satzungsmuster s. Anm. 5 zu § 9.

§ 161. Bekanntmachung, Ladung.

(1) Die Gründungsbehörde legt den Plan oder einen Auszug aus ihm, der alle zum Verstehen nötigen Teile enthält, das Mitgliederverzeichnis und die Satzung zu jedermanns Einblick offen und gibt das Gründungsvorhaben und Zeit und Ort der Offenlegung bekannt [1].

(2) Sie lädt die Mitglieder nach dem Mitgliederverzeichnisse (§ 156 Abs. 1 und 2) zu gemeinschaftlicher Verhandlung [2]. Wenn ihre Anzahl für eine Versammlung zu groß ist, setzt sie für mehrere örtliche Bezirke des Wasser- oder [3] Bodenverbandes mehrere Verhandlungen an. In der Ladung ist auszusprechen, daß als dem Gründungsvorhaben zustimmend gilt, wer bis zum Abschlusse der Verhandlung keine Erklärung abgibt [4].

(3) Bekanntzumachen und zu laden ist mindestens zwei Wochen vor der Verhandlung in dem Nachrichtenblatte der unteren staatlichen Verwaltungsbehörde (Kreisblatt) und der Städte [5] oder in ortsüblicher Weise in allen Gemeinden, auf die sich die Aufgabe des Wasser- und Bodenverbandes erstreckt [6]. Den einzelnen Mitgliedern, die aus den öffentlichen Büchern leicht ermittelt werden kön-

nen, soll eine Abschrift der Bekanntmachung und der Ladung zugesandt werden [7].

1. Die Offenlegung erfolgt zweckmäßig in einem Geschäftsraume der unteren Verwaltungsbehörde oder einer ihr nachgeordneten Dienststelle, wo den Beteiligten die nötige Aufklärung über den Inhalt der urkundlichen Grundlagen des Verfahrens gegeben werden kann.

2. In der Ladung sind die Verhandlungsgegenstände genau anzugeben, z. B. zur gemeinschaftlichen Verhandlung, insbesondere zur Anhörung der Mitglieder des Wasser- und Bodenverbandes N. N. über das Gründungsvorhaben, über Plan und Satzung und zur Wahl von Vertrauensmännern. Im Falle der Zulassung der Gründung nach § 156 Abs. 2 genügt die Offenlegung einer Abschrift des Verzeichnisses der wichtigeren Mitglieder.

3. Anstatt „oder" muß es „und" heißen.

4. Die Verwarnung, die wörtlich dem Gesetzestexte entsprechen muß — „als dem Gründungsvorhaben zustimmend gilt, wer bis zum Abschluß der Verhandlung keine Erklärung abgibt" —, knüpft das Präklusivverfahren schon an ein Verschweigen (vgl. auch § 163 Abs. 4); qui tacet, consentire videtur!

5. Der Ausdruck „Städte" ist unrichtig; gemeint sind die Stadtkreise.

6. Die in Abs. 3 für die Bekanntmachung und Ladung im Nachrichtenblatte oder in ortsüblicher Weise vorgeschriebene Frist von zwei Wochen ist eine Mindestfrist; sie kann daher nicht abgekürzt werden. Ist die Frist nicht gewahrt, so ist die Bekanntmachung und Ladung nicht ordnungsmäßig erfolgt und muß wiederholt werden, weil sonst das Verfahren mit Erfolg angefochten werden kann (Anm. 1 zu § 163). Die Frist beginnt mit dem auf die öffentliche oder ortsübliche Bekanntmachung folgenden Tage, zwischen dem Tage der Bekanntmachung und dem Terminstage, der auch ein Sonntag oder allgemeiner Feiertag sein kann, müssen zwei Wochen liegen (BGB. §§ 187f.). Die Bekanntmachung muß in allen Kreisen oder Gemeinden erfolgen, auf die sich die Verbandaufgabe erstreckt, und zwar auch im Falle des § 156 Abs. 2; sie kann dort, wo sie ortsüblich ist, auch durch Umlauf erfolgen (ebenso Tö. Anm. 4 zu § 161).

7. Die Vorschrift des Abs. 3 Satz 2 ist nur eine Sollvorschrift, die Gründungsbehörde hat aber sowohl die öffentliche Bekanntmachung, als auch die Einzelladungen zu erlassen. Letzteres kann formlos, z. B. durch Postkarten, geschehen.

§ 162. Anhörung.

(1) Die Gründungsbehörde oder ihr Beauftragter[1] unterrichtet in dem Verhandlungstermine die Mitglieder über das Gründungsvorhaben und über Plan und Satzung, hört sie an und erörtert Einwendungen mit ihnen[2].

(2) Die Mitglieder können sich vertreten lassen[3].

(3) Die Gründungsbehörde (der Beauftragte) kann von den Zustimmenden und den Widersprechenden getrennt Vertrauensmänner wählen lassen[4]. Sie bestimmt die Art der Wahl und die Anzahl der Vertrauensmänner. Jedes erschienene Mitglied hat eine Stimme; gemeinschaftliche Eigentümer und um das Eigentum streitende Personen haben eine gemeinsame Stimme[5].

(4) Die Gründungsbehörde (der Beauftragte) kann weitere Besprechungen halten. Zu ihnen sind die Vertrauensmänner zu laden. Die Mitglieder sind befugt, an ihnen teilzunehmen[6].

1. Der Regierungspräsident kann z. B. einen seiner Sachbearbeiter oder den Leiter des Wasserwirtschaftsamtes, der Landrat (Oberkreisdirektor) den ihm beigegebenen Regierungsassessor (s. Anm. 3 zu § 112) oder den Kreisbaumeister beauftragen. Der Beauftragte ist nicht befugt, sich durch einen anderen vertreten zu lassen.

2. Über das Anhörungsprinzip siehe Vorbemerkung z. XIV. Abschnitt. Die Anhörung ist an keine Form gebunden. Zu den Verhandlungen sind der Vorsteher des Wasser-

wirtschaftsamtes oder ein anderer wasserbau- (kulturbau-) technisch vorgebildeter Beamter, z. B. der Kreisbaumeister, falls erforderlich, auch ein landwirtschaftlicher Sachverständiger zuzuziehen. Ist die Abgabe eines Gutachtens erforderlich, so müssen in ihm die Verbandlasten zahlenmäßig angegeben werden; es genügt nicht, wenn im Gutachten nur erhebliche Vorteile festgestellt werden. Ob den Mitgliedern, die Einwendungen erheben, Vorteile erwachsen, ist für ihre einzelnen Parzellen genau und gesondert, gegebenenfalls nach vorheriger Ortsbesichtigung festzustellen (ZAgr. **15**, 137). Kann das Gutachten nicht sogleich mündlich abgegeben werden, so ist es schriftlich auszuarbeiten und in einem neuen Termine zu erörtern. Über die Einwendungen s. Anm. 1 zu § 163.

3. Für die Vollmacht ist keine Form vorgeschrieben. Es kann aber schriftliche Vollmacht verlangt werden; die Beglaubigung der Vollmacht ist gebührenfrei (§ 172).

4. Die Wahl von Vertrauensmännern ist nicht mehr, wie die Wahl der früheren Bevollmächtigten, in das Ermessen der Beteiligten gestellt, sie hängt vielmehr allein von der Entscheidung der Gründungsbehörde ab. Die Vertrauensmänner bedürfen auch keiner generellen Vollmacht mehr, weil sie nicht mehr Vertreter der Beteiligten und deshalb auch nicht mehr befugt sind, rechtsverbindliche Erklärungen für sie abzugeben oder überhaupt Beschlüsse zu fassen; eine besondere Vollmacht, z. B. zur Rücknahme von Einwendungen oder zur Erhebung der Beschwerde, kann ihnen aber von einzelnen Beteiligten erteilt werden.

5. S. Anm. 3 zu § 163.

6. Die nach Abs. 4 anberaumten weiteren Besprechungen, zu denen die Grundstücksbehörde nur die Vertrauensmänner zu laden braucht, sollen in erster Linie zur Zurücknahme der Einwendungen — § 163 Abs. 1 Satz 3 — (nach Aufklärung) führen.

§ 163. Erklärungen der Mitglieder.

(1) Die Gründungsbehörde (der Beauftragte, § 162 Abs. 1) stellt in einer Verhandlungsschrift Zustimmung und Einwendung eines jeden zur

Verhandlung erschienenen Mitgliedes zu dem Gründungsvorhaben fest. Die Anträge auf Änderung von Plan, Mitgliederverzeichnis und Satzung sind aufzuzeichnen [1]. Einwendungen können auch außerhalb und nach der Verhandlung zurückgenommen werden [2].

(2) Um das Eigentum streitende Personen sind verhandlungsberechtigt. Sie und die gemeinschaftlichen Eigentümer eines Grundstückes, eines Bergwerkes und einer Anlage (§ 3 Nr. 1) können nur einheitliche Erklärungen abgeben. Die Erklärungen sind für die sich nicht erklärenden Teilhaber verbindlich. Wenn sie verschiedene Erklärungen abgeben, sind sie bei der Feststellung der Mehrheit nach § 165 Abs. 2 nicht zu berücksichtigen [3].

(3) Für den gebundenen Besitz und die Körperschaften, Anstalten und Stiftungen gilt der § 56 Abs. 3 [4].

(4) Im übrigen gilt als zustimmend, wer in der Verhandlung bis zum Abschlusse keine Erklärung abgibt [5].

1. Die Verhandlungsschrift muß die Erschienenen — am einfachsten unter Hinweis auf ein in dem Mitgliederverzeichnis bei den Namen der Beteiligten eingetragenes Zeichen — ersichtlich machen sowie den Gang der Verhandlung, die Erklärungen der Erschienenen, deren Einwendungen und die Gutachten etwa vernommener Sachverständiger — falls sie nicht nachträglich erstattet werden (s. Anm. 2 zu § 162) — wiedergeben. Die Verhandlungsschrift braucht von den Beteiligten nicht unterschrieben zu werden. Die Erklärungen der jeweiligen Eigentümer der Grundstücke usw. (§ 153 Abs. 1) sind für jeden der als Rechtsnachfolger während des Verfahrens eintritt, bindend (PrOVG. **30**, 301, v. Kamptz **3**, 596). Die Einwendungen können z. B. damit begründet werden, daß der

Verband eine nicht unter § 2 fallende Aufgabe habe, daß das Unternehmen für den Einwendenden zu teuer sei oder keinen Vorteil in Aussicht stelle. Die Einwendungen können sich auch gegen den Plan, gegen die Zweckmäßigkeit, Wirtschaftlichkeit und technische Durchführbarkeit des ganzen Unternehmens oder der einzelnen Anlagen sowie auch gegen das Gründungsverfahren richten und dessen Gesetzmäßigkeit in Zweifel ziehen, z. B. weil der Einwendende nicht rechtzeitig geladen ist (Anm. 5 zu § 161) oder weil er nach §§ 153 bis 155 nicht zum Verbande gezogen werden durfte. Wegen der Prüfung der Frage, ob der Verband dem öffentlichen Wohle dient, s. Anm. 1 zu § 4.

Zu unterscheiden ist zwischen Einwendungen (Widersprüchen) gegen die Gründung selbst und Bemängelungen einzelner Punkte von Plan und Satzung, mit denen jedoch der Gründung nicht widersprochen wird. Die Beschwerde ist nur bei Einwendungen, nicht aber bei bloßen Bemängelungen zulässig (a. M. Tö. Anm. 2 zu § 162).

2. Die Erhebung der Einwendungen ist nur in der Verhandlung zulässig (§ 163 Abs. 4), sie können auch, nur während der Verhandlung zurückgenommen werden. Die Zurücknahme kann nicht widerrufen werden (LWA. **4**, 164, ZAgr. **5**, 336); sie liegt nicht vor, wenn die Zustimmung unter Vorbehalt erklärt wird. Eine ordnungsmäßig erteilte Zustimmung kann weder zurückgenommen noch wegen Irrtums angefochten werden (ZAgr. **5**, 336, JW. 1930 S. 1257). Als zustimmend gelten auch diejenigen, die Einwendungen lediglich schriftlich oder zwar mündlich, aber nicht in der Verhandlung selbst abgegeben haben oder die zur Verhandlung nicht erschienen sind oder in ihr keine Erklärungen abgegeben haben.

3. Durch Abs. 2 soll im Interesse der Beschleunigung des Verfahrens die Gründungsbehörde von der Verpflichtung der Prüfung der Rechtsnatur des Gemeinschaftsverhältnisses befreit werden; stimmen die um das Eigentum streitenden oder die gemeinschaftlichen Eigentümer nicht einheitlich ab, so werden ihre Stimmen nicht gezählt bzw. die auf sie entfallenden Wertzahlen (§ 159, Anm. 2 zu § 165) nicht mitgerechnet, also im Mitgliederverzeichnisse gestrichen.

4. Nach Abs. 3 bedarf auch der Vertreter geschäftsunfähiger oder in der Geschäftsfähigkeit beschränkter Personen zum Beitritt, der sich nicht als eine Verfügung über ein Grundstück darstellt, nicht der Genehmigung des Vormundschaftsgerichts, der Ehegatte nicht der Zustimmung des anderen auf Grund des ehelichen Güterrechts, der Wald- oder Weingutsbesitzer nicht der Genehmigung der Aufsichtsbehörde; für den Beitritt von Körperschaften des öffentlichen Rechts ist die Genehmigung der Aufsichtsbehörde nicht erforderlich.

5. Vgl. Anm. 3 zu § 161. Erstreckt sich die Verhandlung auf mehrere Tage, so läuft die Frist bis zum Ende der Verhandlung am letzten Tage; nach diesem Zeitpunkte können Einwendungen nicht erhoben werden, auch nicht in den „weiteren Besprechungen", die von der Gründungsbehörde gemäß § 162 Abs. 4 etwa nach Abschluß der Verhandlung gehalten werden.

Erklärt ein Vertreter seine Zustimmung vorbehaltlich der Genehmigung des Vertretenen und wird von diesem die Genehmigung später versagt, so gilt der Vertretene als zustimmend (LWA. **4**, 171).

§ 164. Ordnung in den Versammlungen.

Die Gründungsbehörde (der Beauftragte, § 162 Abs. 1) kann zur Ordnung der Versammlungen unmittelbaren Zwang anwenden [1] und Ordnungstrafen bis zu hundert D-Mark verhängen [2]. Die Anordnungen sind in die Verhandlungsschrift zu nehmen. Über Beschwerden entscheidet die nach § 112 nächsthöhere Behörde [3].

1. Der Verhandlungsleiter hat die Sitzungspolizei, er kann durch Polizeivollzugsbeamte, die ihm die Ortspolizeibehörde auf sein Ersuchen zur Verfügung zu stellen hat, jeden, der die Verhandlung stört, entfernen lassen.

2. Die Begrenzung der Ordnungsstrafe auf 100 DM. bezieht sich nur auf die einzelne Strafe, sie kann aber in derselben Versammlung gegen dieselbe Person wiederholt verhängt werden (PrOVG. **73**, 388). An die Stelle der

Ordnungsstrafe kann, auch im Unvermögensfalle, keine Freiheitsstrafe treten.

3. Die Beschwerde ist fristlos, der Beschwerdebescheid ist endgültig und sofort vollstreckbar.

§ 165. Feststellung des Verhandlungsergebnisses. Mehrheit.

(1) Die Gründungsbehörde prüft das Ergebnis der Verhandlung und kann die Entwürfe des Planes, des Mitgliederverzeichnisses und der Satzung ändern, wenn dadurch der Verhandlung nicht die Grundlage entzogen wird [1].

(2) Wenn ein Mitgliederverzeichnis mit Wertzahlen aufgestellt ist (§ 159), stellt die Gründungsbehörde fest, ob sich die Mehrheit für oder gegen die Gründung des Wasser- und Bodenverbandes auf den Grundlagen des Absatzes 1 ausgesprochen hat. Sie gibt, wenn das Ergebnis nicht bereits in der Verhandlung mitgeteilt worden ist, die Feststellung den Vertrauensmännern oder den Bürgermeistern der beteiligten Gemeinden bekannt [2] [3].

1. Durch Abs. 1 wird das bisherige Recht, wonach Entwurfänderungen der Genehmigung der höheren Aufsichtsbehörde bedurften, erheblich erweitert. Bei wesentlichen Änderungen, d. h. bei solchen, durch die der Verhandlung die Grundlage entzogen wird, ist das Gründungsverfahren einzustellen und ein neues Verfahren einzuleiten, es sei denn, daß nur einzelne Mitglieder davon betroffen werden und damit einverstanden sind; im letzteren Falle kann das Gründungsverfahren fortgesetzt werden. Unwesentliche Änderungen kann die Gründungsbehörde ohne weiteres vornehmen, da die „Grundlage" der Verhandlung bestehen bleibt. Wenn im Falle der Änderung eine Einwendung zurückgenommen wird (§ 163 Abs. 1 Satz 3) und der Einwendende nunmehr der Verbandgründung zustimmt, so kann diese Erklärung bei der Feststellung des Verhand-

lungsergebnisses (Abs. 2) ohne weiteres berücksichtigt werden.

2. Wenn auch die Verbandgründung von der Zustimmung der Mehrheit nicht mehr abhängig ist (§ 166), so ist doch eine Feststellung erforderlich, ob die Mehrheit sich für oder gegen die Gründung ausgesprochen hat (s. Anm. 1 zu § 166). Die Mehrheit ergibt sich aus einer Zusammenzählung der Wertzahlen (s. § 159) derer, die zugestimmt, und derer, die Einwendungen erhoben haben.

3. Wenn kein Mitgliederverzeichnis mit Wertzahlen aufgestellt ist (§ 159 Abs. 5), so bedarf es weder einer Feststellung der Mehrheit, noch einer Genehmigung des Fachministers (§ 166 Satz 3).

§ 166. Verhandlungsergebnis nicht entscheidend.

Für die Gründung des Wasser- und Bodenverbandes ist das Verhandlungsergebnis nicht entscheidend. Der Verband kann selbst gegen den Widerspruch aller Mitglieder gegründet werden. Wenn aber die Mehrheit (§ 165 Abs. 2) widersprochen hat, bedarf die Gründung der Genehmigung des Fachministers [1] [2].

1. Die Gründung des Verbandes soll von der Zustimmung der Mehrheit nicht mehr abhängig sein; alle Verbände, welche die in § 2 bezeichneten Aufgaben haben, können mit Beitrittszwang nicht nur gegen die Mehrheit, sondern gegen alle Beteiligten gebildet werden (vgl. Vorbemerkung zum XIV. Abschnitt). Es soll aber zunächst der Versuch gemacht werden, die Zustimmung aller Beteiligten oder wenigstens der Mehrheit herbeizuführen. Die Abstimmung ist zwar rechtlich belanglos, sie ist aber von großer tatsächlicher Bedeutung für die Entschließung der Gründungsbehörde, ob sie den Verband gründen will, und für die nach Satz 3 im Falle eines Widerspruches der Mehrheit (§ 165 Abs. 2 Satz 1) erforderliche ministerielle Genehmigung. Die Gründungsbehörde wird bei einem

Widerspruche der Mehrheit in der Regel von der Gründung absehen oder das Verfahren einstellen oder einige Zeit ruhen lassen, weil gegen den Willen der Beteiligten ein Verband in der Praxis kaum oder doch nur unter Anwendung schwerster Aufsichtsmittel, ins Leben gerufen werden kann. Eine gedeihliche Wirkung des Unternehmens ist auch für die Zukunft nur dann zu erwarten, wenn es dem Wunsche der großen Mehrheit der Beteiligten entspricht.

2. Zwischen Widerspruch und Einwendung besteht kein rechtlicher Unterschied. Eine unter Vorbehalt abgegebene Zustimmung gilt als Widerspruch.

§ 167. Entscheidung über Einwendungen.

Wenn die Gründungsbehörde den Wasser- und Bodenverband gründen will, entscheidet sie über die Einwendungen der Mitglieder in einem begründeten Bescheide [1]. Die Entscheidung oder ein Auszug aus ihr ist den Einwendenden zuzustellen. Mit dem Auszug ist die Nachricht zu verbinden, wo die Entscheidung eingesehen werden kann [2].

1. Die Gründungsbehörde kann sich auch dahin entscheiden, den Verband **nicht** zu gründen oder das Verfahren einstweilen ruhen zu lassen.

Über den Inhalt der Einwendungen vgl. Anm. 1 zu § 163. Die Gründungsbehörde wird zunächst versuchen, durch Entwurfänderung (§ 165 Abs. 1) der Einwendung stattzugeben, den Einwendenden zu befriedigen und zur Zurücknahme seiner Einwendung zu veranlassen. Im anderen Falle muß eine Entscheidung darüber ergehen, ob die Einwendung begründet ist. Wird das Gründungsverfahren mit Erfolg angefochten, so ist es zu wiederholen.

Der Bescheid muß die Angabe enthalten, auf welche Beteiligte oder welche Grundstücke usw. er sich bezieht; diese sind in der Regel nach Gemarkung, Flur und Parzellennummern zu bezeichnen. Sollen Beteiligte beitragfrei zum Verbande gezogen werden (§§ 84, 155) so ist auch das anzugeben. Veräußert ein Beteiligter, der Einwendungen erhoben hat, vor der Entscheidung sein Grundstück, so ist der Erwerber zum Verfahren heranzuziehen und der Bescheid gegen ihn zu richten und ihm zuzustellen (PrVBl. **45**, 447, ZAgr. **4**, 221).

Der Bescheid muß so eingehend begründet sein, daß er als Grundlage für die Entscheidung in der zweiten Rechtsstufe dienen kann. Eine Verweisung auf das Gutachten eines Sachverständigen genügt daher nicht (vgl. Anm. 1 zu § 162). Die Gründungsbehörde ist nicht befugt, ihren rechtskräftigen Bescheid eigenmächtig abzuändern und nach Ablauf der Beschwerdefrist durch nochmalige Zustellung eine erneute Möglichkeit zur Anfechtung des Bescheides zu geben.

2. Die Zustellung des Bescheides erfolgt nach den Vorschriften der Zivilprozeßordnung (§§ 208ff., §§ 166ff.) über die Zustellungen von Amts wegen. Die öffentliche Zustellung (ZPO. §§ 203ff.) ist anzuwenden, wenn der Aufenthalt des Einwendenden unbekannt und ihm auch kein Abwesenheitspfleger (BGB. § 1911) bestellt ist. Es genügt die Zustellung desjenigen Teiles der Entscheidung, die sich auf die Einwendungen des Empfängers bezieht, verbunden mit der in Satz 3 zwingend vorgeschriebenen Nachricht, wo die ganze Entscheidung einzusehen ist.

§ 168. Beschwerde.

Gegen die Entscheidung der Gründungsbehörde über die Einwendungen steht den Einwendenden in zwei Wochen die Beschwerde an die nach § 112 nächsthöhere Behörde zu [1]. Diese entscheidet über die Beschwerde in entsprechender Anwendung des § 167 [2].

1. In der Entscheidung der Gründungsbehörde sind die Beschwerdefrist und die Beschwerdestelle anzugeben (§ 187). Beschwerdeberechtigt sind nur diejenigen Beteiligten, die rechtswirksam Einwendungen (vgl. Anm. 1 zu § 163) erhoben, aber nicht diejenigen, die der Verbandbildung zugestimmt haben, die in der Verhandlung nicht erschienen sind oder keine Erklärung abgegeben haben (§ 163 Abs. 4), die in der Verhandlung Einwendungen erhoben, sie aber später vorbehaltlos zurückgenommen haben (§ 163 Abs. 1 Satz 3). Die Vertrauensmänner sind nur auf Grund besonderer Vollmacht (Anm. 4 zu § 162) beschwerdeberechtigt, ebenso Ehefrauen, wenn der Ehemann Einwendungen erhoben hat. Die Beschwerde hat aufschiebende Wirkung, die Entscheidung der Gründungsbehörde wird erst wirksam, nachdem über die Einwendungen rechtskräftig entschieden ist. Wegen des Verwaltungsrechtsweges s. Vorbemerkung zum X. Abschnitt (S. 189). Es handelt sich in der Regel um Fragen der wirtschaftlichen Zweckmäßigkeit, mithin um reine Ermessensfragen.

2. Die Beschwerdeinstanz kann der Beschwerde stattgeben; in diesem Falle muß die Gründungsbehörde den Entwurf entsprechend ändern, wenn das Unternehmen durchgeführt werden soll. Wird die Gesetzmäßigkeit der Gründungsvorgänge mit Erfolg angefochten, so ist das Gründungsverfahren zu wiederholen (Anm. 1 zu § 167). Wird der Beschwerde der Erfolg versagt, so ist sie als unzulässig (aus formellen Gründen) oder als unbegründet (aus sachlichen Gründen) zurückzuweisen. Dieser Beschwerdebescheid ist endgültig. Kann der Formmangel nur von der Gründungsbehörde behoben oder der sachliche Mangel nur nach eingehender örtlicher Prüfung beseitigt werden, so kann die Beschwerdeinstanz die Sache zur nochmaligen Entscheidung an die Gründungsbehörde zurückverweisen, die einen neuen Bescheid nur in dem Umfange erlassen darf, in dem ihr erster Bescheid aufgehoben ist.

§ 169. Erlaß der Satzung.

(1) Die Gründungsbehörde gründet den Wasser- und Bodenverband durch den Erlaß der Satzung [1]. Diese tritt mit dem Tage des Erlasses in Kraft [2].

(2) Die Gründungsbehörde gibt die Satzung bekannt. Für die Form der Bekanntmachung ist die in der Satzung für Bekanntmachungen des Wasser- und Bodenverbandes gegebene Vorschrift (§ 9) maßgeblich. Die Behörde kann die Satzung außer-

dem in ihrem Nachrichtenblatte bekanntgeben [3]. Der Verband trägt die Kosten.

1. Vgl. Vorbemerkung zum XIV. Abschnitt. Unter die Satzung wird nach dem amtlichen Satzungsmuster (s. Anm. z. § 190) der Vermerk gesetzt:

Ich erlasse die vorstehende Satzung des Wasserverbandes — Bodenverbandes, Wasser- und Bodenverbandes — in . . . auf Grund des § 169 der Ersten Verordnung über Wasser- und Bodenverbände vom 3. September 1937 (RGBl. I S. 933).

2. Gegen den Erlaß der Satzung ist ein Rechtsmittel nicht gegeben (vgl. Anm. zu § 7). Der Erlaß der Satzung kann mithin nicht mehr angefochten werden, mit dem Tage des Erlasses ist der Verband rechtswirksam zur Entstehung gelangt (s. aber Anm. 2 zu § 171). Die Aufsichtsbehörde kann nunmehr nach § 171 Abs. 1 den ersten Vorstand berufen, und zwar auch schon in der Gründungsversammlung, wenn sie nach durchgeführter Anhörung der Mitglieder, die keine Einwendungen erheben, die Satzung erläßt und mündlich mitteilt. Vgl. hierzu auch unten Anm. 1 zu § 170.

3. Es braucht nicht die ganze Satzung bekannt gemacht zu werden, nach § 46 Abs. 2 SaMu. genügt bei längeren Urkunden die Bekanntmachung des Ortes, an dem der Einblick in die Urkunde getan werden kann.

§ 170.

Erlaß der Satzung bei Einwendungen.

(1) Wenn gegen die Gründung des Wasser- und Bodenverbandes Einwendungen erhoben sind, darf die Satzung erst nach der endgültigen Entscheidung über die Einwendungen erlassen werden.

(2) Die Satzung darf unter entsprechendem Vorbehalte frühestens mit der ersten Entscheidung über die Einwendungen erlassen werden, wenn die Mehrheit (§ 165 Abs. 2) sich für die Gründung aus-

gesprochen hat und die Einwendungen nach der Gründung berücksichtigt werden können [1].

(3) Im Falle des Absatzes 2 sorgt die Aufsichtsbehörde für die nötigen einstweiligen und demnächst für die durch die endgültige Entscheidung nötig gewordenen endgültigen Änderungen [2].

1. Um zu verhindern, daß wenige Beteiligte durch ihre Einwendungen die Durchführung des Unternehmens aufhalten und um den Baubeginn vor der endgültigen Entscheidung über die Einwendungen zu ermöglichen, soll der Erlaß der Satzung schon nach der Entscheidung in der ersten Instanz zulässig sein, wenn nach der Überzeugung der Gründungsbehörde die Gründung überhaupt nicht mehr in Frage gestellt ist, sondern die von der Minderheit erhobenen Einwendungen sich nur auf unbedeutende Teile des Entwurfs erstrecken. In diesem Falle kann der Verband unter dem Vorbehalte der endgültigen Entscheidung über die Einwendungen und der Änderung der Gründungsurkunden gegründet und mit der Bauausführung schon vor der Rechtskraft der Entscheidung begonnen werden (vgl. § 69), doch wird sich das Unternehmen auf die Grundstücke der Zustimmenden zweckmäßig zu beschränken haben, um Änderungen nach Abs. 3 zu vermeiden, wenn die Einwendungen in der Beschwerdeinstanz (§ 168)Erfolg haben. Die Geschäftsfähigkeit des Verbandes tritt erst nach der Bestellung des Vorstandes und des Vorstehers ein (s. Anm. 2 zu § 171).

2. Zu diesem Zwecke kann die Gründungsbehörde (§ 152) Änderungen der urkundlichen Grundlagen (§ 156) und die Bekanntmachung dieser Änderungen anordnen.

§ 171. Berufung der Organe.

(1) Nach der Gründung sorgt die Aufsichtsbehörde für die erste Berufung der Organe des Wasser- und Bodenverbandes [1]. Sie versieht die dazu nötigen Geschäfte des Vorstandes und des Vorstehers des Verbandes an deren Stelle [2].

(2) Sie kann in freier Entschließung den ersten Vorstand bestellen. Dieser sorgt für die Berufung der Organe nach Gesetz [3] und Satzung [4].

1. Die Organe der Wasser- und Bodenverbände ergeben sich aus §§ 46, 47.

2. Die Aufsichtsbehörde hat nur die zur Berufung des Vorstandes nötigen Geschäfte des Verbandes vorzunehmen, sie kann aber nicht andere Geschäfte, z. B. Verträge, im Namen des zu bildenden Verbandes schließen. Die Geschäftsfähigkeit des Verbandes tritt erst nach Bestellung des Vorstandes und des Vorstehers ein. Eine Möglichkeit zur schnelleren Beseitigung des Schwebezustandes ist in § 170 Abs. 2 gegeben.

3. D. h. nach der WVO.

4. Nach Abs. 2 kann der erste Vorstand abweichend von den Vorschriften des § 48 von der Aufsichtsbehörde selbst bestellt werden, der dann seinerseits die Bestellung der anderen Verbandsorgane, insbesondere z. B. die Wahl des Ausschusses, veranlaßt.

§ 172. Freiheit von Gebühren.

(1) Für die in dem Verfahren zur Gründung des Wasser- und Bodenverbandes vorkommenden Verhandlungen und Geschäfte werden Gebühren der Gerichte und der Verwaltungsbehörden nicht erhoben; insbesondere Grundbuch- und Katasterauszüge und ähnliche Urkunden werden gebührenfrei erteilt.

(2) Die Befreiung ist ohne Nachprüfung zuzugestehen, wenn die Gründungsbehörde bescheinigt, daß die Verhandlung oder das Geschäft für die Gründung des Verbandes erforderlich ist [1] [2].

1. Die Kosten der Gründungsverhandlung trägt der Staat. Nur von Gebühren, nicht vom Ersatz barer Auslagen wird Befreiung gewährt, vgl. hierüber und über Freiheit von Gebühren für katasteramtliche Arbeiten den

RdErl. des Pr. Fin.Min. vom 12. April 1939. LwRMBl. S. 675.

2. § 172 gilt aber nur für das Gründungsverfahren und in ihm auch für die Beglaubigung der Vollmachten der Beteiligten und für die in dem Verfahren ergehenden Entscheidungen. Die nach der Gründung vorgenommenen Verhandlungen und Geschäfte des Verbandes sind — außer in den Fällen des § 39 Abs. 1 — nicht gebührenfrei, es sei denn, daß sie eine Befreiung nach den in den Gebührenordnungen enthaltenen Befreiungsvorschriften, z. B. wegen Gemeinnützigkeit oder im öffentlichen Interesse, genießen.

§ 173. Kosten der Gründung.

(1) Die Gründungsbehörde kann die baren Auslagen, die im Gründungsverfahren durch zurückgewiesene und zurückgenommene Einwendungen entstehen, dem Einwendenden auferlegen [1].

(2) Sie kann dem Wasser- und Bodenverbande die für die zweckdienlichen Arbeiten an Plan, Mitgliederverzeichnis und Satzung bewirkten [2] baren Auslagen auferlegen, wenn sie dies vor dem Abschlusse der Verhandlungen (§ 162) ankündigt [3 4 5].

1. Abs. 1 bezieht sich nur auf die der Gründungsbehörde erwachsenen Auslagen, nicht auf die der Verfahrensbeteiligten; sie sind von diesen selbst zu tragen. Einem Einwendenden sind diese Auslagen dann aufzuerlegen, wenn bei der Lage der Sache und der gebotenen Rücksicht auf die Bedürfnisse der Beteiligten von ihm hätte erwartet werden müssen, daß er von seinen Anträgen oder Einwendungen absah, insbesondere also, wenn diese mutwillig oder in Verschleppungsabsicht erhoben oder von vornherein aussichtslos waren (LwRMBl. 1941 S. 803 Nr. 4).

2. Z. B. vom Staate, von einer Gemeinde oder von einem Gemeindeverbande (Kreis).

3. Die Gründungsbehörde kann die Ankündigung auf Erstattung der baren Auslagen mündlich in der Verhandlung bewirken oder — vor der Auslegung — in den Entwurf aufnehmen; hiergegen kann der Verband Beschwerde (§ 168) erheben.

4. Wenn ein Land die Auslagen geleistet hat (Vorarbeitskosten), ist nach den hierzu gegebenen besonderen Vorschriften des Landes vorzugehen (LwRMBl. 1938 S. 911 Nr. 3, 1941 S. 803 Nr. 3). Über die Festsetzung, Einziehung und Verrechnung der Kosten (baren Auslagen) im Gründungsverfahren enthalten die „Dritten Wasserverbandvorschriften" vom 15. Oktober 1941 (LwRMBl. 1941 S. 802ff.) eingehende Vorschriften.

5. Ein förmliches Rechtsmittel (§ 168) ist nur im Falle des Abs. 1 und gegen die im Abs. 2 vorgesehene Ankündigung, nicht aber gegen die Auferlegung der Kosten nach Abs. 2 gegeben, die nur mit der Dienstaufsichtsbeschwerde angefochten werden kann.

XV. Abschnitt.

Die Umgestaltung der Wasser- und Bodenverbände.

Vorbemerkung.

Im XV. Abschnitt werden der Aufsichtsbehörde zur Ausdehnung des Verbandes durch Zuweisung neuer Mitglieder (§ 174), der oberen Aufsichtsbehörde zur organisatorischen Umgestaltung von Verbänden durch Neuverteilung ihrer Aufgaben, durch Verschmelzung, Auflösung und Neugründung von Verbänden und Neuverteilung oder Vereinigung der Aufgaben alter Verbände weitgehende Ermächtigungen erteilt (§§ 175f.). Wie die Neugründung, so ist auch die Umgestaltung bestehender Wasser- und Bodenverbände vom Willen der Beteiligten unabhängig gemacht und den Staatsbehörden übertragen worden. Insbesondere kann die obere Aufsichtsbehörde weitgehende Eingriffe in den Bestand der Verbände aus Gründen vornehmen, die in der technischen und wirtschaftlichen Entwicklung der Wasser- und Bodenverhältnisse liegen können, aber auch aus Gründen der Kostenersparung und der Verwaltungsvereinfachung.

§ 174. Ausdehnung des Verbandes.

(1) Außer den einfachen Fällen der Zuweisung neuer Mitglieder nach § 13 kann die Aufsichtsbehörde dem Wasser- und Bodenverbande zu seiner Ausdehnung neue Mitglieder zuweisen, für die die Voraussetzungen der Mitgliedschaft nach den §§ 153, 154 und 155 zutreffen [1]. Der Zuweisung steht die Erweiterung der Teilnahme eines Mitgliedes gleich.

(2) Für das Verfahren gelten die für die Gründung eines Wasser- und Bodenverbandes gegebenen Vorschriften (§§ 156 bis 173) entsprechend. An die Stelle der schon zum Verbande gehörenden Mitglieder tritt aber der Vorstand. Die Mehrheit (§§ 159, 165) ist nur für die zuzuweisenden Personen zu berechnen. Die Aufsichtsbehörde braucht die Organe nicht zu berufen (§ 171) [2].

1. Im Gegensatz zu dem in § 13 für die Zuweisung einer geringen Anzahl neuer Mitglieder mit kleineren Flächen zugelassenen vereinfachten Verfahren sieht § 173 für schwierigere Fälle (s. Anm. 4 zu § 13) der Ausdehnung des Verbandes ein dem Gründungsverfahren entsprechendes Verfahren vor. Wenn nicht die Voraussetzungen für die in § 156 Abs. 2, § 159 Abs. 5 vorgesehenen Vereinfachung vorliegen, so ist über eine Planänderung im Sinne des § 21 nach § 157 ein Plannachtrag aufzustellen und das Mitgliederverzeichnis nach § 159 durch Einrückung der zuzuweisenden Personen und der auf sie entfallenden Wertzahlen zu ergänzen, die Satzungsänderung bedarf der Prüfung nach § 160. Diese urkundlichen Grundlagen der Ausdehnung sind mit den zuzuweisenden Personen und dem Vorstande des zu erweiternden Verbandes nach Bekanntmachung des Ausdehnungsvorhabens und Ladung der neuen Mitglieder (§ 161) nach § 162 zu erörtern. Die Aufsichtsbehörde stellt nach § 165 Abs. 2 fest, ob sich die Mehrheit der zuzuweisenden Personen für oder gegen die Ausdehnung des Verbandes ausgesprochen hat, entscheidet über die Einwendungen, die von diesem oder dem Verbandvorstande erhoben werden können nach § 167 und bewirkt die Ausdehnung des Verbandes durch den Erlaß der Satzungsänderung nach § 169 oder nach § 170. Die Zuweisungsverfügung wird mit dem Erlaß der Satzung wirksam. Ob neue Verbandorgane nach § 171 zu berufen oder die bisherigen beizubehalten sind, ist dem Ermessen der Aufsichtsbehörde überlassen.

2. Gegen die Zuweisungsverfügung steht dem Zugewiesenen in 2 Wochen die Beschwerde an die nach § 112 nächsthöhere Behörde zu. Diese entscheidet über die Beschwerde in entsprechender Anwendung des § 167 (§ 168). In der Zuweisungsverfügung sind die Beschwerdefrist und die Beschwerdestelle anzugeben (§ 187).

§ 175. Neuverteilung, Vereinigung der Aufgaben.

(1) Die obere Aufsichtsbehörde (bei zweistufiger Aufsicht die Aufsichtsbehörde, § 114) kann Aufgaben von Wasser- und Bodenverbänden auf die bestehenden und auf neue Verbände anders verteilen oder in einem Verbande vereinigen. Sie kann dabei Mitglieder zuweisen (§ 13 Abs. 1, § 174 Abs. 1) und entlassen (§ 14 Abs. 1) und Verbände auflösen und gründen. Wenn für die Änderung der Satzung die Zustimmung des Fachministers erforderlich ist (§ 10 Abs. 1), ist sie auch hier notwendig [1].

(2) Die Behörde verfügt die Auseinandersetzung und kann insbesondere Verpflichtungen der Verbände und der zu entlassenden Mitglieder festsetzen (§ 14 Abs. 2) [2].

(3) Für das Verfahren gelten die für die Gründung eines Wasser- und Bodenverbandes gegebenen Vorschriften (§ 152 Abs. 2, §§ 156 bis 173) entsprechend. An die Stelle der schon zu einem

Verbande gehörenden und in einem Verbande bleibenden Mitglieder tritt aber der Vorstand. Die Mehrheit (§§ 159, 165) ist nur für die zuzuweisenden Personen zu berechnen, die zu keinem der Verbände gehören; in einfachen Fällen kann die Berechnung unterbleiben. Die Aufsichtsbehörde braucht die Organe nicht zu berufen (§ 171) [3].

(4) Die Behörde (Abs. 1) kann die Anwendung von Vorschriften über die Auflösung (§§ 177 bis 183) ausschließen [4].

(5) Die Behörde macht ihre Verfügung nach den Absätzen 1 und 2 oder einen Auszug aus ihr in ihrem Nachrichtenblatte bekannt. Mit einem Auszug ist bekanntzugeben, wo die Verfügung eingesehen werden kann.

(6) Die Verfügung begründet und ändert und hebt Wasser- und Bodenverbände und Rechte und Pflichten der Beteiligten auf. Die Rechtsänderungen treten zu dem Zeitpunkte ein, den die Behörde festsetzt. Dieser Zeitpunkt soll nach der Bekanntmachung der Satzungen und der Satzungsänderungen liegen [5].

(7) Nach dem Abschlusse des Verfahrens sind das Grundbuch, das Wasserbuch und die anderen öffentlichen Bücher [6] auf Ersuchen der Behörde (Abs. 1) zu berichtigen.

1. Durch § 175 soll der oberen Aufsichtsbehörde (§ 112 Abs. 2) die Möglichkeit gegeben werden, bestehende Unternehmen organisatorisch neu aufzubauen und zufällig neben- und nacheinander entstandene Einrichtungen in zweckmäßige Beziehungen zueinander zu bringen, Aufgaben von Verbänden auf die bestehenden und auf neue Verbände anders zu verteilen oder in einem Verbande zu vereinigen. Nach § 175 ist es z. B. möglich, eine große

Aufgabe (an Hauptdeichen, Hauptgewässern), die einer von mehreren beteiligten Verbänden zu erfüllen hat, ohne daß die anderen belastet sind, einem neu zu bildenden gemeinsamen Oberverbande zuzuweisen, dem als Unterverbände mit kleineren Aufgaben die bisherigen Verbände zugewiesen werden. Umgekehrt kann nach § 175 ein zu großer Verband in Ober- und Unterverbände geteilt werden. Die örtlichen Grenzen mehrerer Verbände können in einem Verfahren nach § 175 gegeneinander verschoben oder mehrere Verbände in einen einzigen zusammengefaßt, ganz oder teilweise verschmolzen werden. Wirtschaftliche Gründe, aber auch Gründe der Kostenersparung oder der Verwaltungsvereinfachung, können eine solche Maßnahme rechtfertigen.

2. Die Auseinandersetzung erfolgt durch anderweite Verteilung des Vermögens der Verbände oder durch dessen Übertragung auf den Rechtsnachfolger des aufgelösten Verbandes. Der übernehmende Verband haftet für die Schulden des alten (BGB. § 419), so daß eine Abwicklung (Liquidierung) sich in der Regel erübrigen wird (Abs. 4). Die obere Aufsichtsbehörde hat auch dafür zu sorgen, daß die Forderungen der Gläubiger durch Ausscheiden zahlungsfähiger Mitglieder nicht gefährdet werden.

3. Alle Maßnahmen, die von der oberen Aufsichtsbehörde auf Grund des § 175 getroffen werden, sind nach § 174 Abs. 2 in einem einzigen, dem Gründungsverfahren entsprechenden Verfahren (vgl. LwRMBl. 1940 S. 545. DLZ. 1940 S. 110, s. auch Anm. 2 zu § 176) durchzuführen (s. Anm. 1 zu § 174). Die Behörde wird also die Auflösungs- und Verschmelzungsverfügungen, die Gründung neuer Verbände, die neuen Satzungen, die Satzungsänderungen, die neuen Mitgliederverzeichnisse, die Zuweisungs- und Entlassungsverfügungen, die Planänderungen und die Auseinandersetzungsverfügungen, soweit sie nötig sind, in einem Umgestaltungsplane zusammenfassen und diesen durch das in den §§ 156 bis 173 vorgeschriebene Verfahren laufen zu lassen. Vor Beginn dieses Verfahrens sind alle Umgestaltungspläne der obersten Aufsichtsbehörde zur Prüfung vorzulegen. In den Begleitberichten sind die Vermögensverhältnisse des Verbandes eingehend darzulegen. Die Entwürfe der neuen und die bisherigen Satzungen sind beizufügen (LwRMBl. 1940 S. 545). In den bereits bestehenden, von der Umgestaltung betroffenen Verbänden tritt an die Stelle der Mitglieder der Vorstand. Außer ihm sind die zuzuweisenden und die zu entlassenden Personen, die keinem der Verbände angehört haben oder angehören werden, am Verfahren beteiligt und daher zu laden, nachdem der Umlegungsplan offen gelegen hat. Im Falle der Zuweisung von Personen, die zu keinem der bestehenden Verbände gehören, ist die Mehrheit nach § 165 Abs. 2 festzustellen; in einfachen Fällen kann dies unterbleiben, ohne daß die oberste Aufsichtsbehörde gemäß § 159 Abs. 5 befragt zu werden braucht. Wegen der Beschwerde s. Anm. 2 zu § 174.

4. Im Falle der Auflösung von bestehenden Verbänden wird der neue Gesamtverband mit dem in der Verfügung der Behörde bestimmten Zeitpunkte (Abs. 6) Rechtsnachfolger der aufgelösten Verbände; deren Grundstücke gehen ohne Auflassung und Eintragung in das Grundbuch in das Eigentum des neuen Verbandes über.

5. Abs. 5 und 6 treten an die Stelle der in § 169 für das Gründungsverfahren getroffenen Regelung; in dem Verfahren nach § 175 ist daher § 169 nicht anzuwenden. Die Umgestaltungsverfügung, die den gesamten Umgestaltungsplan enthält, ist — einschließlich der Satzung — nach Abs. 5 und 6 bekannt zu machen und in Kraft zu setzen.

6. Z. B. das Grundbuch, das Grundsteuerkataster; einer Berichtigung der öffentlichen Bücher bedarf es nur, wenn ihr Inhalt durch die Begründung, Änderung oder Aufhebung von Rechten auf Grund einer gemäß Abs. 6 ergangenen Verfügung der oberen Aufsichtsbehörde unrichtig geworden ist.

§ 176. Neuverteilung, Vereinigung der Aufgaben alter Verbände[1].

(1) Die obere Aufsichtsbehörde (bei zweistufiger Aufsicht die Aufsichtsbehörde, § 114) kann in einem Verfahren zur Neuverteilung oder Ver-

einigung der Aufgaben von Wasser- und Bodenverbänden zugleich die neue Satzung nach § 146 für einen alten Verband (§ 1 Nr. 1) erlassen. Die Vorstände sind nur, soweit sie bestehen, zu hören. Die Beschwerde (§ 168) ist ausgeschlossen [2].

(2) Die oberste Aufsichtsbehörde kann zulassen, daß die Neuverteilung und die Vereinigung der Aufgaben alter Verbände im Verfahren nach den §§ 145 bis 149 vorgenommen wird. Die Vorschriften der Absätze 4 bis 7 des § 175 sind anzuwenden [3].

1. § 176 ermöglicht die Vereinigung eines Verfahrens nach §§ 174 ff. mit einem Verfahren nach §§ 145 ff. und umgekehrt.

2. Die obere Aufsichtsbehörde ist dabei nicht an die Übernahme des bestehenden Rechtes gebunden, sondern kann auch alle aus der Neuverteilung oder Vereinigung der Aufgaben sich ergebenden Satzungsänderungen gemäß § 10 treffen.

3. Voraussetzung dieses häufig angewandten Verfahrens ist, daß die Anpassung der Satzung (Neugestaltung nach §§ 145 ff.) noch bei allen beteiligten Verbänden durchzuführen ist. Das Verfahren vereinfacht für die Behörden die Arbeit sehr. Insbesondere fällt das Mitgliederverzeichnis für die neu zuzuweisenden Mitglieder, die Erhebung von Beschwerden und die Entscheidung über sie fort. Eine sorgfältige Anhörung der Vorstände gemäß § 145 ist daher besonders notwendig.

Zuständig ist die obere Aufsichtsbehörde (a. M. Tö. Anm. 2 zu § 176).

XVI. Abschnitt.

Die Auflösung des Wasser- und Bodenverbandes.

Vorbemerkung.

Nach früherem Rechte war die Auflösung von Wassergenossenschaften und Deichverbänden nur in ganz bestimmten Fällen ausnahmsweise zugelassen. Eine Auflösung aus anderen Rechtsgründen, z. B. auf Grund des bürgerlichen oder öffentlichen Vereinsrechts, war nicht zulässig. Die WVO. beschränkt die Auflösung des Wasser- und Bodenverbandes nicht auf bestimmte Fälle, sondern läßt sie allgemein zu, wenn das Fortbestehen des Verbandes nicht erforderlich ist. Die Auflösung des Verbandes ist nicht vom Willen der Verbandmitglieder abhängig, sondern unterliegt dem freien Ermessen der Aufsichtsbehörde. Insbesondere bildet das Herabsinken der Mitgliederzahl auf zwei an sich keinen Auflösungsgrund, da sogar der Einmannverband zugelassen ist (§ 15). Bei Auflösungswünschen ist wegen des öffentlichen Interesses an der Wasserregelung und der Bodenkultur Zurückhaltung geboten.

Über den Konkurs des Verbandes enthält die WVO. keine besonderen Vorschriften; die Voraussetzung des Konkurses, Zahlungsunfähigkeit des Verbandes, kann mit Rücksicht auf die unbeschränkte Haftung der Verbandmitglieder für die Verbandschulden kaum eintreten, der Verbandvorsteher hat für die Deckung der Schulden durch Ausschreibung von Umlagen (§§ 78ff.) und durch Betreibung der Zwangsvollstreckung gegen die Verbandmitglieder (§ 93) zu sorgen und kann dazu von der Aufsichtsbehörde angehalten werden (vgl. Niermann in ZAgr. **14**, 206). Die Gläubiger des Verbandes können bei der Aufsichtsbehörde die Zwangsfestsetzung des Haushaltsplanes zur Befriedigung ihrer Forderungen erwirken (§ 75). Im früheren Lande Preußen findet ein Konkursverfahren über das Vermögen der juristischen Personen des öffentlichen Rechts nicht statt (Gesetz vom 11. Dezember 1934, GS. S. 457, § 4). Dasselbe gilt für Sachsen (AG.ZPO. § 4).

§ 177. Voraussetzung.

Die Aufsichtsbehörde kann nach Anhörung des Ausschusses mit Genehmigung der obersten Aufsichtsbehörde den Wasser- und Bodenverband auflösen, wenn sein Fortbestehen nicht erforderlich ist.

1. Vgl. Vorbemerkung zum XVI. Abschnitt. Die Aufsichtsbehörde entscheidet über die Auflösung nach freiem pflichtmäßigen Ermessen; sie wird davon absehen, wenn der Fortbestand des Verbandes im öffentlichen Interesse oder im Interesse der Verbandgläubiger liegt, oder fordern, daß die Verbandschulden vorher getilgt werden. Besteht eine öffentlich-rechtliche Unterhaltspflicht des Verbandes an einem Gewässer, so muß ein anderer vor der Auflösung diese Pflicht übernehmen. Die anderweitige befriedigende Sicherung der Unterhaltung der Verbandanlagen, besonders wenn wie bei Wasserläufen eine gesetzliche Pflicht zur Unterhaltung besteht, ist daher Voraussetzung der Auflösung. Die Auflösung ist erleichtert durch § 2 der Vdg. über die Wirtschaftsverwaltung vom 27. August 1939 (RGBl. I S. 1495), wonach die obersten Aufsichtsbehörden ganz allgemein ermächtigt sind, die zu ihrem Dienstbereich gehörenden Stellen aufzulösen.

2. Die Entscheidung der Behörde, der die Auflösungsbefugnis übertragen ist, kann nur mit der Beschwerde an die oberste Aufsichtsbehörde angefochten werden.

§ 178. Verkündung. Inkrafttreten.

Die Aufsichtsbehörde verkündet die Auflösung des Wasser- und Bodenverbandes und fordert die Gläubiger öffentlich zur Anmeldung ihrer Ansprüche auf. Die Regeln des § 149 gelten entsprechend.

Mit dem Tage der Verkündung der Auflösungsverfügung wird die Auflösung rechtswirksam, der Verband gilt aber bis zum Ende der Abwicklung als fortbestehend (§ 179 Abs. 1 Satz 2).

§ 179. Abwicklung.

(1) Der Wasser- und Bodenverband wickelt nach der Auflösung seine Geschäfte ab. Er gilt bis zum Ende der Abwicklung als fortbestehend, soweit der Zweck der Abwicklung es erfordert.

(2) Die Aufsichtsbehörde kann unter Abrufung des Vorstandes einen oder mehrere Liquidatoren

mit der rechtlichen Stellung des Vorstandes bestellen.

Nach der Auflösung des Verbandes erfolgt die Abwicklung der Geschäfte (Liquidation) durch den Vorstand, Vorsteher oder besondere Liquidatoren. Das Verfahren entspricht den Vorschriften des BGB. (§§ 49 ff.) über die Auflösung des Vereins. Die Befugnisse der Liquidatoren beschränken sich auf die aus der Auflösung des Verbandes sich ergebenden Abwicklungsgeschäfte (§ 181). Es bleiben alle Satzungsbestimmungen gültig, die mit der Abwicklung nicht im Widerspruch stehen.

§ 180. Aufforderung der Gläubiger.

Der Vorsteher des Wasser- und Bodenverbandes (Liquidator) teilt die Auflösung den bekannten Gläubigern besonders mit und fordert sie zur Anmeldung ihrer Ansprüche auf.

§ 181. Geschäfte der Abwicklung.

(1) Der Vorstand (Liquidator) beendigt die laufenden Geschäfte, zieht die Forderungen ein, setzt das übrige Vermögen in Geld um, befriedigt die Gläubiger und verteilt den Überschuß unter die Anfallberechtigten. Zur Beendigung schwebender Geschäfte kann der Vorstand auch neue Geschäfte eingehen [1].

(2) Die Aufsichtsbehörde bestimmt die Anfallberechtigten, wenn nichts anderes vorgeschrieben ist [2].

(3) Die Forderungen brauchen nicht eingezogen, das Vermögen nicht in Geld umgesetzt zu werden, soweit es zur Befriedigung der Gläubiger oder zur Verteilung des Überschusses nicht erforderlich ist [3].

1. Der Verband gilt bis zur Beendigung der Liquidation als fortbestehend, soweit der Zweck der Liquidation es erfordert (§ 17 Abs. 1 Satz 2). Die Befugnisse der Liquidatoren beschränken sich aber auf die in Abs. 1 angegebenen Abwicklungsgeschäfte, ihre Geschäftsführung untersteht der staatlichen Aufsicht; die Genehmigungspflicht der Geschäfte richtet sich nach § 122.

2. Es könnte also in der Satzung eine Bestimmung über die Anfallberechtigten getroffen werden.

3. Nach Beendigung der Liquidation hat die Aufsichtsbehörde die Bücher, Schriften und Pläne des Verbandes in Verwahrung zu nehmen.

§ 182.

Übergabe an die Anfallberechtigten.

(1) Das Vermögen darf den Anfallberechtigten nicht vor dem Ablaufe eines Jahres nach der Auflösung (§ 178) übergeben werden.

(2) Solange eine Verbindlichkeit streitig ist oder nicht berichtigt werden kann, darf das Vermögen ihnen nur, wenn dem Gläubiger Sicherheit geleistet ist [1], übergeben werden.

1. Über die Sicherheitsleistung s. BGB. §§ 232 ff.

§ 183. Hinterlegung.

Meldet sich ein bekannter Gläubiger nicht, so ist das Geschuldete, wenn die Berechtigung zur Hinterlegung besteht, für den Gläubiger zu hinterlegen.

Für die Hinterlegung gilt die Hinterlegungsordnung vom 10. März 1937 (RGBl. I S. 285).

Dritter Teil.

Allgemeines.

XVII. Abschnitt.

Vorbemerkung.

Der dritte Teil, Allgemeines — §§ 184 bis 192 —, enthält nur wenige Vorschriften; sie betreffen Erbbaurecht, Erbpacht, Polizeirecht, gemeinderechtliche Abgaben, die Rechtsmittelbelehrung, das Verfahren in der Übergangszeit, die Ausführung der Verordnung, das Verhältnis des früheren Rechts zum neuen Rechtzustande und das Inkrafttreten der Verordnung.

§ 184. Erbbaurecht. Erbpacht.

Die den Grundeigentümer treffenden Vorschriften dieser Verordnung treffen auch den Erbbauberechtigten [1] und den Erbpächter [2 3 4].

1. S. Anm. 2 zu § 3. Das Erbbaurecht, das veräußerliche und vererbliche Recht, auf oder unter der Oberfläche des Grundstücks ein Bauwerk zu haben, ist unter Aufhebung der §§ 1012 bis 1017 BGB. in der Vdg. vom 15. Januar 1919 (RGBl. S. 72) geregelt. Es stellt sich zwar nur als ein beschränktes dingliches Nutzrecht an einem fremden Grundstück dar, wird aber rechtlich wie ein Grundstück behandelt.

2. Die Erbpächter (Büdner, Häusler) sind wie die Erbbauberechtigten den Grundeigentümern gleichgestellt. Die Erbpachtverhältnisse in den Fehnkolonien der Provinz Hannover sind durch das Gesetz vom 24. Januar 1934 (GS. S. 49) und die DurchfVO. vom 14. Februar 1935 (GS. S. 117) geregelt.

3. Der Erbbauberechtigte und der Erbpächter können wie der Grundeigentümer Mitglieder des Verbandes sein. Sind sie es nicht, so unterliegen sie als Nutzberechtigte den Vorschriften der §§ 28 und 94.

4. Nach Art. III. Nr. 2 des Kontrollratsgesetzes Nr. 45 (Amtsblatt der Mil. Reg., Brit. Kontrollegebiet, Nr. 18

S. 485 sind Erbpachtgüter „freies, den allgemeinen Gesetzen unterworfenes Grundeigentum."

§ 185. Polizeirecht.

Für den Erlaß von Polizeiverordnungen auf Grund dieser Verordnung gelten bis zum Inkrafttreten eines Reichspolizeirechtes die landesrechtlichen Vorschriften.

Vgl. Anm. zu § 104. Hierdurch ist das Recht nachgeordneter nichtministerieller Polizeibehörden zum Erlaß von Polizeiverordnungen nach Maßgabe der landesrechtlichen Vorschriften nicht berührt worden.

§ 186. Gemeinderechtliche Abgaben.

(1) Bis zum Inkrafttreten eines Reichskommunalabgabengesetzes gelten für die Befugnis der Gemeinden und Gemeindeverbände [1], ihre Beiträge zu einem Wasser- und Bodenverbande durch Erhebung von gemeindlichen Abgaben abzubürden, die landesrechtlichen Vorschriften. Die Gemeinden und Gemeindeverbände dürfen jedoch für die Benutzung von Anlagen eines Wasser- und Bodenverbandes oder von gemeindlichen Anlagen, die im Zusammenhang mlt Anlagen des Verbandes stehen, gemeindliche Abgaben von den Verbandmitgliedern insoweit nicht erheben, als diese selbst hierfür an den Verband Beiträge zu leisten haben [2].

(2) Die Fachminister können die nötigen Ergänzungen der Landesgesetze anordnen, um den Gemeinden und Gemeindeverbänden die Abbürdung der Beitraglast zu ermöglichen [2].

1. Als Gemeindeverbände kommen hauptsächlich die Kreiskommunalverbände in Betracht. Sie können als öffentlich-rechtliche Körperschaften nach § 3 Nr. 3 Verbandmitglieder sein, ohne daß sie mit Grundstücken an dem Unternehmen beteiligt sind.

2. Diese Vorschrift hat insbesondere für Abwasserverbände (§ 2 Nr. 4) Bedeutung. § 186 Abs. 1 verbietet nur eine Doppelbelastung, besagt aber nicht, daß Verbandmitglieder überhaupt und auf jeden Fall von gemeindlichen Abgaben befreit sein sollen, sondern nur insoweit, als ihre Vorteile von der Anstalt (in Preußen bei Beiträgen aus § 9 KAG. und Mehrbelastung aus § 20 KAG.) anteilmäßig schon durch ihren Verbandbeitrag abgegolten sind. Wie weit dies der Fall ist, ist Sache der Prüfung derjenigen Stelle, welche die Beitragsordnung zu genehmigen hat (PrOVG. im RVBl. **61**, 528; ZAgr. **27**, 62; diese Selbstbeschränkung des OVG. hält Hüttenhein [RVBl. **63**, 261] für unrichtig und unbefriedigend). Die Gemeindeabgabe eines Verbandmitgliedes, das nur zur Deckung gemeindlicher Verbandbeiträge herangezogen wird, ist auf jeden Fall gegenüber den Nichtverbandmitgliedern erheblich zu ermäßigen (ZAgr. **22**, 251) und hat, wenn das Verbandmitglied — was allerdings selten ist — gar keine Vorteile von den technischen Veranstaltungen der Gemeinde (auch z. B. nicht durch die — in seinen Verbandsbeiträgen nicht erfaßte — Abführung des Regenwassers von Straßen und Plätzen), überhaupt ganz wegzufallen. Vgl. den — allerdings durch Erl. vom 24. März 1943, MBliV. S. 511, wegen einiger Unklarheiten aufgehobenen, aber in seiner Zielrichtung zutreffenden Runderlaß des RM.d.I. vom 10. September 1938 — MBliV. S. 1509 — sowie Hüttenhein a. a. O., anders OVG. in ZAgr. **27**, 62).

3. Durch Abs. 2 werden die Fachminister (§ 189) ermächtigt, die Kommunalabgabengesetze dahin zu ändern, daß die Mitgliedschaft einer Gemeinde oder eines Gemeindeverbandes bei einem Wasser- und Bodenverbande als eine gemeindliche Maßnahme bezeichnet wird, zu deren Kosten die Gemeinde den beteiligten Bürgern besondere Abgaben auferlegen darf.

§ 187. Rechtsbehelfe.

(1) In allen schriftlich oder durch Bekanntmachung mitgeteilten Entscheidungen, gegen die diese Verordnung einen Rechtsbehelf [1] gibt (Einspruch in den §§ 87, 88, 89, 90, 91, 94, 95, Beschwerde in den §§ 12, 13, 14, 19, 27, 33, 75, 87, 88, 89, 90, 91, 94, 95, 98, 100, 131, 137, 168, 174, 175, Klage im § 33), sind die Frist und die über den Rechtsbehelf entscheidende Stelle anzugeben. Die Angabe kann nachgeholt werden. Wenn diese Vorschrift nicht befolgt wird, ist der Rechtsbehelf an eine Frist nicht gebunden [2].

(2) Die Frist wird auch durch Anbringen bei der Stelle gewahrt, die entschieden hat [3].

1. Dienstaufsichtsbeschwerden und Aufsichtsbeschwerden sind keine Rechtsbehelfe, sie sind an keine Form oder Frist gebunden, s. auch RdErl. des RM.d.I. vom 11. November 1939, LwRMBl. S. 1281.

2. In § 187 wird die Rechtsmittelbelehrung zwingend vorgeschrieben. Wird die Vorschrift nicht beachtet oder ist die Belehrung unrichtig, so wird die Rechtsmittelfrist nicht in Lauf gesetzt (vgl. ZAgr. **26**, 69, **37**, 315, **28**, 127). Durch formgerechte Anbringung des Rechtsmittels innerhalb der gesetzlichen Frist wird der Mangel geheilt, ebenso wenn die Rechtsmittelbelehrung in derselben Form wie die Entscheidung — schriftlich bzw. durch Bekanntmachung — nachgeholt wird. Über die Rechtsmittelbelehrung s. Hintze in ZAgr. **26**, 197.

3. Die Anbringung des Rechtsbehelfes bei der Stelle, die entschieden hat, wird sich zwecks Ersparung von Zeit und zur Verminderung des Schreibwerks in der Regel sogar empfehlen. Wegen Wiedereinsetzung in den vorigen Stand s. ZAgr. **27**, 17.

§ 188. Übergang für Verfahren.

(1) Verfahren, die zur Zeit des Inkrafttretens dieser Verordnung bei Organen des Wasser- und

Bodenverbandes oder bei anderen zu ihm gehörenden Stellen (Berufungsausschuß) anhängig sind, werden nach dieser Verordnung fortgeführt [1].

(2) Die bei anderen Stellen anhängigen Verfahren werden nach dem früheren Verfahrensrechte fortgeführt, soweit die obere und die oberste Aufsichtsbehörde nicht den Übergang auf die nach dieser Verordnung zuständigen Stelle anordnet [2].

(3) Die obere und die oberste Aufsichtsbehörde können die Verfahren regeln.

§ 189. Fachminister.

Fachminister im Sinne dieser Verordnung sind die in der Angelegenheit zuständigen Reichsminister. Sie können ihre Aufgaben auf andere Behörden übertragen.

Vgl. Anm. 1 zu § 112.

§ 190. Ausführung der Verordnung.

Der Reichsminister für Ernährung und Landwirtschaft erläßt unter Mitwirkung der anderen Fachminister die zur Ausführung dieser Verordnung nötigen Vorschriften [1].

Auf Grund des § 190 sind bislang vier Ausführungsvorschriften (Wasserverbandvorschriften) erlassen worden, wegen der 1. AV. s. Anm. 5 zu § 9, wegen der 2. AV. s. Anm. 9 zu § 2, wegen der 3. AV. s. Anm. 4 zu § 173, wegen der 4. AV. s. Anm. zu § 140. Diese Ausführungsvorschriften sind am Schluß dieses Kommentars abgedruckt.

§ 191. Früheres Recht.

(1) Mit dem Inkrafttreten dieser Verordnung treten die entgegenstehenden Vorschriften des Reiches, die Vorschriften der Länder, das Ge-

wohnheitsrecht und das Herkommen außer Kraft. Wo in Vorschriften auf das außer Kraft gesetzte Recht verwiesen ist, tritt das neue Recht an seine Stelle [1].

(2) Folgende preußischen Gesetze bleiben unberührt [2]

1. das Gesetz, betreffend Bildung einer Genossenschaft zur Regelung der Vorflut und zur Abwasserreinigung im Emschergebiete, vom 14. Juli 1904 (Preuß. Gesetzsamml. S. 175) [3];
2. das Ruhrtalsperrengesetz vom 5. Juni 1913 (Preuß. Gesetzsamml. S. 317);
3. das Ruhrreinhaltungsgesetz vom 5. Juni 1913 (Preuß. Gesetzsamml. S. 305) [4];
4. das Lippegesetz vom 19. Januar 1926 (Preuß. Gesetzsamml. S. 13);
5. das Entwässerungsgesetz für das linksniederrheinische Industriegebiet vom 29. April 1913 (Preuß. Gesetzsamml. S. 251) [5] [6].

1. Während die einschlägigen reichsrechtlichen Vorschriften nur insoweit außer Kraft getreten sind, als sie der Verordnung entgegenstehen, sind die auf Landesgesetz, Gewohnheitsrecht oder Herkommen beruhenden Rechtsnormen über die in § 1 Abs. 1 Nr. 1 aufgeführten Verbände — ebenso wie die sie behandelnden Staatsverträge zwischen den einzelnen Ländern — auch insoweit aufgehoben worden, als sie der Verordnung nicht entgegenstehen. Außer Kraft getreten ist aber nur das formelle und materielle Recht der Länder über die öffentlich-rechtlichen Wasser- und Bodenverbände (s. LwRMBl. 1939 S. 455). Bestehen geblieben ist das materielle allgemeine Wasserrecht; unberührt geblieben sind auch alle Rechtsnormen, welche die äußeren Rechtsverhältnisse der Wasser- und Bodenverbände, insbesondere die Rechtsverhältnisse dieser Verbände untereinander zum Gegenstand haben. Die Ausführungsregeln der Wassergesetze, z. B. über Stauanlagen (vgl. Pr.W.G. §§ 92ff.) gelten als materielle Vorschriften auch für die Verbände (Wüsthoff Anm. 1 zu § 191).

Unter § 191 Satz 1 fallen auch die auf Gesetzen, Verordnungen und rechtsverbindlichem Herkommen beruhenden, im Ebbe- und Flutgebiete der Länder Niedersachsen und Schleswig-Holstein seit Jahrhunderten in Geltung gewesenen deich- und sielrechtlichen Bestimmungen, die bis zum Inkrafttreten der WVO. bestehen geblieben waren (Art. 66 EG.BGB.). Das PrWG. fand auf dieses einheitliche Rechtsgebiet auch insoweit keine Anwendung, als jene alten Rechtsnormen für die innere Verfassung der Deich- und Sielverbände keine Regelung enthielten (PrOVG. **71**, 364, **72**, 359, 362 f., Urteil des Gerichtshofes zur Entsch. der Kompetenzkonflikte in ZAgr. **23**, 32, vgl. auch Niermann in ZAgr. **14**, 195). Soweit es in ihren Bereich fällt, beseitigt die WVO. auch dieses Sonderrecht des Nordseeküstengebietes für die innere Verfassung der Deich- und Sielverbände, und zwar auch insoweit, als das Sonderrecht mit dem neuen Rechte vereinbar ist; soweit aber materielles allgemeines Wasserrecht in den deich- und sielrechtlichen Bestimmungen enthalten ist, bleibt es gleichfalls bestehen. Wegen vorläufiger Fortgeltung der alten Satzungen, soweit sie den zwingenden Vorschriften der WVO. nicht widersprechen, vgl. Vorbemerkung zu § 143. Über das Verhältnis der WVO. zu den Wassergesetzen der Länder s. die eingehenden Ausführungen bei Wüsthoff Anm. 1 zu § 191; wegen einer Abweichung s. Anm. 2 Abs. 2 zu § 22 (oben S. 74).

2. In Absatz 2 sind mehrere der preußischen Sondergesetze nicht aufgeführt, nämlich das Niersgesetz vom 22. Juli 1927 (GS. S. 139), das Gesetz betreffend die Schwarze Elster vom 28. April 1928 (GS. S. 113), das Wuppergesetz vom 8. Januar 1930 (GS. S. 5). Die Vorschriften dieser Gesetze sind daher nach Abs. 1 Satz 1 außer Kraft getreten und werden in die neuen Satzungen der auf Grund dieser Sondergesetze gebildeten Verbände aufzunehmen sein, soweit das nach den Sondergesetzen geltende Recht mit der WVO. vereinbar ist. Diejenigen Verbandangelegenheiten, die mit dieser Verordnung nicht vereinbar geregelt sind, sind nach ihr zu regeln (vgl. Anm. 1

und 2 zu § 146). Bis zum Erlaß der neuen Satzung bleiben aber diejenigen Bestimmungen der Sondergesetze in Kraft, die mit der WVO. nicht im Widerspruch stehen, für das Leben des Verbandes unerläßlich sind und daher in der neuen Satzung geordnet werden müssen (ZAgr. **28**, 26).

3. Durch die WVO. wird die bisherige Rechtsprechung über Gemeindeabgabepflicht von Emschergenossenschaftsmitgliedern (OVG. **94**, 39) nicht berührt (RVBl. **61**, 528; ZAgr. **27**, 62).

4. Vgl. 3. WVO. vom 20. April 1943, RGBl. I S. 268, abgedruckt unten S. 275.

5. Die Vorschriften der WVO. können für die durch die Gesetze zu 1 bis 5 geschaffenen Genossenschaften nur subsidiäre Geltung haben, nicht aber im Widerspruch zu klaren Bestimmungen dieser Gesetze oder der Genossenschaftssatzungen angewendet werden (PrOVG. **73**, 378, 382 f.).

6. Für die in Abs. 2 aufgeführten Verbände gilt auch der RdErl. vom 7. November 1938, LwRMBl. 1099, über die Vorlegung des Haushaltsplanes und der Jahresrechnung (Anm. 3 zu § 73, Anm. 2 zu § 76) und der RdErl. vom 21. März 1938 (s. Anm. 1 zu § 122). Überhaupt gelten die Erlasse der obersten Aufsichtsbehörde an die Wasser- und Bodenverbände auch für diese 5 Verbände, falls sie nicht besonders ausgenommen sind (RdErl. vom 20. August 1941, LwRMBl. S. 642).

§ 192. Inkrafttreten der Verordnung.

(1) Diese Verordnung tritt am 1. Januar 1938 in Kraft [1]. Der Reichsminister für Ernährung und Landwirtschaft kann sie für bestimmte Gebiete früher in Kraft setzen.

(2) Für neuzugründende Wasser- und Bodenverbände tritt sie einen Monat nach ihrer Verkündung in Kraft.

1. Die Verordnung, die in dem am 9. September 1937 ausgegebenen Stück Nr. 99 des Reichsgesetzblattes veröffentlicht ist, findet auf die Verbandgründung schon seit dem 9. Oktober 1937 Anwendung.

Zweite Verordnung über Wasser- und Bodenverbände.

(Zweite Wasserverbandverordnung)
vom 15. Dezember 1942
(RGBl. I S. 729.)

Auf Grund des Gesetzes über Wasser- und Bodenverbände vom 10. Februar 1937 (RGBl. I S. 188) und des Erlasses über den Generalinspektor für Wasser und Energie vom 29. Juli 1941 (RGBl. I, S. 467) wird im Einvernehmen mit dem Reichsminister für Ernährung und Landwirtschaft folgendes verordnet:

Die im § 26 Abs. 2 der Ersten Verordnung über Wasser- und Bodenverbände vom 3. September 1937 (RGBl. I S. 933) vorgeschriebene Frist wird verlängert. Demgemäß lautet dieser Absatz:

„(2) Die zur Zeit des Inkrafttretens dieser Verordnung bestehenden Vorschriften, welche den Entschädigungsanspruch beschränken oder ausschließen, bleiben aufrechterhalten. Sie fallen am 31. Dezember 1947 weg, wenn sie nicht vorher in die Satzung oder die Polizeiverordnung (§§ 22, 23) genommen werden."

Berlin, den 15. Dezember 1942.

Der Generalinspektor für Wasser und Energie
In Vertretung
Schulze-Fielitz.

Dritte Verordnung über Wasser- und Bodenverbände.

(Dritte Wasserverbandverordnung)
vom 20. April 1943
(RGBl. I S. 268.)

Auf Grund des Gesetzes über Wasser- und Bodenverbände vom 10. Februar 1937 (Reichsgesetzbl. I S. 188) und des Erlasses des Führers und Reichskanzlers über den Generalinspektor für Wasser und Energie vom 29. Juli 1941 (Reichsgesetzbl. I S. 467) verordne ich im Einvernehmen mit dem Reichsminister des Innern, dem Reichswirtschaftsminister und dem Reichsminister für Ernährung und Landwirtschaft folgendes:

Die Aufsicht über den Ruhrtalsperrenverein und über den Ruhrverband (§ 33 Abs. 1 des preußischen Ruhrtalsperrengesetzes vom 5. Juni 1913 und § 32 Abs. 1 des preußischen Ruhrreinhaltungsgesetzes vom 5. Juni 1933, Preuß. Gesetzsamml. S. 317 und 305) führt in erster Stufe der Oberpräsident der Provinz Westfalen.[1])

Berlin, den 20. April 1943.

Der Generalinspektor für Wasser und Energie
In Vertretung
Schulze-Fielitz.

---

[1]) An dessen Stelle ist der Wirtschaftsminister des Landes Nordrhein-Westfalen getreten.

Erste Ausführungsvorschriften zur Ersten Verordnung über Wasser- und Bodenverbände vom 3. September 1937.

(Erste Wasserverbandvorschriften).
Vom 19. Januar 1938.
(LwRMBl. 1938 S. 25ff.).

Vorbemerkung.

Auf die Vorbemerkung zu dem Kommentar wird verwiesen.

Satzungsmuster.

1. Auf Grund des § 190 der Ersten Verordnung über Wasser- und Bodenverbände vom 3. September 1937 (RGBl. Teil I S. 933) gebe ich das anliegende Satzungsmuster für landwirtschaftliche Wasser- und Bodenverbände bekannt. Es ist sowohl bei der Gründung neuer Verbände als auch bei der Neugestaltung der am 1. Januar 1938 bestehenden Verbände (§ 145 der Verordnung) anzuwenden. Das Muster kann die besonderen Verhältnisse der einzelnen Verbände nicht berücksichtigen; dies muß vielmehr der einzelnen Satzung vorbehalten bleiben. Es berücksichtigt aber die häufig wiederkehrenden Verhältnisse der gewöhnlichen landwirtschaftlichen Verbände und soll insoweit maßgeblich sein. Für die Satzung der besonders gearteten landwirtschaftlichen Wasser- und Bodenverbände, z. B. für die großen Deichverbände und die Oberverbände (§ 113 Wasserverbandverordnung),

ist es wenigstens so weit als Richtlinie zu verwenden, als sein Inhalt für den einzelnen Verband zutrifft.

2. Ich beabsichtige, Ergänzungen zum Satzungsmuster für Wasserbeschaffungsverbände (§ 2 Nr. 5 Wa.Vb.Vo.) folgen zu lassen. Anregungen für weitere häufig vorkommende Arten von Verbänden stelle ich anheim. Wenn besondere Muster für einen bestimmten Bezirk aufgestellt werden sollen, ist meine Genehmigung einzuholen. Dabei ist zu berücksichtigen, daß die mit der Ersten Wasserverbandverordnung erzielte Einheitlichkeit im Reiche nicht durch besondere Vorschriften durchbrochen werden darf, die nicht in besonderen wirtschaftlichen, rechtlichen oder anderen Lebensverhältnissen ihren Grund haben. Der Wunsch, für einzelne Bezirke ein kürzeres Muster zuzulassen, muß dem Streben nach der Einheit untergeordnet werden.

3. So lange die an der Aufsicht über die Wasser- und Bodenverbände mitwirkenden Behörden nicht einheitlich im Reich aufgebaut und bezeichnet sind, müssen die Satzungen in einigen Bezirken von dem Muster abweichen. Die nötigen Änderungen sind im einzelnen Falle vorzunehmen. Dies gilt besonders von den Bezeichnungen „Kulturbauamt" und „Kreisbaumeister". Nicht erforderlich ist, die Bezeichnung „Kulturbauamt" in Preußen durch die Bezeichnung „der Kulturbaubeamte" zu ersetzen.

4. Das Satzungsmuster geht von einer Ordnung aus, die in der Wasser- und Bodenverbandverordnung als eine Regel verzeichnet ist, von der aber in manchen Dingen abgewichen werden darf. Zum Beispiel ist im § 55 Wa.Vb.Vo. die Wahl des Ausschusses als Regel angenommen, an deren Stelle aber eine andere Art der Berufung des Ausschusses gesetzt

werden kann. Wenn von der Regel im einzelnen Falle aus besonderen Gründen abgewichen werden muß, sind die nicht passenden Teile des Musters zu streichen und durch die notwendige Regelung zu ersetzen. Nicht angängig ist es, die Mustervorschrift ungeändert zu lassen und nur hinzuzufügen, daß von der Vorschrift nach der Verordnung abgewichen werden kann, und die tatsächliche Abweichung dem Verbande oder der Aufsichtsbehörde außerhalb der Satzung zu überlassen.

5. An mehreren Stellen des Satzungsmusters wird zugelassen, daß an Stelle des Kulturbauamtes der Kreisbaumeister in der staatlichen Aufsicht tätig wird. Diese Zulassung beruht auf der Vorschrift des § 118 Wa.Vb.Vo., daß als technischer Berater der Aufsichtsbehörde auf Anordnung der für die oberste Aufsicht in dieser Frage zuständigen Reichsminister eine andere Stelle als die staatliche Fachbehörde auftreten kann. Die Ausführungsvorschriften und das Satzungsmuster sind einstweilen als eine solche Anordnung nicht anzusehen. Die Anordnung ist abzuwarten. Bis dahin darf nur die staatliche Fachbehörde in der einzelnen Satzung angeführt werden. Satzungen, in denen der Kreisbaumeister angeführt werden soll, sind vorzubereiten, aber noch nicht zu erlassen. Die folgenden Vorschriften über die Einschaltung und die Tätigkeit des Kreisbaumeisters werden also erst mit der Anordnung der obersten Aufsichtsbehörde in Kraft treten.

6. Die Stellung der staatlichen technischen Fachbehörde bei der Gründung und der Ausdehnung der Verbände und bei der Neuverteilung und Vereinigung ihrer Aufgaben nach den §§ 157, 174, 175, 176 Wa.Vb.Vo. wird durch das Satzungsmuster nicht berührt. Denn diese Tätigkeit

fällt nicht unter die Aufsicht nach § 118, die allein im Muster zu erwähnen ist. Unberührt bleibt ferne die Stellung der technischen Staatsbehörde bei der Gewährung und der Auszahlung der Beihilfen und der Darlehen aus öffentlicher Hand. Die in den entsprechenden Vorschriften den Kulturbauämtern aufgegebene Verantwortung für die Vergebung dieser Mittel, mithin ihre Pflicht, die Voraussetzungen der Vergebung zu prüfen, besteht immer, auch wenn nach dem Satzungsmuster die Mitwirkung bei der Aufsicht auf den Kreisbaumeister übertragen wird.

Zu einzelnen Vorschriften des Satzungsmusters ist folgendes zu bemerken.

Zu § 1.

7. Für den Namen der Wasser- und Bodenverbände gibt die Wasserverbandverordnung (§ 5) keine Vorschrift. Die Auswahl ist also rechtlich frei. Die Beibehaltung der bisherigen Bezeichnung „Genossenschaft" soll aber vermieden werden, damit das Ziel der Verordnung erreicht wird, die Wasser- und Bodenverbände als öffentlich-rechtliche, meistens an das Grundeigentum gebundene Körperschaften von den privatrechtlichen, nur die Personen zusammenschließenden Erwerb- und Wirtschaftgenossenschaften zu unterscheiden. Die meisten Verbände werden am besten als „Wasserverband" unter Hinzufügung des Namens der Ortschaft oder des Baches oder einer herkömmlichen Angabe bezeichnet. Diese Bezeichnung deutet im allgemeinen mindestens einen wesentlichen Teil der Verbandaufgaben an. Wenn die Aufgaben am Wasser weniger wichtig sind als die der Bodenbearbeitung nach § 2 Nr. 6 Wa.Vb.Vo., ist die Bezeichnung „Bodenverband" vorzuziehen. Stets ist das Wort „Wasser- und Bodenverband" zulässig. Auf Kürze des Namens ist Wert zu legen.

Die besonderen in Abs. 2 der Anm. zu § 5 WVO. aufgeführten Bezeichnungen sind der Bezeichnung Wasserverband oder Wasser- und Bodenverband vorzuziehen.

Zu § 2.

8. Als Mitgliederverzeichnis ist im allgemeinen das bei der Gründung des Verbandes benutzte Verzeichnis zu verwerten (§§ 156 und 11 Wa.Vb.Vo.). Es beweist für sich allein noch nicht die Mitgliedschaft einer Person. Diese ist vielmehr, wenn sie fraglich ist, aus allen Umständen zu ermitteln, also auch aus dem Plane und aus den Gründungsakten. Nur wenn das Verzeichnis nach § 147 Wa.Vb.Vo. bei der Neugestaltung der alten Verbände festgesetzt wird, hat es unmittelbare Rechtswirkung. Von diesem Mittel der Klärung einer zweifelhaften Mitgliedschaft ist aber nur in besonderen Fällen Gebrauch zu machen, z. B. für einen sehr alten Verband, für den kein Mitgliederverzeichnis besteht. Abgesehen von diesem Falle wäre auch die Änderung des Mitgliederverzeichnisses kein Mittel, Personen aus einem Verbande zu entlassen oder in ihn aufzunehmen. Entlassung und Aufnahme richten sich vielmehr nach den §§ 13, 14, 174, 175 und 176 der Verordnung, sind also durch staatliche Verfügung zu bewirken. Auch ist es nicht möglich, in der Satzung allgemeine Voraussetzungen festzusetzen, bei deren Erfüllung die Mitgliedschaft von selbst eintritt, z. B. das Vertiefen der Bodenoberfläche unter eine bestimmte Höhe.

9. Die dingliche Mitgliedschaft (§ 3 Nr. 1 Wa.Vb.Vo.) ändert sich von selbst mit dem Eigentum am Grundstücke. Der Erbe des Grundeigentümers und der Erwerber kraft Kaufes wird ohne weiteres, auch ohne staatliche Verfügung, Mitglied.

Wenn der Verbandvorsteher es versäumt, das Mitgliederverzeichnis, wie es im Satzungsmuster vorgeschrieben ist, auf dem laufenden zu halten, so ist dies ohne rechtliche Bedeutung. Die Aufsichtsbehörde, die die Urschrift des Verzeichnisses aufbewahrt, braucht daher diese von selbst eintretenden Änderungen nicht sofort einzutragen, sonden kann sich auf eine Fortführung in längeren Zeitabständen beschränken. Änderungen aber, die sie nach den §§ 13 und 14 verfügt, hat sie sofort einzutragen (§ 13 Abs. 3).

10. Zur Aufbewahrung des Mitgliederverzeichnisses s. die Ausführungen zu § 4.

Zu § 3.

11. In den §§ 2 und 17 Wa.Vb.Vo. sind die Aufgabe und das Unternehmen des Verbandes unterschieden. Aufgaben sind eine oder mehrere der im § 2 aufgeführten Tätigkeiten ohne Rücksicht auf einen bestimmten Gegenstand der Tätigkeit und ein bestimmtes Mittel zur Durchführung; Unternehmen ist eine bestimmte Art des Bauens und Arbeitens an örtlich bestimmten Grundstücken, Gewässern und Anlagen, insbesondere das Errichten, Erhalten und Betreiben bestimmter Anlagen, das Ausbauen und Unterhalten bestimmter Gewässer. Im § 3 der Satzung ist nur die Aufgabe anzugeben, im § 4 dagegen das Unternehmen. Die Unterscheidung hat ihren Sinn in den Vorschriften der §§ 18 und 21 der Verordnung, nach denen die Änderung der Aufgabe mehr in die Verfügungsgewalt der Staatsbehörde gelegt ist und alle Verbandorgane zu hören sind, die Änderung des Unternehmens aber mehr als Selbstverwaltungsmaßnahme behandelt wird und Ausschuß und Verbandversammlung nicht gehört zu werden brauchen. Änderung der Aufgabe

eines Entwässerungsverbandes ist z. B. die Hinzufügung der Bewässerung. Dagegen ist nur Änderung des Unternehmens eines Entwässerungsverbandes die Verbesserung der bisher mit Gräben bewirkten Entwässerung durch Hinzufügen eines Drännetzes. Nicht Änderung der Aufgabe eines Entwässerungsverbandes ist ferner die Erweiterung des Entwässerungsgebietes; diese ist Änderung der (dinglichen) Mitgliedschaft und Änderung des Unternehmens und dementsprechend vorzunehmen (§§ 13 und 21 Wa.Vb.Vo.).

12. Es empfiehlt sich, von der Unterhaltung eines Gewässers als einer Verbandaufgabe nur dann zu sprechen, wenn dem Verbande nicht nur im Verhältnisse zu den Mitgliedern, sondern unbedingt nach allgemeinem Wasserrechte die Unterhaltungspflicht obliegt. Bei preußischen Wasserläufen wird die Pflicht in der Regel beide Inhalte haben.

13. Die Aufforstung der Verbandgrundstücke gehört nicht zu den nach den Nrn. 1 bis 11 des § 2 Wa.Vb.Vo. ohne weiteres möglichen Aufgaben, kann aber nach Nr. 12 von den zuständigen Reichsministern zugelassen werden.

Zu § 4.

14. Zu dem Begriffe „Unternehmen" s. die Ausführungen zu § 3.

15. Da von dem Plane des Verbandunternehmens bei seiner Ausführung vielfach abgewichen werden muß, erübrigt sich oft die Herstellung von Planabzeichnungen zur Aufbewahrung beim Verbandvorsteher. Der Absatz 3 des § 4 ist dann entsprechend zu ändern. In diesem Falle werden meistens Zeichnungen nach der tatsächlichen Ausführung angefertigt und dem Vorsteher überlassen.

Solche Ausführungszeichnungen entsprechen dem „Verzeichnis der Anlagen und Gewässer", das nach § 17 Abs. 3 Wa.Vb.Vo. vorgeschrieben werden kann. Über sie ist im § 4 Abs. 4 der Satzung das Nötige zu sagen.

16. Wenn weder ein Plan noch Ausführungszeichnungen bestehen (z. B. bei sehr alten Verbänden), und wenn sie auch nicht erforderlich sind, sind die Vorschriften über die Aufbewahrung zu streichen.

17. Die Aufbewahrung der Urkunden wird im § 4 Abs. 3 und im § 2 Abs. 2 verschieden geregelt. Das ergibt sich aus der mehr technischen Bedeutung des Planes und der mehr rechtlichen Bedeutung des Mitgliederverzeichnisses. Wenn der Kreisbaumeister bei der Aufsicht mitwirkt, wird das Kulturbauamt des Mitgliederverzeichnisses, des Planes und der Ausführungszeichnungen in vielen Fällen entraten können.

Zu § 5.

18. Die Vorschrift des Abs. 1 (§ 20 Satz 1 Wa.Vb. Vo.) ist erfüllt, wenn der Plan von der Gründungsbehörde (§ 152) dem Gründungsverfahren zugrunde gelegt worden ist.

19. An Stelle des Kulturbauamtes (§ 5 Abs. 2) ist in den Ländern, die keine Kulturbauämter haben, die geeignete kulturbautechnische Staatsbehörde zu setzen. Wenn die Aufsichtsbehörde selbst eine höhere kulturbautechnische Dienstkraft hat (z. B. ein Regierungspräsident in Preußen, dem die Aufsicht an Stelle des Landrates übertragen ist), können die im Absatz 2 des § 5 des Musters vorgeschriebenen Meldungen ihr selbst erstattet, die Worte „Kulturbauamt" und „Kreisbaumeister" mithin geändert werden.

20. Als Kreisbaumeister wird in dem Satzungsmuster vornehmlich der in der Kulturbautechnik vor-

gebildete, in vielen preußischen Landkreisen angestellte kreiskommunale Beamte bezeichnet. Er ist nicht Staatsbeamter, wird aber nach § 118 Wa. Vb.Vo. als technischer Berater des Landrates in dessen staatlicher Aufsichtstätigkeit zugelassen. Soweit anderen Aufsichtsbehörden als den preußischen Landräten entsprechende Dienstkräfte zur Verfügung stehen, gilt für sie dasselbe. Die in dem Muster gebrauchte Bezeichnung „Kreisbaumeister" ist gegebenen Falles zu ändern.

21. Wenn der Kreisbaumeister zugelassen wird, brauchen die im § 5 Abs. 2 dem Verbandvorsteher vorgeschriebenen Meldungen nicht an das Kulturbauamt gerichtet zu werden, das auf diese Weise entlastet wird. Das Wort „Kulturbauamt" ist dann im ersten Satze des Abs. 2 zu streichen. Die Verdingung der Arbeiten an einen Unternehmer aber ist in allen Fällen, auch wenn der Kreisbaumeister zur Aufsichtstätigkeit zugelassen ist, dem staatlichen Kulturbauamte zu melden; nötigen Falles hat der Kreisbaumeister hierfür zu sorgen. Umgekehrt soll das Kulturbauamt in den Fällen, in denen der Kreisbaumeister zugelassen ist, bei der Prüfung der Bedingungen der Verdingung den Kreisbaumeister zuziehen. Die Aufsichtsbehörde hat zu entscheiden, ob die beabsichtigte Verdingung von Aufsicht wegen zu verhindern ist (§§ 111, 125, 126 Wa. Vb.Vo.), und der staatliche Kulturbaubeamte allein ist in allen Fällen zu ihrer Beratung in dieser Hinsicht befugt. Ebenso ist das Kulturbauamt allein nach Beendigung der Arbeiten des Verbandes zur technischen Abschlußprüfung befugt. Der Kreisbaumeister hat ihm rechtzeitig die Beendigung der Arbeiten mitzuteilen. Diese beiden technischen Aufsichtsgeschäfte sollen der staatlichen Fachbehörde allein vorbehalten bleiben. Das ist schon zur Gewähr-

leistung einer zweckmäßigen Verwendung der staatlichen und der anderen öffentlichen Beihilfen und Darlehen für das Verbandunternehmen erforderlich.

22. Wenn der Kreisbaumeister zum Verbandstechniker berufen ist (§ 45 des Musters), ist seine Bestellung zur Aufsichtstätigkeit ausgeschlossen. Die Aufsichtstätigkeit des Kulturbauamtes kann dann aber entsprechend eingeschränkt werden.

23. Die im § 5 vorgeschriebenen Meldungen an den Kreisbauernführer oder die Landbauaußenstelle beruhen gleichfalls auf dem § 118 Wa.Vb.Vo.[1]) Wenn mehrere Kreisbauernführer oder Landbauaußenstellen für ein Verbandgebiet zuständig sind, ist der Landesbauernführer um die nötige Bestimmung zu bitten.

24. Wenn der Plan des Unternehmens sich bei der Herstellung der Anlagen als verbesserungsbedürftig herausstellt, müßte er geändert werden. Hierzu die schriftliche Genehmigung der Aufsichtsbehörde nach § 5 Abs. 3 des Musters einzuholen und die Verbandorgane oder -mitglieder zu hören, würde bei der gebotenen Eile schädlich sein. In solchen Fällen läßt sich ein Eingreifen von Aufsicht wegen nicht vermeiden. Zur Befugnis der technischen Behörde hierzu s. § 48 Abs. 3 des Musters. Wenn das tatsächlich ausgeführte Unternehmen später in Ausführungszeichnungen dargestellt wird (§ 4 Abs. 4 des Musters), kann die Änderung des Planes unterbleiben.

[1]) s. Anm. 1a zu § 118 W. V. O.

Zu § 6.

25. Die Vorschrift des Absatzes 2, daß öffentlichen Zwecken gewidmete Grundstücke nur mit Zustimmung der zuständigen Verwaltungsbehörde vom Verbande benutzt werden dürfen, ist erfüllt, wenn diese Verwaltungsbehörde im Gründungsverfahren zugestimmt hat.

Solche Grundstücke sind insbesondere öffentliche Wege, Eisenbahnen, Wasserstraßen und Grundstücke mit Fernmeldeleitungen der Reichspost. Wenn deren Verwaltungsbehörde nicht zustimmt, hat die Aufsichtsbehörde des Verbandes das Nötige zu veranlassen, gegebenen Falles durch Bericht an die höheren Aufsichtsbehörden.

Zu § 7.

26. Diese Vorschrift beruht auf § 22 Abs. 3 Wa. Vb.Vo. Sie schützt die Wasserläufe und Gräben des Verbandes vor Schaden. Weitere Beschränkungen des Grundeigentumes können erforderlich sein. Ein Verbot des Abtorfens der Flächen ist zulässig, wenn das Abtorfen mit der Aufgabe des Verbandes, den Boden in einem bestimmten landwirtschaftlichen Kulturzustande zu erhalten (§ 2 Nr. 6 Wa.Vb.Vo.), nicht zu vereinen ist.

Zu § 8.

27. Wenn die Verbandmitglieder Gräben des Verbandes zu räumen haben, kann mit der Bekanntmachung der Schau die Aufforderung verbunden werden, zur Vermeidung einer Ordnungsstrafe ordnungsmäßig zu räumen. § 41 des Musters.

28. Das Kulturbauamt ist immer einzuladen, auch wenn der Kreisbaumeister an seiner Stelle in der Aufsicht mitwirkt (§ 118 Wa.Vb.Vo.). Im letzteren Falle erhält der Kreisbaumeister, ohne daß es in der Satzung ausgesprochen zu werden braucht, die Nachricht durch die Aufsichtsbehörde, die ihn mit der Teilnahme an der Schau beauftragen kann.

Zu § 9.

29. Es bleibt in dem Muster freigestellt, ob die Nachricht von der Abstellung der Mängel nur einmal durch das Kulturbauamt an die Aufsichtsbehörde oder ob sie an jede der beiden Behörden gegeben werden soll. Jedenfalls ist das Kulturbauamt zu unterrichten; das zu Nr. 28 Gesagte gilt hier entsprechend.

Zu §§ 8 und 9.

30. Der Vorsteher kann auf Grund des § 96 Wa.Vb.Vo. allgemeine Anordnungen für die Schau, d. i. eine Schauordnung, zum Schutze des Verbandunternehmens erlassen. Er ist dabei an die zwingenden Vorschriften der §§ 42 bis 45 Wa.Vb.Vo. gebunden, kann sie also nur durch ausführlichere Regeln ergänzen.

Zu der zweiten Fassung des § 8.

31. Auch die Aufsichtsbehörde kann für die Schau als Selbstverwaltungsaufgabe eine Schauordnung nach § 41 Wa.Vb.Vo., nämlich als Polizeiverordnung zum Schutze des Verbandunternehmens erlassen. Auch sie ist dabei an die Vorschriften der §§ 42 bis 45 Wa.Vb.Vo. gebunden, soweit sie zwingend sind; sie kann also an dem Selbstverwaltungscharakter dieser Schau (Verbandschau) nichts ändern. Wenn die Aufsichtsbehörde glaubt, daß diese Vorschriften über die Verbandschau für den Verband nicht zweckmäßig sind, kann sie mit Zustimmung der oberen Aufsichtsbehörde in der Satzung bestimmen, daß die Verbandschau ganz oder zum Teil unterbleibt, und — gleichfalls durch Polizeiverordnung (§ 121 Wa.Vb.Vo.) — eine Schauordnung für ein vom Verband unabhängiges, also für ein behördliches Schauen (Aufsicht-

schau) erlassen. Bei dieser Schau hat die Aufsichtsbehörde oder die sie beratende Stelle (§ 118) die Schau zu führen. Die Mitwirkung der Verbandorgane ist meistens notwendig. Wo nach allgemeinem Wasserrecht Schauämter bestehen (§§ 356ff. des preuß. Wassergesetzes vom 7. April 1913, Gesetzsamml. S. 53), können sich die Verbandschau und die Aufsichtschau erübrigen. Die §§ 8 und 9 des Satzungsmusters sind dann wegzulassen.

Zu § 10.

32. Ausschuß und Verbandversammlung schließen einander aus (§ 46 Wa.Vb.Vo.). Da sie im Satzungsmuster nebeneinander genannt werden, ist eins der beiden Worte an allen Stellen zu streichen.

Neben der Verbandversammlung als Organ gibt es aber auch eine Versammlung der Mitglieder, die die Ausschußmitglieder wählt (SaMu. § 18) und vom Vorstande unterrichtet wird (SaMu. § 14, 4); diese Mitgliederversammlung kann auch zur Entgegennahme von Vorträgen und zu sonstigen, nicht beschließenden Aufgaben einberufen werden.

33. In Verbänden mit mehr als fünfzig Mitgliedbesitzständen ist die Verbandversammlung nur mit Zustimmung der oberen Aufsichtsbehörde zuzulassen. Auch in kleineren Verbänden kann vielfach die Versammlung vermieden werden; in den ganz kleinen ist das nicht möglich.

Zu § 11.

34. Ob der Vorstand aus einem oder aus mehreren Mitgliedern bestehen soll, hängt von den Umständen des einzelnen Falles ab. Wenn die Interessen der Verbandmitglieder an der Verbandaufgabe einheitlich und Männer vorhanden sind, die das Vertrauen aller genießen, ist vornehmlich den

kleinen Verbänden der Einmannvorstand zu empfehlen.

In größeren Verbänden wird dagegen der mehrgliedrige Vorstand den heutigen Grundsätzen eher entsprechen, als der Einmannvorstand, ohne daß dieser jedoch ausgeschlossen wäre.

Zu § 12.

35. Die Aufsichtsbehörde ist sowohl bei der **Berufung des Vorstehers** als auch bei der **Bestätigung der Beisitzer** in ihrer Entschließung frei. Richtlinien sind das Wohl des Verbandes und die Ziele der Staatsführung. Durch die Unterscheidung zwischen Berufung und Bestätigung spricht der Gesetzgeber in der Verordnung den Willen aus, daß hinsichtlich der Beisitzer in Zweifelsfällen dem Wunsche des Ausschusses eher nachgegeben werden kann als hinsichtlich des Vorstehers.

Die Aufsichtsbehörde wird nach heutigen Grundsätzen nur im äußersten Notfalle, um einen Mißbrauch des Selbstverwaltungsrechts zu verhüten, von ihren Befugnissen entgegen der Wahl bzw. den Vorschlägen Gebrauch machen im Normalfalle also die Vorgeschlagenen berufen bzw. die Gewählten bestätigen. Vgl. hierzu Vorbemerkung zum Kommentar und wegen einer anderweitigen Fassung der Satzung Anm. 6 zu § 48 WVO. sowie zu § 12 SaMu.

36. Im allgemeinen ist darauf hinzuwirken, **daß Ausschußmitglieder nicht zugleich im Vorstande sind.** Das ergibt sich schon aus der Vorschrift, daß der Ausschuß über die Entlastung des Vorstandes zu beschließen hat (§ 21 des Musters). Manchmal sind aber wegen der besonderen Umstände des Falles Ausnahmen am Platze, wenn die Ausschußmitglieder, die nicht zum Vorstande gehören, zahlreich genug sind. Zu wünschen ist ferner,

daß der Vorstand aus Verbandmitgliedern besteht. Auch dies kann aber nicht immer gefordert werden; es kann sogar unzweckmäßig sein, wenn ein besonders geeigneter außenstehender Mann vorgeschlagen wird.

37. Wenn die Verpflichtung des Vorstehers allein durch Handschlag genügt, und wenn die Verpflichtung der anderen Vorstandmitglieder zu umständlich wäre, kann die einzelne Satzung vom Muster abweichen.

Zu § 13.

38. Die Festsetzung des Datums für das Ende der Amtszeit des Vorstandes hat den Zweck, klare Verhältnisse zu schaffen. Die Auswahl des Datums ist frei. Richtlinien für sie sind die Anpassung an das Rechnungsjahr, das Bedürfnis, die Wahl des Vorstandes zu einer Zeit stattfinden zu lassen, zu der die Wähler von ihren beruflichen Arbeiten am ehesten abkömmlich sind, und der berechtigte Wunsch mancher Beteiligten, die jährlichen Geschäfte des Ausschusses (der Verbandversammlung) in möglichst wenigen Sitzungen zu erledigen.

Zu § 14.

39. Wenn der Vorstand nur aus dem Vorsteher besteht, kann durch die Satzung an der gesetzlichen Verteilung der Geschäfte auf Vorstand und Ausschuß (Versammlung) nichts geändert werden, da die nach § 53 Wa.Vb.Vo. dem Ausschusse obliegenden Geschäfte nicht gemindert und nicht vermehrt werden können und nach § 49 alle übrigen Geschäfte dem Vorstande und dem Vorsteher obliegen.

40. Von der in § 50 Wa.Vb.Vo. vorgesehenen Möglichkeit, die Vertretungsmacht des Vor-

stehers zu beschränken, darf nicht zu oft Gebrauch gemacht werden, sondern nur, wenn besondere Umstände es erfordern. Die Verstärkung der staatlichen Aufsicht durch die Wasserverbandverordnung gestattet die Freistellung eines verantwortungsbewußten Vorstehers von der Rücksicht auf andere mitwirkende Personen.

Dieser Hinweis wird heute nur noch mit Einschränkung gelten. Wegen Änderung der Satzung vgl. § 14 SaMu.

41. Wie oft die Verbandmitglieder über die Angelegenheiten des Verbandes gehört werden sollen, ist nach den Umständen des Einzelfalles zu entscheiden; die einzelne Satzung kann dementsprechend vom Muster abweichen. Die Anhörung ist keine Verbandversammlung im rechtlichen Sinne eines Verbandorgans (vgl. den Unterschied in den Überschriften der §§ 62 und 63 Wa.Vb.Vo.). Es ist daher möglich, die Anhörung in Gruppen (dorfweise) vorzunehmen. In kleinen und mittleren Verbänden soll die Anhörung der Verbandmitglieder im allgemeinen nicht ausgeschlossen werden (Wa.Vb.Vo. § 63 Satz 2).

Zu §§ 15, 16, 17.

42. Die §§ 15, 16, 17 sind zu streichen, wenn der Verbandvorstand nur aus dem Vorsteher besteht. Siehe oben Nr. 39.

Zu § 17.

43. Die in den Absätzen 2 und 3 gestellte Bedingung, daß die Vorstandmitglieder rechtzeitig geladen sein müssen (Frist der Ladung), ist erfüllt, wenn zwischen der Zustellung der Ladung und der Sitzung mindestens eine Woche liegt oder wenn in der Ladung darauf hingewiesen ist, daß

ohne Einhaltung der Frist geladen wird (§ 16). Letzteres darf nur in dringlichen Fällen geschehen.

Zu § 18.

44. Zur Wahl von Vorstandmitgliedern und von außerhalb des Verbandes stehenden Personen in den Ausschuß siehe oben Nr. 36.

45. Wenn der Ausschuß aus nur wenigen Mitgliedern besteht (nicht mehr als etwa fünf), kann es zweckmäßig sein, einen oder mehrere Stellvertreter zuzulassen (Wa.Vb.Vo. § 54). Dasselbe gilt, wenn für verschiedene bestimmte Interessen der Mitglieder bestimmte Ausschußmitglieder vorgesehen sind und die Anzahl dieser Interessenvertreter sehr klein ist (nicht mehr als etwa drei).

46. Die Anzahl der von einer Person bei der Ausschußwahl vertretenen Verbandmitglieder (Absatz 3) kann in der Satzung beschränkt werden, z. B. wenn die Gefahr besteht, daß sich eine größere Anzahl von Mitgliedern zur wirksameren Verfolgung eines nicht zu billigenden Zieles auf diese Weise zusammenschließen (§ 56 Abs. 1 Satz 3 Wa.Vb.Vo.).

47. Im Beitragbuche werden jedem Mitgliede Wertzahlen beigelegt, die nur Verhältniswerte darstellen. Jedes Mitglied hat so viele Stimmen, wie seine Wertzahl groß ist. Eine Abrundung ist zulässig, da nach § 56 Abs. 1 Wa.Vb.Vo. das Stimmverhältnis dem Beitragverhältnis nur zu entsprechen braucht, nicht ihm gleich sein muß, und nach § 86 eine annähernde Ermittelung des Beitragverhältnisses genügt. Für die einzelne Satzung muß dann das Muster (Abs. 4) geändert werden. Solange das Beitragbuch nicht aufgestellt ist, kann, wenn das Flächeninhaltverhältnis gelten soll (Abs. 4), das bei der Gründung nach § 159 Wa.Vb.Vo. aufgestellte

Mitgliederverzeichnis benutzt werden. Das ist nur dann möglich, wenn die Mitgliedschaft nur auf dem Grundeigentum beruht (dingliche Mitgliedschaft).

48. Die Auschußwahl geht nicht in einer Verbandversammlung im Rechtsinne eines Verbandorgans vor sich (s. oben Nr. 41). Die Versammlung der Verbandmitglieder zur Wahl ist daher nicht erforderlich, sondern meistens nur zweckmäßig. In großen Verbänden mit zahlreichen Mitgliedern ist aber die Ausschußwahl in einer Versammlung auch nicht zweckmäßig, sie kann sogar unmöglich sein. Dann können Wahlbezirke gebildet werden; es kann z. B. dorfweise gewählt werden. Ein derartiges Wahlverfahren muß in der Satzung genau vorgeschrieben werden. Jede Art von Wahlverfahren ist zulässig, wenn es nur gewährleistet, daß sich aus der Wahl eine angemessene Vertretung aller Verbandmitglieder, also aller verschiedenen Interessen im Verbande, entsprechend dem Beitragverhältnis ergibt (§ 53 Abs. 1, § 56 Satz 2 Wa.Vb.Vo.). Nötigen Falles ist zu einer anderen Regelung nach § 56 Abs. 6 die Genehmigung der oberen Aufsichtsbehörde einzuholen.

Zu § 19.

49. Während die Aufsichtsbehörde in der Bestätigung der Vorstandmitglieder frei ist, ist sie bei der Bestätigung der Ausschußmitglieder an die Wahl gebunden, wenn das Wahlverfahren den Vorschriften der Verordnung und der Satzung entsprochen hat. Siehe oben Nr. 35.

Vgl. Anm. 2 § 58 WVO.

Zu § 20.

50. Siehe oben Nr. 38. Das Amt des Ausschusses endet zweckmäßig im selben Monat und

am selben Tage wie das Amt des Vorstandes nach § 13 des Musters. Aber der Ausschuß wird ein Jahr früher zu wählen sein als der Vorstand, damit der neue Ausschuß den neuen Vorstand wählen kann. Maßgeblich sind jedoch die Umstände des einzelnen Falles.

Zu § 21.

51. Die in der Verordnung vorgesehenen Aufgaben des Ausschusses (der Verbandversammlung) können nicht erweitert und nicht eingeengt werden. Siehe oben Nr. 39.

Zu § 22.

52. Wenn der Vorsteher zum Mitgliede des Ausschusses gewählt ist, was ausnahmsweise vorkommen kann (s. oben Nr. 36, § 18 Abs. 1 Satz 5 des Musters), hat er Stimmrecht. Der Vorsteher hat ferner in der Verbandversammlung Stimmrecht (§ 62 Abs. 2 Satz 2 Wa.Vb.Vo.); der gegenteilige Satz im Abs. 3 des Musters ist im Falle der Verbandversammlung zu streichen.

Zu § 23.

53. Wegen der Rechtzeitigkeit der Ladung siehe oben Nr. 43.

54. Die Vertretung der Verbandmitglieder in der Verbandversammlung kann in der einzelnen Satzung beschränkt werden. (Siehe oben Nr. 46; § 62 Abs. 2 Satz 2, § 56 Abs. 1 Satz 3 Wa.Vb.Vo.).

55. Zum Stimmverhältnis der Mitglieder in der Verbandversammlung siehe oben Nr. 47.

Zu § 24.

56. Nach § 65 Abs. 3 Wa.Vb.Vo. können Abweichungen von den Haushaltsvorschriften durch die Satzung zugelassen werden. Wenn sie nötig sind, ist die einzelne Satzung abweichend vom Muster aufzustellen. Immer aber müssen die Geldeinnahmen und -ausgaben des Verbandes so gebucht werden, daß eine Prüfung möglich ist. Von einer Prüfung durch eine besondere Prüfstelle kann nach § 76 Wa.Vb.Vo. zwar abgesehen werden, niemals aber darf die Aufsichtsbehörde auf eine Haushaltsprüfung überhaupt verzichten.

57. Das Satzungsmuster enthält keine Vorschrift über die Bildung von Rücklagen zur Erneuerung der Verbandanlagen. Die Vorschriften sind abzuwarten.

Vgl. hierzu Anm. 2 zu § 65.

58. Das Rechnungsjahr am 1. Januar beginnen zu lassen, bringt den Vorzug, daß der Ausschuß (die Verbandversammlung) sowohl zur Festsetzung des Haushaltplanes als auch zur Entlastung des Vorstandes im Winter zusammentreten kann, einmal vor, einmal nach dem 1. Januar, also zu einer Zeit geringerer Arbeitbelastung der Bauern und Landwirte. Jeder andere Termin kann aber an Stelle des 1. Januars bestimmt werden, wenn er zweckmäßiger ist.

Zu § 26.

59. Diese Vorschrift besagt, daß die Einnahmen aus öffentlichen Beihilfen und aus der Aufnahme von Darlehen den Verbandmitgliedern im Verhältnis ihrer Beitraglast zugute kommen müssen. Sie ist aber in ihrer Kürze nur für gewöhnliche landwirtschaftliche Wasser- und Bodenverbände geeignet. Denn diese Verbände haben keine

anderen nennenswerten Einnahmen, weil sie kein nennenswertes Vermögen, insbesondere kein Grundeigentum und kein Kapitalvermögen, sondern höchstens einige bewegliche Sachen haben. Einnahmen hieraus können unbedenklich wie die Einnahmen aus den Beiträgen der Mitglieder verwendet werden, den letzteren also im Verhältnis ihrer Beiträge zugute kommen, z. B. wenn von den beweglichen Sachen ein unnötig gewordener Gegenstand verkauft wird. Wenn aber erhebliches Vermögen vorhanden ist, z. B. Deich- oder Wasserlaufgrundstücke, die Erträge abwerfen, müssen unter Umständen Vorschriften über die Erhaltung des Vermögens in die einzelne Satzung aufgenommen werden (§ 66 Wa. Vb.Vo.); auch kommt eine Rücklage aus Pacht und Kauferlösen zur Erneuerung der Verbandanlagen in Frage. Siehe oben Nr. 57. Besondere Beachtung in der Satzung gebührt den Einnahmen auch, wenn für verschiedene sachliche oder örtliche Abteilungen des Verbandes verschiedene Mitglieder beitragpflichtig sind.

Zu § 28.

60. Zur Freistellung des Verbandes von der Haushaltsprüfung siehe oben Nr. 56.

Zu § 29.

61. Es ist nichts dagegen einzuwenden, daß der Vorsteher den Ausschuß (die Verbandversammlung) schon vor der Erstattung des Prüfberichts zur Jahresrechnung hört. Hierzu kann eine Abteilung des Ausschusses (der Versammlung) gebildet werden, was in der Satzung zuzulassen wäre (§ 53 Abs. 3 Wa.Vb.Vo.).

Zu § 31.

62. Die Länge der Saugerstrecken ist für die Verteilung der Beitraglast nicht immer ein zweckmäßiger Maßstab. Sie kann in Frage kommen, wenn die Kosten der Hauptvorflut des Dränverbandes gering sind. Dieser Beitragmaßstab, ferner das Flächeninhaltverhältnis und das vorläufige Beitragverhältnis nach Abs. 2 stimmen häufig nicht mit den allgemeinen und den besonderen Maßstäben der §§ 81, 82 und 89 Abs. 3 Wa.Vb.Vo. überein. Daher ist ihre Einführung nach § 82 Nr. 4 Wa.Vb. Vo. häufig von der Genehmigung der oberen Aufsichtsbehörde abhängig. Ihr Fortbestehen nach dem 1. Januar 1938 ist durch § 82 Abs. 1 Wa.Vb.Vo. gewährleistet. Für das vorläufige Beitragverhältnis nach Abs. 2 im Muster gilt das oben unter Nr. 47 Gesagte entsprechend. Der nach § 171 Wa.Vb.Vo. bei der Gründung von der Gründungsbehörde bestellte Vorstand kann sofort Beiträge nach dem Flächeninhalt erheben.

Vgl. hierzu Anm. 5 zu § 82.

63. Es ist nicht ausgeschlossen, für sachlich oder örtlich bestimmte Abteilungen des Verbandes die Beiträge nur bei den an der Abteilung beteiligten Verbandmitgliedern zu erheben. Eine solche Lastenverteilung ist eine Durchbrechung des in den §§ 81 und 82 aufgestellten Grundsatzes der einheitlichen Verteilung. Ihre Neueinführung ist nur mit Genehmigung der oberen Aufsichtsbehörde zulässig.

Zu § 32

64. Unter Umständen sind mehr als zwei Sachverständige für die Ermittelung des Vorteilsverhältnisses erforderlich. Dann ist das Muster zu ändern. Z. B. kann bei wasserbautechnisch

schwierigen Verbandunternehmen außer zwei landwirtschaftlichen ein kulturbautechnischer Sachverständiger erforderlich sein.

Zu § 33.

65. Das Beitragbuch ist ein Verzeichnis, in dem zum Namen eines jeden Verbandmitgliedes

a) die Bezeichnung und der Flächeninhalt seiner zum Verbande gehörenden Grundstücke, der Flächeninhalt seiner zu den einzelnen Klassen gehörenden Grundflächen und der aus Flächeninhalt und Klasse sich ergebende Vorteilsverhältniswert, oder
b) die Bezeichnung und der Flächeninhalt seiner zum Verbande gehörenden Grundstücke, oder
c) die Länge der auf diese Grundstücke fallenden Saugerstrecken, oder
d) die Kosten des Verbesserns und Erhaltens des Bodens dieser Grundstücke

angegeben sind. (Vgl. § 31 des Musters.) Bei anderen Beitragmaßstäben sind entsprechende Angaben zu machen. Die für jedes Mitglied sich ergebenden Schlußzahlen sind die Wertzahlen, in deren Verhältnis die Mitglieder zu den Beiträgen herangezogen werden. Das Beitragbuch bildet die dauernde Grundlage für alle späteren Hebungen. Die zu hebende Geldsumme wird jedesmal in einer besonderen Hebeliste im Verhältnis der Wertzahlen des Beitragbuches auf die Mitglieder verteilt.

66. Die Dauer der Auslegung des Beitragbuches ist nicht vorgeschrieben. Der Vorsteher wird diese wichtige Urkunde dauernd zum Einblick bereit halten. Die Mindestzeit der Auslegung ergibt sich aus § 34; es ist die zweiwöchige Einspruchfrist.

Die Bestimmung des letzten Satzes, daß die Mindestzeit der Auslegungsfrist die zweiwöchige Einspruchsfrist sei, steht mit den Vorschriften der WVO. in Widerspruch, wonach die Einspruchfrist mit der letzten öffentlichen Bekanntmachung beginnt, d. h. bei Auslegung also mit dem letzten Tage der (bekanntgemachten) Auslegungsfrist. Wegen dieses Widerspruches ist der letzte Satz der Nr. 66 der Ausführungsvorschriften ungültig (a. M. Tö. Anm. 3 zu § 82; auch Tö. hält aber klärende Zusätze zu §§ 32 u. 33 SaMu. für erforderlich, vgl. hierzu Anm. 2 zu § 87 WVO. und Anm. zu SaMu. §§ 33, 34).

Zu § 34.

67. Da im Beitragbuch nur das Verhältnis angegeben ist, in dem die Mitglieder Beiträge zu leisten haben, bedeutet jede Ermäßigung der Wertzahl (siehe oben Nr. 65) eines Mitgliedes im Beitragbuch eine Mehrbelastung aller anderen Mitglieder. Von dem Einspruchbescheid, der eine Ermäßigung anordnet, werden daher alle anderen Mitglieder „betroffen" (§ 87 Abs. 4 Wa.Vb.Vo.), und sie können sich dagegen beschweren. Ein solcher Einspruchbescheid muß daher durch öffentliche Bekanntmachung allen Mitgliedern mitgeteilt werden.

68. Wenn der Vorstand nur aus dem Vorsteher besteht, richtet sich der Einspruch gegen das Beitragbuch an diesen. Der Vorsteher hat also in diesem Falle durch den Einspruchbescheid noch einmal zu entscheiden.

Zu § 35.

69. Wenn das Verfahren zur Festsetzung des Beitragbuches nach den §§ 33 und 34 des Musters abgeschlossen ist, muß das Buch einstweilen maßgeblich sein, auch wenn es sich als tatsächlich unrichtig erweist. Insbesondere können Einwendungen, die in der vorgeschriebenen Frist versäumt

worden sind, nicht mehr angebracht werden. Das soll aber nicht für immer gelten: nach zwei Jahren kann das Mitglied die Änderung verlangen (§ 88 Wa.Vb.Vo.).

Zu § 36.

70. Siehe oben Nr. 65 am Schluß. Der Bescheid des Vorstandes auf den Einspruch eines Verbandmitgliedes gegen die Hebeliste braucht darum nicht öffentlich bekanntgegeben zu werden (§ 36 Abs. 3 Satz 2 im Gegensatz zu § 34 Abs. 2 Satz 3), weil die anderen Mitglieder von der Entscheidung nicht getroffen werden, auch wenn die Entscheidung eine Ermäßigung des Beitrages des Einsprechenden gewährt; denn die in der Hebeliste ausgeschriebenen Beiträge der anderen Mitglieder bleiben bestehen. Siehe oben Nr. 67.

71. Über den Einspruchbescheid des Vorstehers gilt das oben unter Nr. 68 Gesagte entsprechend.

72. Die besonderen Mitteilungen an die einzelnen Mitglieder (Hebelistenauszüge) können unterbleiben. Der entgegenstehende Satzteil im Abs. 2 ist dann wegzulassen. Wenn die besonderen Mitteilungen vorgeschrieben sind, bedarf es der Bekanntmachung der Hebeliste nicht, und können die ersten Worte des Abs. 3 weggelassen werden.

73. Das Beitragbuch und die Hebeliste können zugleich mitgeteilt und bekanntgegeben werden. Die Verfahren, insbesondere die Einsprüche und Beschwerden, sind aber getrennt nach den Vorschriften der §§ 33, 34 und 36 zu behandeln

Zu § 37.

74. Ob die eine oder die andere Fassung des § 38 vorzuziehen ist, richtet sich nach der Eignung des Vorstehers zum Vollstrecken.

Zu § 39.

75. Die Verbandmitglieder können unabhängig von Verordnung und Satzung Arbeitleistungen für den Verband auf sich nehmen und sich das Entgelt auf ihre Beiträge anrechnen lassen. Derartige Leistungen sind nicht Sachbeiträge und unterliegen daher nicht den Beitragvorschriften, insbesondere können sie nicht auf die Mitglieder zwangsweise verteilt werden, und sie brauchen auch dem Beitragverhältnis nicht zu entsprechen. Nur die freie Vereinbarung ist maßgeblich.

76. Das Aufbringen des Aushubs aus den Gräben und Bächen auf die zum Verbande gehörenden Grundstücke ist nach § 6 des Musters ohne weiteres zulässig. Das Wegräumen obliegt in den meisten Fällen den Anliegern schon nach den allgemeinen Unterhaltungsvorschriften des Wasserrechtes. Wenn solche Vorschriften nicht zutreffen, ist die Verpflichtung zum Wegräumen eine Sachbeitraglast. Vor der Neueinführung dieser Verpflichtung müßte geprüft werden, ob sie eine ungerechte Belastung bedeuten würde.

77. Es ist im allgemeinen nicht ratsam, das Räumen der Bäche und Gräben des Verbandes den anliegenden Mitgliedern aufzugeben. Dies ist auch meistens keine gerechte Verteilung der Beitraglast. Nach den Erfahrungen wird die Räumung durch den Verband selbst besser ausgeführt. Das Räumen durch die Anlieger ist daher nur, wenn besondere Gründe dafür sprechen, neu einzuführen. Die Vorschrift des Musters ist vornehmlich für diejenigen Verbände gedacht, in denen diese Art der Räumung bereits Rechtens ist.

Zu §§ 40, 41.

78. Auch die Pächter der zum Verbande gehörenden Grundstücke haben die rechtmäßigen An-

ordnungen des Vorstehers zu befolgen, obwohl sie nicht Mitglieder sind (§§ 96, 97 Wa.Vb.Vo.).

Zu § 41.

79. Entsprechend der Bedeutung des Verbandes, der Zuverlässigkeit des Vorstehers und der Begüterung der Verbandmitglieder kann die Grenze für das Strafgeld höher festgesetzt werden (bis auf 300 DM.).

80. Ein wiederholter Verstoß liegt auch dann vor, wenn der erste Verstoß ein oder mehrere Jahre zurückliegt. Dieser Zeitraum ist entsprechend den im Verbande bestehenden Verhältnissen größer oder kleiner. Jedenfalls wird von der Vorschrift getroffen, wer sich in jedem Jahre einmal an die versäumte Räumung der Gräben erinnern läßt.

Vgl. hierzu Anm. zu § 41 SaMu. Die Hinaufsetzung der Strafgeldgrenze von 10.— DM. auf z. B. 30, 50 oder 100.— DM. empfiehlt sich auf jeden Fall, ebenso die Streichung des Wortes „wiederholt", da sonst der Vorsteher gezwungen ist, die geschehene Wiederholung nachzuweisen. Irgendeine Gefahr ist auf Grund dieser Verstärkung der Ordnungsgewalt des Vorstehers nicht zu befürchten. Die Vorsteher sind erfahrungsgemäß wenig, vielleicht allzuwenig geneigt, von diesem Rechte überhaupt Gebrauch zu machen.

Zu § 42.

81. Für die Begrenzung des Zwangsgeldes gilt das oben unter Nr. 79 Gesagte entsprechend.

Zu § 45.

82. Für kleine Verbände, die keinen Kassenverwalter einstellen können, ist in der Satzung zu regeln, wer die Geldgeschäfte des Verbandes führt. In der Regel wird dem Vorsteher die

Aufgabe zufallen. Wenn kein Techniker eingestellt werden kann, hat dies die in der Aufsicht mitwirkende technische Stelle (§ 48) bei der Betreuung des Verbandes zu berücksichtigen. Als Techniker und Kassenverwalter können auch staatliche, kommunale und kreiskommunale Beamte und Angestellte eingestellt werden, wobei die Beamten- und Angestelltenvorschriften zu beachten sind. Siehe oben Nr. 22.

Die oben in Satz 1 vorgesehene Regelung durch die Satzung ist in der Praxis nicht üblich und empfiehlt sich auch nicht, damit ohne Satzungsänderung eine andere Festsetzung vorgenommen werden kann.

83. Die Anhörung des Kulturbaubeamten bei der Genehmigung darf nicht durch die Anhörung des Kreisbaumeisters ersetzt werden, auch wenn dieser an Stelle des staatlichen Beamten in der Aufsicht mitwirkt (siehe oben Nr. 20).

Zu § 47.

84. Die obere Aufsichtsbehörde kann im Einzelfalle oder allgemein durch Verfügung an die Aufsichtsbehörden anordnen, daß vor der Änderung der Satzung ihre Zustimmung einzuholen ist.

Zu § 48.

85. Der Abs. 3 beruht auf der Vorschrift des § 118 Wa.Vb.Vo., daß die Aufsichtsbehörde von der technischen Fachbehörde und von dem Reichsnährstande — jetzt von der landwirtschaftlichen Dienststelle, oben S. 95 — beraten wird. Siehe hierzu die Ausführungen oben unter Nr. 5 und 19 bis 23. Da die Aufgaben der landwirtschaftlichen Wasser- und Bodenverbände hauptsächlich durch wasserbautechnische und landwirtschaftliche Maßnahmen zu verwirklichen sind, ergibt es sich von selbst, daß neben den als Aufsichtsbehörden beru-

fenen allgemeinen Verwaltungsbehörden (§ 112 Wa. Vb.Vo.) die sie beratenden technischen und landwirtschaftlichen Stellen unmittelbare Verbindung mit den Organen und den Dienstkräften (Technikern) der Verbände halten müssen und daß die von den technischen und den landwirtschaftlichen Stellen den Verbänden gegebenen Erklärungen als Erklärungen der Aufsichtsbehörde gelten können. Wenn für eine technische oder landwirtschaftliche Maßnahme im Verbandunternehmen Eile geboten ist, müssen die Erklärungen dieser Stellen vorläufig als Anordnungen der Aufsichtsbehörde angesehen und befolgt werden. Die Aufsichtsbehörde bleibt aber frei in ihrer Entschließung. Wenn sie sich nicht äußert, sind die technischen und landwirtschaftlichen einstweiligen Anordnungen endgültig als Aufsichtsverfügungen der Aufsichtsbehörde anzusehen.

Zur Schlußverfügung.

86. Im Satzungsmuster ist durch Anmerkungen auf die Vorschriften hingewiesen, die nur mit Zustimmung der oberen Aufsichtsbehörde gegeben werden können. In den einzelnen Satzungen, die solche Vorschriften nicht enthalten, ist der Satzteil „mit Zustimmung der oberen Aufsichtsbehörde" wegzulassen. Nach den §§ 145, 151 und 160 bedarf aber jede einzelne Satzung der Prüfung der oberen Aufsichtsbehörde; nur die zur Aufsicht bestellten höheren Behörden (Regierungspräsident, Landesregierung usw.) sind davon ausgenommen.

Der Reichsminister
für Ernährung und Landwirtschaft

In Vertretung
Willikens

VI 25 105/38. — LwRMBl. S. 25.

Anlage zu den Ersten Wasserverbandvorschriften vom 19. Januar 1938 (LwRMBl. S. 25).

Satzungsmuster für landwirtschaftliche Wasser- und Bodenverbände*).

Das Muster berücksichtigt an vielen Stellen mehrere Möglichkeiten. Hierauf wird durch Gedankenstriche oder durch *Antiqua*-Druck oder durch beides aufmerksam gemacht. Die nicht passenden Teile sind zu streichen.

Satzung

des Wasserverbandes — *Bodenverbandes, Wasser- und Bodenverbandes* —

....

....

in .... im Kreise.

§ 1.
Name, Sitz.

Der Verband führt den Namen „Wasserverband — *Bodenverband, Wasser- und Bodenverband* —

....

....

....". Er hat seinen Sitz in .... im Kreise

....

Er ist ein Wasser- und Bodenverband im Sinne der Ersten Verordnung über Wasser- und Bodenverbände vom 3. September 1937 (Wasserverbandverordnung, RGBl. I S. 933).

(Wasserverbandverordnung §§ 5, 6).

(* überholt.

I. Abschnitt. Mitglieder; Aufgabe; Unternehmen.

§ 2.

Mitglieder.

Abs. 1. Mitglieder des Verbandes sind die jeweiligen Eigentümer der im Mitgliederverzeichnisse aufgeführten Grundstücke, *Bergwerke und Anlagen* (dingliche Mitglieder), *die Unterhalter der dort aufgeführten Gewässer und Ufer, denen der Verband die Unterhaltungspflicht abnimmt oder erleichtert oder deren Vorgängern er sie abgenommen hat, und die dort aufgeführten öffentlich-rechtlichen Körperschaften.*

Abs. 2. Das Verzeichnis der Mitglieder ist vom Kulturbauamte — *Kreisbaumeister* —

....

....

....

in...aufgestellt. Es wird von der Aufsichtsbehörde, je eine Abschrift vom Kulturbauamte und vom Verbandvorsteher aufbewahrt.

Abs. 3. Der Verbandvorsteher hält die Verzeichnisabschrift auf dem laufenden.

(Wasserverbandverordnung §§ 3, 11).

§ 3*).

Aufgabe.

Der Verband hat zur Aufgabe,

1. Gewässer und ihre Ufer auszubauen und in ordnungsmäßigem Zustande zu halten (zu unterhalten),
2. Grundstücke zu entwässern, zu bewässern, vor Hochwasser zu schützen, durch Bodenbear-

*) Nicht zutreffendes weglassen.

beitung zu verbessern und im verbesserten Zustande zu erhalten,

3. Abwasser zu verwerten,
4. die zur Erfüllung der vorstehenden Aufgaben nötigen Wege herzustellen und zu erhalten.

(Wasserverbandverordnung §§ 2, 17).

§ 4.

Unternehmen, Plan.

Abs. 1. Zur Durchführung seiner Aufgaben hat der Verband die nötigen Arbeiten an dem — Fluß, — *Fließ* — *Kanal* — *Bach* — *Graben* — *seinen Gewässern* — vorzunehmen, Gräben — *Dräne* — *Pumpwerke* — Stauanlagen — *Beregnungsanlagen* — herzustellen, zu erhalten und zu betreiben, *Deiche* — *Wege* — *Brücken zu bauen und zu erhalten* — *den Boden der zu seinem Gebiete gehörenden Grundstücke zu bearbeiten* — (Verbandunternehmen).

Abs. 2. Das Unternehmen ergibt sich aus dem Plane des Kulturbauamtes — *Kreisbaumeisters* — ....

in .... vom

....

Abs. 3. Der Plan besteht aus einem Erläuterungsbericht, ...

.... Karten — *Zeichnungen* — und einem Kostenanschlage.

Er wird bei dem Kulturbauamte — *der Aufsichtsbehörde* — des Verbandes aufbewahrt; eine Abschrift und eine Abzeichnung der für den Verbandvorsteher nötigen Stücke werden von diesem aufbewahrt.

Abs. 4. Das durchgeführte Unternehmen ergibt sich aus dem Verzeichnis der Anlagen und Gewässer nebst Ausführungskarten vom .... *die wie der Plan aufbewahrt werden.*

(Wasserverbandverordnung § 17).

§ 5.

Ausführung des Unternehmens.

Abs. 1. Der Verband darf den Plan (§ 4) und die ergänzenden Pläne nicht ohne die Zustimmung der Aufsichtsbehörde ausführen.

Da — von dem Ausnahmefalle des § 156 Abs. 2 abgesehen — der Plan stets dem Gründungsverfahren zugrunde gelegt worden ist und daher die Zustimmung der Aufsichtsbehörde für den Plan bereits vorliegt (vgl. 1 AV. Nr. 18), so können die Worte: „den Plan (§ 4) und" gestrichen werden.

Abs. 2. Der Vorsteher unterrichtet das Kulturbauamt — *den Kreisbaumeister* — in .... und in landwirtschaftlichen Angelegenheiten den Kreisbauernführer — *die Landbauaußenstelle* — in .... rechtzeitig vorher von den Arbeiten und zeigt ihnen ihre Beendigung an. Dem Kulturbauamte ist vor dem Vertragschlusse (Zuschlage) Gelegenheit zur Äußerung über die Verdingung der Arbeiten an einen Unternehmer zu geben, damit nötigen Falles von Aufsicht wegen eingegriffen werden kann. Nach Beendigung der Arbeiten prüft das Kulturbauamt, in landwirtschaftlichen Angelegenheiten der Kreisbauernführer — *die Landbauaußenstelle* —, ob sie sachgemäß ausgeführt sind.

Abs. 3. Der Vorstand darf den Plan, das Unternehmen und die Verbandanlagen nur *nach Anhörung des Ausschusses — der Verbandversammlung — oder der beteiligten Verbandmitglieder und nur* mit schriftlicher Genehmigung der Aufsichtsbehörde ergänzen und ändern. Der Vorsteher macht die Ergänzung und die Änderung in den beteiligten Gemeinden nach § 46 bekannt oder teilt sie den beteiligten Mitgliedern mit.

(Wasserverbandverordnung §§ 20, 21).

§ 6.

Benutzung der Grundstücke für das Unternehmen.

Abs. 1. Der Vorsteher ist befugt, das Verbandunternehmen auf den nach dem Plan und dem Mitgliederverzeichnisse zum Verbande gehörenden Grundstücken der dinglichen Mitglieder (§ 2) *und auf dem Deichvorlande* durchzuführen. Er darf die für das Unternehmen nötigen Stoffe (Steine, Erden, Rasen usw.) von diesen Grundstücken nehmen, soweit sie land- oder forstwirtschaftlich genutzt werden oder Unland oder Gewässer sind, wenn nicht polizeiliche Vorschriften entgegenstehen.

Abs. 2. Der Verband darf Grundstücke, die öffentlichen Zwecken gewidmet sind, nur mit Zustimmung der zuständigen Verwaltungsbehörde benutzen. Wenn diese nicht zustimmt, teilt der Vorsteher es der Aufsichtsbehörde mit.

(Wasserverbandverordnung §§ 22 bis 40).

§ 7.

Zäune, Viehtränken.

Die Besitzer der zum Verbande gehörenden und an einem Wasserlauf des Verbandes liegenden, zur Weide genutzten Grundstücke sind verpflichtet, diese einzuzäunen. Der Zaun muß wenigstens 80 cm Abstand von der oberen Böschungskante haben. Die Viehtränken, Übergänge und ähnlichen Anlagen sind nach Angabe des Vorstehers so anzulegen und zu erhalten, daß sie das Verbandunternehmen nicht hemmen.

(Wasserverbandverordnung § 22).

§ 8.
Verbandschau.

Abs. 1. Die Anlagen des Verbandes, seine Gewässer *und die von ihm zu bearbeitenden Grundstücke* sind mindestens einmal im Jahre zu prüfen. Der Vorsteher beruft ....Schaubeauftragte und ruft sie ab. Schauführer ist er selbst oder der von ihm bestimmte Schaubeauftragte.

Abs. 2. Der Vorsteher macht Zeit und Ort der Schau rechtzeitig nach § 46 bekannt und lädt die Aufsichtsbehörde, das Kulturbauamt, die Wasserpolizeibehörde und den Kreisbauernführer — *die Landbauaußenstelle* — vier Wochen vorher zur Teilnahme ein. Die Mitglieder des Verbandes sind berechtigt, an der Schau teilzunehmen.

(Wasserverbandverordnung §§ 42, 43, 44).

§ 9.
Aufzeichnung. Abstellung der Mängel.

Der Schauführer zeichnet den Verlauf und das Ergebnis der Prüfung schriftlich auf und gibt den Schaubeauftragten Gelegenheit zur Äußerung. Der Vorsteher läßt die Mängel abstellen und unterrichtet die Aufsichtsbehörde durch das Kulturbauamt — *und das Kulturbauamt* —. Er sammelt die Aufzeichnungen im Schaubuche und vermerkt in ihm die Abstellung der Mängel.

(Wasserverbandverordnung § 45).

Oder an Stelle von §§ 8 und 9:

§ 8. *Verbandschau.*

Die Anlagen des Verbandes, seine Gewässer und die von ihm zu bearbeitenden Grundstücke sind nach der Schauordnung (Polizeiverordnung nach § 41 der Wasserverbandverordnung) regelmäßig zu prüfen.

(Wasserverbandverordnung §§ 41 bis 45).

§ 9 *fällt aus.*

II. Abschnitt. Verfassung.

§ 10.

Vorstand. Ausschuß — *Verbandversammlung* —.

Der Verband hat einen Vorstand und einen Ausschuß — *eine Verbandversammlung* —.

(Wasserverbandverordnung §§ 46, 62).

§ 11.

Zusammensetzung des Vorstandes. Entschädigung.

Abs. 1. Der Vorstand hat einen Vorsteher und weitere .... ordentliche und .... stellvertretende Mitglieder (Beisitzer). Die Reihenfolge, in der die Stellvertreter eintreten (erster, zweiter usw. Stellvertreter) ist zu bestimmen. Ein — *zwei* — ordentlicher Beisitzer wird — *werden* — zum — *ersten und zum zweiten* — Stellvertreter des Vorstehers berufen.

Oder: Abs. 1. Der Vorstand besteht nur aus dem Vorsteher. Er hat einen Stellvertreter.

Abs. 2. Die Vorstandmitglieder sind ehrenhalber tätig. Der Vorsteher erhält Ersatz seiner baren Auslagen — *eine jährliche Entschädigung* —. Diese Bezüge sind von der Genehmigung der Aufsichtsbehörde abhängig.

(Wasserverbandverordnung §§ 47, 109).

§ 12.

Bildung des Vorstandes.

Abs. 1. Der Verbandausschuß — *Verbandversammlung* — schlägt den Vorsteher und seinen Stellvertreter vor; die Aufsichtsbehörde beruft sie für die sich aus § 13 ergebende Zeit. Die obere Aufsichtsbehörde kann den Vorschlag ganz oder zum Teil zurückweisen. Der Ausschuß — *die Verbandversammlung* — ist zu einem neuen Vorschlage befugt.

Abs. 2. Die übrigen Mitglieder des Vorstandes und ihre Stellvertreter beruft der Ausschuß — die Verbandversammlung —. Sie bedürfen der Bestätigung der Aufsichtsbehörde.

Abs. 3. Die Aufsichtsbehörde oder ihr Beauftragter verpflichtet die Mitglieder des Vorstandes — *den Vorsteher* — durch Handschlag an Eides statt. (Wasserverbandverordnung § 48).

Verwiesen wird auf die Vorbemerkung zum Kommentar, Anm. 6 zu § 48 und Anm. zu § 12 der 1. AV. Nach § 48 Abs. 5 WVO. sind Abweichungen von der Regelung der Verordnung zulässig. Es könnten daher auch sämtliche Vorstandsmitglieder frei gewählt werden, ohne einer Berufung oder Bestätigung der Aufsichtsbehörde zu bedürfen. Vielleicht empfiehlt sich die Regelung, daß der Vorsteher und sein Stellvertrater von der Aufsichtsbehörde zu bestätigen sind, daß bei den übrigen Vorstandmitgliedern aber darauf verzichtet wird. Bei dieser Regelung könnte § 12 wie folgt gefaßt werden:

Abs. 1. Der Verbandausschuß — Verbandversammlung — wählt die Vorstandsmitglieder. Die Wahl des Vorstehers und seines Stellvertreters bedarf der Bestätigung der Aufsichtsbehörde.

Abs. 2 SaMu. fällt weg.

Abs. 3 wie bisher.

§ 13.

Amtszeit.

Abs. 1. Das Amt des Vorstandes endet am 31. Dezember — *31. März* —, zum ersten Male im Jahre................ und später alle fünf Jahre.

Abs. 2. Wenn ein Vorstandmitglied oder ein stellvertretendes Mitglied — *der Vorsteher oder sein Stellvertreter* — vor dem Ablaufe der Amtszeit ausscheidet, kann für den Rest der Amtszeit nach § 12 Ersatz berufen werden.

Abs. 3. Die ausscheidenden Mitglieder bleiben bis zum Eintritt der neuen Mitglieder im Amt.

(Wasserverbandverordnung § 48).

§ 14.
Geschäfte des Vorstehers.

Abs. 1. Der Vorsteher *führt den Vorsitz im Vorstande*. Ihm obliegen alle Geschäfte des Verbandes, zu denen nicht *der Vorstand oder* der Ausschuß — *Verbandversammlung* — durch die Wasserverbandverordnung *oder die Satzung* berufen ist.

Abs. 2. Er vertritt den Verband in allen Geschäften, auch in denjenigen, über die *der Vorstand oder* der Ausschuß — *die Verbandversammlung* — zu beschließen hat. Als Ausweis dient ihm eine Bescheinigung der Aufsichtsbehörde.

Abs. 3. *Er unterrichtet die anderen Vorstandmitglieder von seinen Geschäften und hört ihren Rat zu wichtigen Geschäften.*

Abs. 4. Er unterrichtet *ferner* wenigstens einmal im Jahre — *wenigstens alle drei Jahre* — die Verbandmitglieder über die Angelegenheiten des Verbandes und hört sie an.

(Wasserverbandverordnung §§ 47, 49, 50, 63).

Gemäß § 49 Abs. 1 WVO. kann der mehrgliedrige Vorstand umfangreichere Aufgaben erhalten, als ihm nach der Verordnung zugewiesen sind. Soll er über alle wichtigeren Maßnahmen beschließen, so könnte der zweite Satz des § 14 Abs. 1 folgendermaßen gefaßt werden:

Dem Vorstande obliegen alle Geschäfte des Verbandes, zu denen nicht der Vorsteher durch die WVO. oder Satzung berufen ist (der Satz 1 des Abs. 1 ist in diesem Falle als Satz 1 in Abs. 2 einzufügen; Abs. 3 ist zu streichen).

§ 15.

Aufgaben des Vorstandes.

Der Vorstand hat die in der Wasserverbandverordnung und in der Satzung ihm zugewiesenen Aufgaben, insbesondere über

1. *die Aufstellung des Haushaltsplanes und seiner Nachträge (§ 24),*
2. *die Aufnahme von Darlehen,*
3. *Verträge mit einem Werte des Gegenstandes von mehr als .... DM.,*
4. *die Änderung und Ergänzung der Satzung, der Verbandaufgabe, des Unternehmens und des Planes (§§ 47, 5)*

zu beschließen.

(Wasserverbandverordnung §§ 49, 72, 10, 18, 21).

Vgl. Anm. zu § 14. Bei Einfügung der dort vorgeschlagenen Bestimmung in § 14 Abs. 1 fällt § 15 als überflüssig weg. Falls die Fassung des § 14 Abs. 1 des Satzungsmusters dagegen ungeändert bleibt, empfiehlt es sich, in § 15 als Nr. 5 folgende wichtige Aufgabe hinzuzufügen:

Neuaufstellung des Beitragbuches auf Grund einer Neuermittlung des Beitragsverhältnisses aller Mitglieder.

§ 16.

Sitzungen des Vorstandes.

Abs. 1. Der Vorsteher lädt die Vorstandmitglieder mit mindestens einwöchiger Frist zu den Sitzungen und teilt die Tagesordnung mit. In dringlichen Fällen bedarf es keiner Frist; in der Ladung ist darauf hinzuweisen. Wer am Erscheinen verhindert ist, teilt dies unverzüglich dem Vorsteher und dem Stellvertreter mit. Der Vorsteher lädt den Stellvertreter. Ferner sind zu wichtigen Sitzungen die Aufsichtsbehörde, das Kultur-

bauamt und der Kreisbauernführer — die Landbauaußenstelle — (§ 48) einzuladen.

Abs. 2 Im Jahre ist mindestens eine Sitzung zu halten.

(Wasserverbandverordnung §§ 51, 120).

§ 17.

Beschließen im Vorstande.

Abs. 1. Der Vorstand bildet seinen Willen mit der Mehrheit der Stimmen seiner anwesenden Mitglieder. Jedes Mitglied hat eine Stimme. Bei Stimmgleichheit gibt der Vorsitzer den Ausschlag.

Abs. 2. Der Vorstand ist beschlußfähig, wenn mindestens zwei Drittel seiner Mitglieder anwesend und alle rechtzeitig geladen sind.

Abs. 3. Ohne Rücksicht auf die Anzahl der Erschienenen ist er beschlußfähig, wenn er zum zweiten Male wegen desselben Gegenstandes rechtzeitig geladen und hierbei mitgeteilt worden ist, daß ohne Rüchsicht auf die Anzahl der Erschienenen beschlossen werden wird. Ohne Rücksicht auf Form und Frist der Ladung ist er beschlußfähig, wenn alle Vorstandmitglieder zustimmen.

Abs. 4. Auf schriftlichem Wege erzielte Beschlüsse sind gültig, wenn sie einstimmig von allen Vorstandmitgliedern gefaßt sind.

Abs. 5. Die Beschlüsse sind in das Beschlußbuch einzutragen. Jede Eintragung ist vom Vorsitzer und einem weiteren Mitgliede zu unterschreiben.

(Wasserverbandverordnung § 52).

Für Abs. 3, Satz 1 ist folgende Fassung vorzuziehen: Ohne Rücksicht auf die Anzahl der Erschienenen ist er beschlußfähig, wenn bei der rechtzeitigen Ladung mitgeteilt worden ist, daß ohne Rücksicht auf die Anzahl der Erschienenen beschlossen werden wird.

§ 18*).

Zusammensetzung und Wahl des Ausschusses.

Abs. 1. Der Ausschuß hat .... Mitglieder, die ehrenhalber tätig sind. Eine Stellvertretung findet nicht statt. Er wird von den Verbandmitgliedern gewählt. Wählbar ist jeder geschäftsfähige Deutsche. *Vorstandmitglieder können nicht gewählt werden.*

Abs. 2. Der Vorsteher lädt die wahlberechtigten Verbandmitglieder durch Bekanntmachung nach § 46 mit mindestens einwöchiger Frist zur Ausschußwahl. Ferner sind die Aufsichtsbehörde, das Kulturbauamt und der Kreisbauernfüher — *die Landbauaußenstelle* — einzuladen (§ 48).

Abs. 3. Jedes Verbandmitglied, das Beiträge an den Verband zu leisten hat, hat das Recht, selbst oder durch einen Vertreter mitzustimmen. Der Vorsteher kann vom Vertreter eine schriftliche Vollmacht fordern.

Abs. 4. Das Stimmverhältnis ergibt sich aus dem Beitragbuche (§ 33); es ist dem Beitragverhältnisse gleich. Solange das Beitragbuch nicht aufgestellt ist, ist das Stimmverhältnis dem Verhältnisse der Flächeninhalte der zum Verbande gehörenden Grundstücke gleich. Niemand hat mehr als zwei Fünftel aller Stimmen.

Abs. 5. Um das Grundeigentum streitende Personen sind stimmberechtigt. Sie und die gemeinschaftlichen Grundeigentümer können nur einheitlich stimmen; die an der Wahl teilnehmenden haben die Stimmen aller.

Abs. 6. Der Vorsteher leitet die Wahl.

*) Anmerkung: § 18 Abs. 4 Satz 2 darf nur mit Genehmigung der oberen Aufsichtsbehörde neu eingeführt werden; § 56 Abs. 6 der Wasserverbandverordnung. Die §§ 18, 19, 20 sind wegzulassen, wenn der Verband die Verbandversammlung hat.

Abs. 7. Jedes Ausschußmitglied ist in besonderer Wahlhandlung dadurch zu wählen, daß die Verbandmitglieder dem Vorsteher zur schriftlichen Aufzeichnung erklären, wem sie ihre Stimme geben. Die Wahl durch Zuruf ist zulässig, wenn nicht widersprochen wird und wenn das sofort verkündete Wahlergebnis von niemand sofort in Zweifel gezogen wird.

Abs. 8. Gewählt ist, wer die Mehrheit aller abgegebenen Stimmen erhält. Wenn im ersten Wahlgange niemand so viele Stimmen erhält, wird zwischen den beiden oder, bei Stimmgleichheit, mehr Personen, die die meisten Stimmen erhalten haben, erneut gewählt. Im zweiten Wahlgange ist gewählt, wer die meisten Stimmen erhält; bei Stimmgleichheit entscheidet das vom Vorsteher zu ziehende Los.

Abs. 9. Über die Wahl ist eine schriftliche Aufzeichnung anzufertigen, die vom Vorsteher und einem Teilnehmer zu unterschreiben ist.

(Wasserverbandverordnung §§ 54, 55, 56).

§ 19.

Bestätigung des Ausschusses.

Abs. 1. Der Vorsteher legt die schriftliche Aufzeichnung über die Ausschußwahl mit allen Schriftstücken des Verfahrens der Aufsichtsbehörde vor.

Abs. 2. Diese bestätigt die Ausschußmitglieder für die im § 20 vorgeschriebene Zeit, wenn das Wahlverfahren den Vorschriften der Wasserverbandverordnung und der Satzung entsprochen hat.

(Wasserverbandverordnung § 58).

§ 20.

Amtszeit.

Abs. 1. Das Amt des Ausschusses endet am 31. Dezember — *31. März* — zum ersten Male im Jahre .... und später alle fünf Jahre.

Abs. 2. Wenn ein Ausschußmitglied vor dem Ablaufe der Amtszeit ausscheidet, kann für den Rest der Amtszeit nach § 18 und § 19 Ersatz berufen werden.

Abs. 3. Die ausscheidenden Mitglieder bleiben bis zum Eintritt der neuen Mitglieder im Amt.

(Wasserverbandverordnung § 58).

§ 21.

Aufgaben des Ausschusses — *der Verbandversammlung* —.

Der Ausschuß — *die Verbandversammlung* — hat die ihm — *ihr* — in der Wasserverbandverordnung zugewiesenen Aufgaben. Insbesondere hat er — *sie* —

1. über die Bildung und die Entlastung des Vorstandes zu beschließen,
2. den Haushaltsplan festzusetzen,
3. den Vorstand in allen wichtigen Geschäften zu beraten.

(Wasserverbandverordnung §§ 53, 48, 62, 77, 73).

§ 22.

Sitzungen des Ausschusses — *der Verbandversammlung* —.

Abs. 1. Der Vorsteher lädt die Ausschußmitglieder — *Verbandmitglieder* — mit mindestens einwöchiger Frist zu den Sitzungen und teilt die Tagesordnung mit. In dringlichen Fällen bedarf es keiner Frist; in der Ladung ist darauf hinzuweisen. Der Vorsteher *unterrichtet ferner die Vorstandmitglieder* und lädt die Aufsichtsbehörde, das Kulturbauamt und den Kreisbauernführer — *die Landbauaußenstelle* ein (§ 48).

Abs. 2. Im Jahre ist mindestens eine Sitzung zu halten.

Abs. 3. Der Vorsteher leitet die Sitzungen des Ausschusses — *der Verbandversammlung. Er hat kein Stimmrecht. Die Mitglieder des Vorstandes sind befugt, das Wort zu nehmen.*

(Wasserverbandverordnung §§ 59, 60, 62, 120).

§ 23.

Beschließen im Ausschusse.

Abs. 1. Der Ausschuß bildet seinen Willen mit der Mehrheit der Stimmen seiner anwesenden Mitglieder. Jedes Mitglied hat eine Stimme. Stimmgleichheit bedeutet Ablehnung.

Abs. 2. Der Ausschuß ist beschlußfähig, wenn mindestens zwei Drittel der Mitglieder anwesend und alle rechtzeitig geladen sind. Ohne Rücksicht auf die Anzahl der Erschienenen ist er beschlußfähig, wenn bei der Ladung mitgeteilt worden ist, daß ohne Rücksicht auf die Anzahl der Erschienenen beschlossen werden wird. Ohne Rücksicht auf Form und Frist der Ladung ist er beschlußfähig, wenn alle Ausschußmitglieder zustimmen.

Abs. 3. Die Beschlüsse sind in das Beschlußbuch einzutragen. Jede Eintragung ist vom Vorsitzer und einem Ausschußmitgliede zu unterschreiben.

(Wasserverbandverordnung § 61).

Oder § 23).*

Beschließen in der Verbandversammlung.

Abs. 1. Die Verbandversammlung bildet ihren Willen mit der Mehrheit der Stimmen der anwesenden Verbandmitglieder. Stimmgleichheit bedeutet Ablehnung.

---

*) § 23 Abs. 3 Satz 2 darf nur mit Genehmigung der oberen Aufsichtsbehörde neu eingeführt werden.

Abs. 2. Jedes Verbandmitglied, das Beiträge an den Verband zu leisten hat, hat das Recht, selbst oder durch einen Vertreter mitzustimmen. Der Vorsteher kann vom Vertreter eine schriftliche Vollmacht fordern.

Abs. 3. Das Stimmverhältnis ergibt sich aus dem Beitragbuche (§ 33); es ist dem Beitragverhältnisse gleich. Solange das Beitragbuch nicht aufgestellt ist, ist das Stimmverhältnis dem Verhältnis der Flächeninhalte der zum Verbande gehörenden Grundstücke gleich. Niemand hat mehr als zwei Fünftel aller Stimmen.

Abs. 4. Um das Grundeigentum streitende Personen sind stimmberechtigt. Sie und die gemeinschaftlichen Grundeigentümer können nur einheitlich stimmen; die an der Wahl Teilnehmenden haben die Stimmen aller.

Abs. 5. Die Verbandversammlung ist beschlußfähig, wenn mindestens die Hälfte aller Stimmen vertreten ist. Ohne Rücksicht auf die Anzahl der Erschienenen ist sie beschlußfähig, wenn bei der Ladung mitgeteilt worden ist, daß ohne Rücksicht auf die Anzahl der Erschienenen beschlossen werden wird. Ohne Rücksicht auf Form und Frist der Ladung ist sie beschlußfähig, wenn die Mitglieder mit zwei Dritteln aller Stimmen zustimmen.

Abs. 6. Die Beschlüsse sind in das Beschlußbuch einzutragen. Jede Eintragung ist vom Vorsitzer und einem Verbandmitgliede zu unterschreiben.

(Wasserverbandverordnung §§ 62, 61, 56).

III. Abschnitt. Haushalt, Beiträge.

§ 24.

Haushaltsplan.

Abs. 1. Der Ausschuß — *die Verbandversammlung* — setzt alljährlich den Haushaltsplan des Verbandes und nach Bedarf Nachträge dazu fest. Der Vorstand stellt sie auf, den Haushaltsplan so rechtzeitig, daß der Ausschuß — *die Verbandversammlung* — vor dem Beginn des Rechnungsjahres über ihn beschließen kann. Der Vorsteher teilt den Haushaltsplan und die Nachträge der Aufsichtsbehörde mit.

Abs. 2. Der Haushaltsplan enthält alle Einnahmen und Ausgaben des Verbandes im kommenden Rechnungsjahre. Er ist die Grundlage für die Verwaltung aller Einnahmen und Ausgaben.

Abs. 3. Das Rechnungsjahr beginnt am 1. Januar — *1. April* —.

(Wasserverbandverordnung §§ 65, 72, 73).

Um die Beschlußfassung über die Jahresrechnung des vorangegangenen Jahres und des Haushaltsplan des kommenden Jahres in einer Versammlung durchzuführen zu können, könnte Satz 2 von Abs. 1 wie folgt gefaßt werden (Zulässig gemäß § 65 Abs. 3):

Der Vorstand stellte sie auf, den Haushaltsplan so rechtzeitig, daß der Ausschuß — die Verbandversammlung — spätestens zwei Monate nach dem Beginn des Rechnungsjahres über ihn beschließen kann.

§ 25.

Überschreiten des Haushaltsplanes.

Abs. 1. Der Vorsteher bewirkt Ausgaben, die im Haushaltsplane nicht oder noch nicht festgesetzt sind, wenn der Verband dazu verpflichtet ist und ein Aufschub erhebliche Nachteile bringen würde. Er darf Anordnungen, durch die Verbindlichkeiten des Verbandes entstehen können, für die ausreichende Mittel im Haushaltsplan nicht vorgesehen sind, bei unabweisbarem Bedürfnisse treffen. Der Vorsteher kann die erforderlichen Beiträge von den Mitgliedern einziehen.

Abs. 2. Wenn der Ausschuß mit der Sache noch nicht befaßt ist, beruft ihn der Vorsteher unverzüglich zur nachträglichen Festsetzung im Haushaltsplane.

(Wasserverbandverordnung §§ 73, 74).

§ 26.

Verwendung der Einnahmen.

Einnahmen des Verbandes, die nicht Beiträge der Mitglieder sind, sind wie diese zur Bestreitung der Ausgaben zu verwenden.

(Wasserverbandverordnung § 70).

§ 27.

Tilgung der Schulden.

Abs. 1. Der Verband tilgt seine für wiederkehrende Bedürfnisse aufgenommenen Schulden vor der Wiederkehr des Bedürfnisses.

Abs. 2. Für langfristige Darlehen, die nicht regelmäßig zu tilgen sind, sammelt er die Mittel zur Tilgung planmäßig an.

Abs. 3. Der Vorsteher stellt für jedes langfristige Darlehen einen Tilgungsplan auf, in den mindestens die nach dem Schuldverhältnis erforderlichen Beträge einzusetzen sind.

(Wasserverbandverordnung § 67).

§ 28.

Prüfen des Haushalts.

Abs. 1. Der Vorstand stellt die Rechnung über alle Einnahmen und Ausgaben des vergangenen Rechnungsjahres gemäß dem Haushaltsplane auf und gibt sie im ersten Viertel des folgenden Rechnungsjahres mit allen Unterlagen zum Prüfen an die Prüfstelle.

Abs. 2. Der Vorsteher gibt der Prüfstelle den Auftrag,

1. zu prüfen
   a) ob nach der Rechnung der Haushaltsplan befolgt ist,
   b) ob die einzelnen Einnahme- und Ausgabebeträge der Rechnung ordnungsmäßig, insbesondere durch Belege, nachgewiesen sind,
   c) ob diese Rechenbeträge mit der Wasserverbandverordnung, der Satzung und den anderen Vorschriften im Einklange stehen,
2. das Ergebnis der Prüfung (den Prüfbericht) an den Vorsteher und die Aufsichtsbehörde zu geben.

(Wasserverbandverordnung § 76).

§ 29.

Entlastung.

Der Vorsteher legt die Haushaltsrechnung und den Prüfbericht dem Ausschusse — *der Verbandversammlung* — vor. Dieser — *diese* — beschließt über die Entlastung des Vorstandes.

(Wasserverbandverordnung § 77).

§ 30.

Beiträge.

Abs. 1. Die Mitglieder haben dem Verbande die Beiträge zu leisten, die zur Erfüllung seiner Aufgaben und seiner Verbindlichkeiten und zu einer ordentlichen Haushaltsführung erforderlich sind.

Abs. 2. Die Beiträge bestehen in Geldleistungen (Geldbeiträge) und in Diensten (Sachbeiträge). Für Geldbeiträge gelten die Vorschriften der §§ 31 bis 37.

(Wasserverbandverordnung §§ 78, 79).

§ 31.

Beitragverhältnis.

Abs. 1. Die Beitraglast verteilt sich auf die Mitglieder im Verhältnisse der Vorteile, die sie von den Aufgaben des Verbandes haben. Vorteile sind auch die Erleichterung einer Pflicht des Mitgliedes und die Möglichkeit, Maßnahmen des Verbandes zweckmäßig und wirtschaftlich auszunutzen.

*Die Beitraglast verteilt sich auf die Mitglieder im Verhältnisse der Flächeninhalte der zum Verbande gehörenden Grundstücke**).

*Die Beitraglast verteilt sich auf die Mitglieder im Verhältnisse der Länge der auf die einzelnen Grundstücke fallenden Saugerstrecken**).

Die Beitraglast aus der Bodenbearbeitung zur Verbesserung der Grundstücke und zur Unterhaltung im verbesserten Zustande verteilt sich auf die Mitglieder entsprechend den für die einzelnen Grundstücke tatsächlich entstehenden Kosten — im Verhältnisse der Flächeninhalte der zu verbessernden Grundstücke.

Abs. 2. Solange das Beitragbuch nicht aufgestellt ist, verteilt sich die Beitraglast auf die Mitglieder im Verhältnisse der Flächeninhalte der zum Verbande gehörenden Grundstücke. Diese vorläufigen Beiträge sind sobald wie möglich auszugleichen.

(Wasserverbandversorgung §§ 81, 82, 89).

§ 32.

Ermittlung des Vorteilsverhältnisses.

Abs. 1. Zur Feststellung des Vorteilsverhältnisses nach § 31 Abs. 1 werden die Grundflächen der Mitglieder in Vorteilsklassen eingeteilt und für jedes

---

*) Anmerkung: Diese Vorschrift darf nur mit Genehmigung der oberen Aufsichtsbehörde neu eingeführt werden.

Mitglied sein Vorteilsverhältniswert aus Flächeninhalt und Vorteilsklasse errechnet.

Abs. 2. Zwei vom Vorstande nach Befragung der Aufsichtsbehörde zu bestimmende, dem Verbande nicht angehörende Sachverständige setzen unter der Leitung des Vorstehers und im Beisein des Technikers (§ 45) die Anzahl der Klassen, ihr Vorteilswertverhältnis und die Zugehörigkeit der Grundflächen zu den Klassen fest. Bei Meinungsverschiedenheiten der Sachverständigen entscheidet der Vorsteher; wenn es sich um Grundstücke des Vorstehers handelt, entscheidet sein Stellvertreter.

(Wasserverbandverordnung § 86).

Ist ein vom Vorteilsmaßstab abweichender Maßstab, z. B. der des Flächeninhalts (vgl. hierzu Anm. 5 zu § 82 WVO.), bestimmt, so ist § 32 anders zu fassen, bei dem Maßstabe des Flächeninhalts etwa folgendermaßen:

Zur Feststellung des Beitragsverhältnisses gemäß § 31, Abs. 1 werden die Größen der Grundstücke der Mitglieder möglichst nach Quadratmetern durch den Vorsteher zusammen mit dem Verbandstechniker festgestellt.

§ 33.

Beitragbuch.

Abs. 1. Der Vorsteher sorgt für die Eintragung des Beitragverhältnisses der Mitglieder (§§ 31, 32) in das Beitragbuch. Dieses enthält auch eine Beschreibung der Vorteilklassen und Angaben über ihre Anzahl und ihr Wertverhältnis.

Abs. 2. Das Beitragbuch wird zum Einblick der Mitglieder in der Wohnung (Amtszimmer) des Verbandvorstehers — *an einer vom Vorsteher zu bestimmenden Stelle* — ausgelegt. Die Auslegung ist nach § 46 vorher bekannt zu geben. Den an dem

Verbande beteiligten Behörden und öffentlich-rechtlichen Körperschaften und den beteiligten Eigentümern von Bergwerken und gewerblichen Anlagen ist die Auslegung besonders mitzuteilen. Bei der Bekanntgabe und der Mitteilung sind die Frist für den Einspruch und die darüber entscheidende Stelle anzugeben (§ 34 Abs. 1).

(Wasserverbandverordnung §§ 87, 187).

Im Hinblick auf die Ausführungen in der Anm. 2 zu § 87 und der Anm. zu Nr. 66 1. AV. sind einzufügen:

In Satz 2 hinter den Worten „die Auslegung": *und die für sie bestimmte Zeit.*

§ 34.

Einspruch. Beschwerde.

Abs. 1. Gegen das Beitragbuch können die Mitglieder in zwei Wochen nach der letzten Bekanntgabe oder, soweit eine besondere Mitteilung vorgeschrieben ist, nach dieser bei dem Vorstande Einspruch erheben.

Abs. 2. Der Vorstand kann das Beitragbuch ändern oder den Einspruch zurückweisen (Einspruchbescheid). Der Vorsteher teilt den Mitglidern, deren Einspruch zurückgewiesen wird, die Zurückweisung besonders mit und zeichnet Art und Tag der Mitteilung schriftlich auf. Er gibt die Änderung des Beitragbuches nach den Vorschriften des § 33 bekannt. Bei der Mitteilung und der Bekanntgabe sind die Frist für die Beschwerde und die darüber entscheidende Stelle (Abs. 3) anzugeben.

Abs. 3. Gegen den Einspruchbescheid können sich die betroffenen Mitglieder in zwei Wochen nach der letzten Bekanntgabe oder, soweit eine besondere Mitteilung vorgeschrieben ist, nach dieser bei der

Spruchstelle für Wasser- und Bodenverbände beschweren.

(Wasserverbandverordnung §§ 87, 187).

Aus gleichen Gründen wie zu § 33 sind die Worte „der letzten Bekanntgabe" zu streichen und an ihre Stelle einzusetzen:

„*Ablauf der bekanntgegebenen Auslegungsfrist.*"

§ 35.

Änderung des Beitragbuches.

Abs. 1. Der Vorsteher hält das Beitragbuch auf dem laufenden.

Abs. 2. Er ändert es, wenn sich die ihm zugrunde liegenden tatsächlichen oder rechtlichen Umstände erheblich ändern.

Abs. 3. Die Vorschriften der §§ 33 Abs. 2 und 34 gelten entsprechend für die Änderung des Beitragbuches und für die Ablehnung des Änderungsantrages eines Mitgliedes.

(Wasserverbandverordnung § 88).

§ 36.

Hebeliste. Hebung.

Abs. 1. Der Vorsteher verteilt die Geldsumme, die die Mitglieder nach dem Haushaltsplane oder nach den Verpflichtungen des Verbandes aufzubringen haben, auf die Mitglieder in dem im Beitragbuche angegebenen Beitragverhältnisse.

Abs. 2. Er setzt die Beiträge der einzelnen Mitglieder in der Hebeliste fest, bestimmt darin die Zahlstelle und die Zahlfrist — *teilt jedem Mitglied seinen Beitrag, die Zahlstelle und die Zahlfrist (Hebelistenauszug) mit* — und zieht die Beiträge ein.

Abs. 3. Für die Bekanntgabe der Hebeliste, für den Einspruch gegen sie und für die Beschwerde gegen den Einspruchbescheid gelten die Vorschriften der §§ 33 Abs. 2 und 34 entsprechend. Der Einspruchbescheid braucht aber nicht öffentlich bekanntgegeben zu werden, sondern kann den Betroffenen besonders mitgeteilt werden.

Abs. 4. Einspruch und Beschwerde halten die Hebung nicht auf. Wenn sie Erfolg haben, sorgt der Vorsteher für nachträglichen Ausgleich.

(Wasserverbandverordnung § 89).

§ 37.

Folgen des Rückstandes.

Abs. 1. Wer seinen Beitrag nicht rechtzeitig leistet, hat einen Säumniszuschlag zu zahlen, dessen Höhe vom Vorstande festzusetzen ist.

Abs. 2. Die Aufsichtsbehörde kann Mitgliedern des Vorstandes, die mit der Leistung eines Beitrages im Rückstande sind und eine Erinnerung der Aufsichtsbehörde nicht befolgen, die Vorstandgeschäfte für die Zeit bis zur Leistung untersagen.

(Wasserverbandverordnung §§ 92, 129).

§ 38.

Zwangsvollstreckung.

Die auf der Wasserverbandverordnung oder der Satzung beruhenden Forderungen des Verbandes können — *vom Vorsteher als Vollstreckungsbehörde* — im Verwaltungswege vollstreckt werden. Das Verfahren richtet sich nach den allgemeinen Vorschriften über die Vollstreckung im Verwaltungswege. — *Der Vorsteher beantragt die Vollstreckung bei der Aufsichtsbehörde* —.

(Wasserverbandverordnung §§ 93, 101).

§ 39.
Sachbeiträge.

Abs. 1. Der Vorsteher kann auf Beschluß des Vorstandes die Verbandmitglieder zu Hand- und Spanndiensten für das Verbandunternehmen heranziehen. Die Verteilung dieser Sachbeiträge richtet sich nach dem Beitragverhältnis (§ 31).

Abs. 2. Jedes Mitglied ist dem Verbande zum Wegräumen des bei den Unterhaltungsarbeiten auf sein Grundstück gebrachten Aushubes aus den Gräben und Bächen verpflichtet. — *Oder: Jedes Mitglied ist dem Verbande zur Räumung der Graben- und Bachstrecken verpflichtet, deren Instandhaltung Aufgabe des Verbandes ist und die die zum Verbande gehörenden Grundstücke des Mitgliedes berühren. Strekken, die zwischen zwei Verbandgrundstücken verschiedener Mitglieder liegen, sind in der oberen Hälfte von dem auf der rechten Seite, in der unteren Hälfte von dem auf der linken Seite liegenden Grundstückeigentümer zu räumen.* — Das Wegräumen muß am.................................., — *das Räumen am*.......... .... — eines jeden Jahres beendet sein.

Abs. 3. Der Vorstand kann Abweichungen von dieser Regelung und Ergänzungen anordnen und zulassen.

Abs. 4. Wenn über den Inhalt der Sachbeitraglast Streit entsteht, setzt der Vorsteher den Inhalt fest. Für die Bekanntgabe der Festsetzung, für den Einspruch gegen sie und für die Beschwerde gegen den Einspruchbescheid gelten die Vorschriften der § 33 Abs. 2 und § 34 entsprechend. Die Entscheidungen brauchen aber nicht öffentlich bekanntgegeben zu werden, sondern können den Betroffenen besonders mitgeteilt werden.

(Wasserverbandordnung §§ 79, 91, 187.)

IV. Abschnitt. Ordnungsgewalt, Zwang.

§ 40.

Ordnungsgewalt.

Die Mitglieder des Verbandes, die Besitzer der nach dem Plane und dem Mitgliederverzeichnisse zu ihm gehörenden Grundstücke, *Bergwerke und Anlagen* der dinglichen Mitglieder (§ 2) *und die Besitzer des Vorlandes der Deiche* haben die auf der Wasserverbandverordnung oder der Satzung beruhenden Anordnungen des Vorstehers, insbesondere die Anordnungen zum Schutze des Verbandunternehmens (§ 4) zu befolgen.

(Wasserverbandverordnung § 96).

§ 41.

Ordnungstrafen.

Abs. 1. Der Verbandvorsteher kann gegen die Mitglieder und gegen die Besitzer der nach dem Plane und dem Mitgliederverzeichnisse zum Verbande gehörenden Grundstücke, *Bergwerke und Anlagen* der dinglichen Mitglieder (§ 2) Ordnungsstrafen von höchstens 10 DM. verhängen für einen wiederholten Verstoß gegen die auf der Wasserverbandverordnung oder der Satzung beruhenden Anordnungen des Vorstehers zum Schutze des Verbandunternehmens (§ 4) und gegen die Sachbeitragpflicht (§ 39).

Abs. 2. Das Strafgeld fällt an den Verband.

(Wasserverbandverordnung § 97).

Vgl. Anm. zu Nr. 79 1. AV.; statt 10.— DM. ist eine höhere Zahl einzusetzen, außerdem das Wort: „wiederholten" zu streichen.

§ 42.

Zwang.

Abs. 1. Der Verbandvorsteher kann die Anordnung nach dem § 40 durch einen Dritten auf Kosten des Pflichtigen oder durch Verhängung von Zwangsgeld oder durch unmittelbaren Zwang durchsetzen.

Abs. 2. Er droht das Zwangsmittel vorher schriftlich an, und zwar die Kosten in vorläufig geschätzter, das Zwangsgeld in bestimmter, höchstens 30 DM. betragender Höhe, und setzt für die Befolgung der Anordnung eine angemessene Frist. Bei Gefahr im Verzuge sind die Schriftform und die Frist nicht nötig.

Abs. 3. Das Zwangsgeld fällt an den Verband. (Wasserverbandverordnung § 99).

§ 43.

Rechtsmittelbelehrung.

In der Anordnung nach § 40, der Ordnungsstrafverfügung nach § 41 und der Zwangsandrohung nach § 42 sind die Frist für die Beschwerde und die über sie entscheidende Stelle (§ 44) anzugeben.

(Wasserverbandverordnung § 187).

§ 44.

Beschwerde.

Abs. 1. In zwei Wochen nach der Mitteilung ist gegen die Anordnung nach § 40, die Ordnungsstrafverfügung nach § 41 und die Zwangsandrohung nach § 42 die Beschwerde an die Aufsichtsbehörde des Verbandes zulässig.

Abs. 2. Die Beschwerde hat aufschiebende Wirkung. In den Fällen der §§ 40 und 42 kann aber der Vorsteher die sofortige Ausführung anordnen, wenn er dies für das öffentliche Wohl oder die gemeinwirtschaftliche Ordnung für erforderlich hält. Die Ordnungstrafe (§ 41) und das Zwangsgeld (§ 42) dürfen erst beigetrieben werden (§ 38), wenn die Strafverfügung oder die Androhung des Zwangsgeldes nicht mehr anfechtbar sind.

Abs. 3. Weitere Vorschriften über die Rechtsmittel ergeben sich aus den §§ 98 und 100 der Wasserverbandverordnung.

V. Abschnitt. Dienstkräfte. Bekanntmachungen. Änderung der Satzung.

§ 45.

Techniker. Kassenverwalter.

Der Vorsteher des Verbandes hat einen Techniker für die Durchführung des Verbandunternehmens (§ 4) und einen Kassenverwalter für die Haushaltsführung einzustellen. Ihre Einstellung bedarf der Bestätigung, ihre Besoldung der Genehmigung der Aufsichtsbehörde; das Kulturbauamt ist zu hören. (Wasserverbandverordnung §§ 107, 108, 109).

§ 46.

Bekanntmachungen.

Abs. 1. Die im Verbande vorkommenden Bekanntmachungen sind unter der Angabe der Bezeichnung des Verbandes (§ 1) vom Vorsteher zu unterschreiben. Bekannt gemacht wird durch Abdruck im Nachrichtenblatte des Kreises .... — *der Aufsichtsbehörde* (§ 48) — und in ortsüblicher Weise in den Gemeinden, in deren Bezirk zum Verbande gehörende Grundstücke (§ 2) liegen.

Oder: Bekannt gemacht wird in ortsüblicher Weise in den Gemeinden, in deren Bezirk zum Verbande gehördende Grundstücke (§ 2) liegen. Der Vorsteher kann außerdem durch das Nachrichtenblatt des Kreises .... — der Aufsichtsbehörde — bekannt geben.

Abs. 2. Für die Bekanntmachung längerer Urkunden genügt die Bekanntmachung des Ortes, an dem Einblick in die Urkunde getan werden kann.

(Wasserverbandverordnung §§ 9, 10, 149, 169).

§ 47.

Änderung der Satzung.

Abs. 1. Die Aufsichtsbehörde kann die Satzung auf Antrag des Vorstandes oder nach dessen Anhörung ergänzen und ändern. Die Ergänzung und die Änderung werden am Ende des Tages wirksam, an dem die Mitteilung der Behörde dem Verbande zugeht.

Abs. 2. Die Aufsichtsbehörde macht die Ergänzung und die Änderung bekannt.

(Wasserverbandverordnung § 10).

VI. Abschnitt. Aufsicht.

§ 48.

Staatliche Aufsicht.

Abs. 1. Der Verband steht unter der Aufsicht des Landrates in ....

Abs. 2. Die Aufsichtsbehörde hat sicherzustellen, daß der Verband im Einklang mit den Gesetzen, der Satzung und den Zielen der Staatsführung verwaltet wird.

Abs. 3. Neben der Aufsichtsbehörde steht in technischen Angelegenheiten das Kulturbauamt — *der Kreisbaumeister* — in..............................., in landwirtschaftlichen Angelegenheiten der Kreisbauernführer — *die Landbauaußenstelle* — in .... Diese sind befugt, mit dem Verbandvorsteher von Aufsicht wegen unmittelbar Verbindung zu halten, die technischen bzw. landwirtschaftlichen Angelegenheiten des Verbandes zu prüfen und den Vorsteher zu beraten. Sie können, wenn Eile geboten ist, insbesondere bei der ersten Ausführung des Unternehmens (§ 4), einstweilige Anordnungen geben.

(Wasserverbandverordnung §§ 111, 112, 118, 121).

§ 49.

Von staatlicher Genehmigung abhängige Geschäfte.

Abs. 1. Der Verband bedarf der Genehmigung der Aufsichtsbehörde

1. zur unentgeltlichen Veräußerung von Vermögensgegenständen,
2. zur Veräußerung von Grundstücken und grundstückgleichen Rechten,
3. zur Veräußerung und zur wesentlichen Änderung von Sachen, die einen besonderen wissenschaftlichen, geschichtlichen oder Kunstwert haben,
4. zur Aufnahme von Darlehen (Anleihen, Schuldscheindarlehen, anderem Kredit),
5. zum Eintreten in Gesellschaften und andere Vereinigungen bürgerlichen Rechtes,
6. zu Verträgen mit einem Mitgliede des Vorstandes,
7. zur Gewährung von Darlehen und anderem Kredit an Mitglieder des Vorstandes und des Ausschusses und an Dienstkräfte des Verbandes,
8. zur Bestellung von Sicherheiten,
9. zur Übernahme von Bürgschaften und Verpflichtungen aus Gewährverträgen.

Abs. 2. Die Genehmigung ist auch zu Rechtsgeschäften erforderlich, die einem der im Abs. 1 angegebenen Geschäfte wirtschaftlich gleichkommen.

(Wasserverbandverordnung § 122).

Ich erlasse — *mit Zustimmung der oberen Aufsichtsbehörde* — die vorstehende Satzung des Wasserverbandes — *Bodenverbandes, Wasser und Bodenverbandes* —

.... in ....

auf Grund des § 145, — § 169 — der Ersten Verordnung über Wasser- und Bodenverbände vom 3. September 1937 (RGBl. I S. 933).

...................................., den .... 19.....

Der Landrat

des Kreises ....

Zweite Ausführungsvorschriften zur Ersten Verordnung über Wasser- und Bodenverbände

(Zweite Wasserverbandvorschriften.)

Vom 18. August 1939.

Auf Grund des § 190 der Ersten Verordnung über Wasser- und Bodenverbände vom 3. September 1937 (RGBl. I S. 933) gebe ich das anliegende Satzungsmuster für Wasserbeschaffungsverbände bekannt.

Das Muster ist vorläufig unter Berücksichtigung von Vorschlägen der bayrischen und badischen Landesregierung aufgestellt. Änderungsvorschläge stelle ich den nachgeordneten Behörden anheim.

Die Ersten Wasserverbandvorschriften sind entsprechend anzuwenden.

Der Reichsminister für Ernährung und Landwirtschaft

In Vertretung des Staatsekretärs

Riecke.

IV B 1, 26888.

Anlage zu den Zweiten Wasserverbandvorschriften vom 18. August 1939.

(LwRMBl. S. 877.)

Satzungsmuster B für Wasserbeschaffungsverbände.

Satzungsmuster B. Für Wasserbeschaffungsverbände

Anlage zu den Zweiten Wasserverbandvorschriften vom 18. 8. 1939

Das Muster berücksichtigt an vielen Stellen mehrere Möglichkeiten. Hierauf wird durch Gedankenstriche oder durch *Kursivdruck* oder durch beides aufmerksam gemacht. Die nichtpassenden Teile sind zu streichen.

Satzung

des Wasserbeschaffungsverbandes ....

in .... im Kreise ....

§ 1.

Name, Sitz.

Der Verband führt den Namen „Wasserbeschaffungsverband......" ....
Er ist die ehemalige Wassergenossenschaft ....
....
in .... und hat seinen Sitz
in .... im Kreise ....
Er ist ein Wasser- und Bodenverband im Sinne der Ersten Verordnung über Wasser- und Bodenverbände vom 3. September 1937 (Wasserverbandverordnung, RGBl. I S. 933).

(Wasserverbandverordnung §§ 5, 6.)

I. Abschnitt. Mitglieder; Aufgabe; Unternehmen.

§ 2.

Mitglieder.

Abs. 1. Mitglieder des Verbandes sind die jeweiligen Eigentümer der im Mitgliederverzeichnisse aufgeführten Grundstücke und Anlagen (dingliche Mitglieder), *die dort aufgeführten öffentlich-rechtlichen Körperschaften — folgende öffentlich-rechtlichen Körperschaften:*

Abs. 2. Das Verzeichnis der Mitglieder ist vom Wasserwirtschaftsamte — *Kreisbaumeister* — *Messungsamte* — ....
....
in .... aufgestellt.

Es wird von der Aufsichtsbehörde, je eine Abschrift vom Wasserwirtschaftsamte und vom Verbandsvorsteher aufbewahrt.

Abs. 3. Der Verbandsvorsteher hält die Verzeichnisabschrift auf dem laufenden.

(Wasserverbandverordnung §§ 3, 11.)

§ 3.

Der Verband hat zur Aufgabe, Trink- und Brauchwasser zu beschaffen.

(Wasserverbandverordnung §§ 2, 17.)

§ 4.

Unternehmen, Plan.

Abs. 1. Zur Durchführung seiner Aufgabe hat der Verband die im Mitgliederverzeichnis aufgeführten Grundstücke und Anlagen — *Gemeinden* — *seine in § 2 genannten Mitgliedgemeinden* — mit Trink- und Brauchwasser zu versorgen und für einen geordneten Betrieb und eine gleichmäßige Benutzung der Verbandanlage zu sorgen. Er hat die nötigen Quellen, Grundstücke oder Rechte an Grundstücken zu erwerben, die erforderlichen gemeinsamen Anlagen herzustellen, zu unterhalten und zu betreiben (Verbandunternehmen).

Abs. 2. Das Unternehmen ergibt sich aus dem Plane des Wasserwirtschaftsamtes — *Kreisbaumeisters* — . . . .
. . . .
in . . . . vom . . . .

Abs. 3. Der Plan besteht aus einem Erläuterungsbericht, einer Darstellung der gemeinsamen Anlagen, ... Karten — *Zeichnungen* — und einem Kostenanschlage.

Er wird bei dem Wasserwirtschaftsamte — der *Aufsichtsbehörde* — des Verbandes aufbewahrt; eine Abschrift und eine Abzeichnung der für den Verbandsvorsteher nötigen Stücke werden von diesem aufbewahrt.

Abs. 4. *Das durchgeführte Unternehmen ergibt sich aus dem Verzeichnis der Anlagen nebst Ausführungskarten vom ...., die wie der Plan aufbewahrt werden.*

(Wasserverbandverordnung § 17.)

§ 5.

Ausführung des Unternehmens.

Abs. 1. Der Verband darf den Plan (§ 4) und die ergändenzen Pläne nicht ohne die Zustimmung der Aufsichtsbehörde ausführen.

Abs. 2. Der Vorsteher unterrichtet das Wasserwirtschaftsamt — den *Kreisbaumeister* — rechtzeitig vorher von den Arbeiten und zeigt ihm ihre Beendigung an. Dem Wasserwirtschaftsamte ist vor dem Vertragschlusse (Zuschlage) Gelegenheit zur Äußerung über die Verdingung der Arbeiten an einen Unternehmer zu geben, damit nötigen Falles von Aufsicht wegen eingegriffen werden kann. Das Wasserwirtschaftsamt prüft, ob die Arbeiten sachgemäß ausgeführt sind.

Abs. 3. Der Vorstand darf den Plan, das Unternehmen und die Verbandanlagen nur *nach Anhörung des Ausschusses — der Verbandversammlung — oder der beteiligten Verbandmitglieder und nur* mit schriftlicher Genehmigung der Aufsichtsbehörde ergänzen und ändern. Der Vorsteher macht die Ergänzung und die Änderung in den beteiligten Gemeinden nach § 46 bekannt oder teilt sie den beteiligten Mitgliedern mit.

(Wasserverbandverordnung §§ 20, 21.)

§ 6.

Benutzung der Grundstücke für das Unternehmen

Abs. 1. Der Vorsteher ist befugt, das Verbandunternehmen auf den nach dem Plan und dem Mitgliederverzeichnisse zum Verbande gehörenden Grundstücken der dinglichen Mitglieder (§ 2) durchzuführen.

Abs. 2. Der Verband darf Grundstücke, die öffentlichen Zwecken gewidmet sind, nur mit Zustimmung der zuständigen Verwaltungsbehörde benutzen. Wenn diese nicht zustimmt, teilt der Vorsteher es der Aufsichtsbehörde mit.

(Wasserverbandverordnung §§ 22 bis 40.)

§ 7.

Benutzung der Anlagen durch die Mitglieder.

Die Besitzer der zum Verbande gehörenden Grundstücke und Anlagen sind verpflichtet, eigene Einrichtungen entsprechend der vom Verbandvorsteher erlassenen „Wasserbezugordnung" auszuführen, zu gebrauchen und instand zu halten.

(Wasserverbandverordnung § 96.)

§ 8.

Verbandschau.

Abs. 1. Die Anlagen des Verbandes sind mindestens einmal im Jahre zu prüfen. Der Vorsteher beruft .... Schaubeauftragte und ruft sie ab. Schauführer ist er selbst oder der von ihm bestimmte Schaubeauftragte.

Abs. 2. Der Vorsteher macht Zeit und Ort der Schau rechtzeitig nach *§* 46 bekannt und lädt die Aufsichtsbehörde und das Wasserwirtschaftsamt vier Wochen vorher zur Teilnahme ein. Die Mitglieder des Verbandes sind berechtigt, an der Schau teilzunehmen.

(Wasserverbandverordnung §§ 42, 43, 44.)

§ 9.

Aufzeichnung. Abstellung der Mängel.

Der Schauführer zeichnet den Verlauf und das Ergebnis der Prüfung schriftlich auf und gibt den Schaubeauftragten Gelegenheit zur Äußerung. Der Vorsteher läßt die Mängel abstellen und unterrichtet die Aufsichtsbehörde durch das Wasserwirtschaftamt. Er sammelt die Aufzeichnungen im Schaubuche und vermerkt in ihm die Abstellung der Mängel.

(Wasserverbandverordnung § 45.)

II. Abschnitt. Verfassung.

Die §§ 10—15 lauten wie dieselben Paragraphen im Satzungsmuster A für landwirtschaftliche Wasser- und Bodenverbände.

§ 16.

Sitzungen des Vorstandes.

Abs. 1. Der Vorsteher lädt die Vorstandsmitglieder mit mindestens einwöchiger Frist zu den Sitzungen und teilt die Tagesordnung mit. In dringlichen Fällen bedarf es keiner Frist; in der Ladung ist darauf hinzuweisen. Wer am Erscheinen verhindert ist, teilt dies unverzüglich dem Vorsteher und dem Stellvertreter mit. Der Vorsteher lädt den Stellvertreter. Ferner sind zu wichtigen Sitzungen die Aufsichtsbehörde und das Wasserwirtschaftsamt (§ 48) einzuladen.

Abs. 2. Im Jahre ist mindestens eine Sitzung zu halten.

(Wasserverbandverordnung §§ 51, 120.)

Der § 17 lautet wie derselbe Paragraph im Satzungsmuster A für landwirtschaftliche Wasser- und Bodenverbände.

§ 18[1]).

Zusammensetzung und Wahl des Ausschusses.

Abs. 1. Der Ausschuß hat ...... Mitglieder, die ehrenhalber tätig sind. Eine Stellvertretung findet nicht statt.

Er wird von den Verbandmitgliedern gewählt. Wählbar ist jeder geschäftsfähige Deutsche.

Vorstandsmitglieder können nicht gewählt werden.

Abs. 2. Der Vorsteher lädt die wahlberechtigten Verbandmitglieder durch Bekanntmachung nach § 46 mit mindestens einwöchiger Frist zur Ausschußwahl. Ferner sind die Aufsichtsbehörde und das Wasserwirtschaftsamt einzuladen (§ 48).

Abs. 3. Jedes Verbandmitglied, das Beiträge an den Verband zu leisten hat, hat das Recht, selbst oder durch einen Vertreter mitzustimmen. Der Vorsteher kann vom Vertreter eine schriftliche Vollmacht fordern.

Abs. 4. Das Stimmverhältnis ergibt sich aus dem Beitragbuche (§ 33); es ist dem Beitragverhältnisse gleich. Solange das Beitragbuch nicht aufgestellt ist, ist das Stimmverhältnis dem vorläufigen Beitragverhältnisse (§ 31 Abs. 2) gleich. Niemand hat mehr als zwei Fünftel aller Stimmen.

Abs. 5. Um das Grundeigentum streitende Personen sind stimmberechtigt. Sie und die gemeinschaftlichen Grundeigentümer können nur einheitlich stimmen; die an der Wahl teilnehmenden haben die Stimmen aller.

[1]) § 18 Abs. 4 Satz 2 darf nur mit Genehmigung der oberen Aufsichtsbehörde neu eingeführt werden; § 56 Abs. 6 der Wasserverbandverordnung. Die §§ 18, 19, 20 sind wegzulassen, wenn der Verband die Verbandversammlung hat.

Abs. 6. Der Vorsteher leitet die Wahl.

Abs. 7. Jedes Ausschußmitglied ist in besonderer Wahlhandlung dadurch zu wählen, daß die Verbandmitglieder dem Vorsteher zur schriftlichen Aufzeichnung erklären, wem sie ihre Stimme geben. Die Wahl durch Zuruf ist zulässig, wenn nicht widersprochen wird und wenn das sofort verkündete Wahlergebnis von niemand sofort in Zweifel gezogen wird.

Abs. 8. Gewählt ist, wer die Mehrheit aller abgegebenen Stimmen erhält. Wenn im ersten Wahlgange niemand so viele Stimmen erhält, wird zwischen den beiden oder, bei Stimmgleichheit, mehr Personen, die die meisten Stimmen erhalten haben, erneut gewählt. Im zweiten Wahlgange ist gewählt, wer die meisten Stimmen erhält; bei Stimmgleichheit entscheidet das vom Vorsteher zu ziehende Los.

Abs. 9. Über die Wahl ist eine schriftliche Aufzeichnung anzufertigen, die vom Vorsteher und einem Teilnehmer zu unterschreiben ist.

(Wasserverbandverordnung §§ 54, 55, 56.)

Die §§ 19, 20, 21 lauten wie dieselben Paragraphen im Satzungsmuster A für landwirtschaftliche Wasser- und Bodenverbände.

§ 22.

Sitzungen des Ausschusses — der Verbandversammlung —.

Abs. 1. Der Vorsteher lädt die Ausschußmitglieder — Verbandmitglieder — mit mindestens einwöchiger Frist zu den Sitzungen und teilt die Tagesordnung mit. In dringlichen Fällen bedarf es keiner Frist; in der Ladung ist darauf hinzuweisen. Der Vorsteher *unterrichtet ferner die Vorstandmitglieder* und lädt die Aufsichtsbehörde und das Wasserwirtschaftsamt ein (§ 48).

Abs. 2. Im Jahre ist mindestens eine Sitzung zu halten.

Abs. 3. Der Vorsteher leitet die Sitzungen des Ausschusses — *der Verbandversammlung* —. *Er hat kein Stimmrecht. Die Mitglieder des Vorstandes sind befugt, das Wort zu nehmen.*

(Wasserverbandordnung §§ 59, 60, 62 120.)

§ 23.

Beschließen im Ausschusse.

Abs. 1. Der Ausschuß bildet seinen Willen mit der Mehrheit der Stimmen seiner anwesenden Mitglieder. Jedes Mitglied hat eine Stimme. Stimmgleichheit bedeutet Ablehnung.

Abs. 2. Der Ausschuß ist beschlußfähig, wenn mindestens zwei Drittel der Mitglieder anwesend und alle rechtzeitig geladen sind. Ohne Rücksicht auf die Anzahl der Erschienenen ist er beschlußfähig, wenn bei der Ladung mitgeteilt worden ist, daß ohne Rücksicht auf die Anzahl der Erschienenen beschlossen werden wird. Ohne Rücksicht auf Form und Frist der Ladung ist er beschlußfähig, wenn alle Ausschußmitglieder zustimmen.

Abs. 3. Die Beschlüsse sind in das Beschlußbuch einzutragen. Jede Eintragung ist vom Vorsitzer und einem Ausschußmitgliede zu unterschreiben.

(Wasserverbandverordnung § 61.)

Oder § 23[1]).

Beschließen in der Verbandversammlung.

Abs. 1. Die Verbandversammlung bildet ihren Willen mit der Mehrheit der Stimmen der Anwesenden Verbandmitglieder. Stimmgleichheit bedeutet Ablehnung.

[1]) § 23 Abs. 3 Satz 2 darf nur mit Genehmigung der oberen Aufsichtsbehörde neu eingeführt werden.

Abs. 2. Jedes Verbandmitglied, das Beiträge an den Verband zu leisten hat, hat das Recht, selbst oder durch einen Vertreter mitzustimmen. Der Vorsteher kann vom Vertreter eine schriftliche Vollmacht fordern.

Abs. 3. Das Stimmverhältnis ergibt sich aus dem Beitragbuche (§ 33); es ist dem Beitragverhältnisse gleich. Solange das Beitragbuch nicht aufgestellt ist, ist das Stimmverhältnis dem vorläufigen Beitragverhältnisse (§ 31 Abs. 2) gleich. Niemand hat mehr als zwei Fünftel aller Stimmen.

Abs. 4. Um das Grundeigentum streitende Personen sind stimmberechtigt. Sie und die gemeinschaftlichen Grundeigentümer können nur einheitlich stimmen; die an der Wahl teilnehmenden haben die Stimmen aller.

Abs. 5. Die Verbandversammlung ist beschlußfähig, wenn mindestens die Hälfte aller Stimmen vertreten ist. Ohne Rücksicht auf die Anzahl der Erschienenen ist sie beschlußfähig, wenn bei der Ladung mitgeteilt worden ist, daß ohne Rücksicht auf die Anzahl der Erschienenen beschlossen werden wird. Ohne Rücksicht auf Form und Frist der Ladung ist sie beschlußfähig, wenn die Mitglieder mit zwei Dritteln aller Stimmen zustimmen.

Abs. 6. Die Beschlüsse sind in das Beschlußbuch einzutragen. Jede Eintragung ist vom Vorsitzer und einem Verbandmitgliede zu unterschreiben.

(Wasserverbandverordnung §§ 62, 61, 56.)

III. Abschnitt. Haushalt, Beiträge.

Die §§ 24 und 25 lauten wie dieselben Paragraphen im Satzungsmuster A für landwirtschaftliche Wasser- und Bodenverbände.

§ 26.

Verwendung der Einnahmen.

Einnahmen des Verbandes, die nicht Beiträge der

Mitglieder sind, sind wie diese zur Bestreitung der Ausgaben zu verwenden.

(Wasserverbandverordnung § 70.)

§ 27.

Tilgung der Schulden.

Abs. 1. Der Verband tilgt seine für voraussichtlich später wiederkehrende Bedürfnisse aufgenommenen Schulden vor der Wiederkehr des Bedürfnisses.

Abs. 2. Für langfristige Darlehen, die nicht regelmäßig zu tilgen sind, sammelt er die Mittel zur Tilgung planmäßig an.

Abs. 3. Der Vorsteher stellt für jedes langfristige Darlehen einen Tilgungsplan auf, in den mindestens die nach dem Schuldverhältnis erforderlichen Beträge einzusetzen sind.

(Wasserverbandverordnung § 67.)

§ 28.

Prüfen des Haushalts.

Abs. 1. Der Vorstand stellt die Rechnung über alle Einnahmen und Ausgaben des vergangenen Rechnungsjahres gemäß dem Haushaltplane auf und gibt sie im ersten Viertel des folgenden Rechnungsjahres mit allen Unterlagen zum Prüfen an die Prüfstelle.

Abs. 2. Der Vorsteher gibt der Prüfstelle den Auftrag,

1. zu prüfen

   a) ob nach der Rechnung der Haushaltplan befolgt ist,

   b) ob die einzelnen Einnahme- und Ausgabebeträge der Rechnung ordnungsmäßig, insbesondere durch Belege, nachgewiesen sind,

c) ob diese Rechenbeträge mit der Wasserverbandverordnung, der Satzung und den anderen Vorschriften im Einklange stehen,

2. das Ergebnis der Prüfung (den Prüfbericht) an den Vorsteher und die Aufsichtsbehörde zu geben.

Abs. 3. Prüfstelle ist ....
....

(Wasserverbandverordnung § 76.)

Die §§ 29 und 30 lauten wie dieselben Paragraphen im Satzungsmuster A für landwirtschaftliche Wasser- und Bodenverbände.

§ 31[1]).

Beitragmaßstab.

Abs. 1. Die Beitraglast verteilt sich auf die Mitglieder im Verhältnisse der Menge des jährlich abgenommenen Wassers, —

der Anzahl der Personen, die auf den zum Verbande gehörenden Grundstücken wohnen, wobei ein Kind unter 12 Jahren halb gerechnet wird,

des Flächeninhaltes ihrer Hofstellen (Gebäude, Hof, Garten),

und — oder — der Anzahl des Viehes auf den zum Verbande gehörenden Grundstücken, wobei ein gleicher Anteil auf eine Person, ein Stück Großvieh und drei Stück Kleinvieh entfällt. —

Als Menge *und Anzahl* wird der Durchschnitt der drei ersten Jahre nach dem Beginn des Betriebes und später der folgenden dreijährigen Zeiträume genommen.

---

[1]) Diese Vorschrift darf nur mit Genehmigung der oberen Aufsichtsbehörde neu eingeführt werden (WaVbVo. § 82 Nr. 4).

Abs. 2. Solange das Beitragbuch nicht aufgestellt ist, verteilt sich die Beitraglast auf die Mitglieder in einem vorläufigen Verhältnisse, das, soweit wie möglich, dem Maßstab des Absatzes 1, im übrigen der Billigkeit entspricht. Diese vorläufigen Beiträge sind sobald wie möglich auszugleichen.

(Wasserverbandverordnung §§ 82, 89.)

§ 32.

Ermittlung des Beitragverhältnisses.

Der Vorstand ermittelt das Beitragverhältnis der Mitglieder nach § 31 Abs. 1 und 2.

(Wasserverbandverordnung § 86.)

§ 33.

Beitragbuch.

Abs. 1. Der Vorsteher sorgt für die Eintragung des Beitragverhältnisses der Mitglieder (§§ 31, 32) in das Beitragbuch.

Abs. 2. Das Beitragbuch wird zum Einblick der Mitglieder in der Wohnung (Amtszimmer) des Verbandvorstehers — *an einer vom Vorsteher zu bestimmenden Stelle* — ausgelegt. Die Auslegung ist nach § 46 vorher bekanntzugeben. Den an dem Verbande beteiligten Behörden und öffentlich-rechtlichen Körperschaften ist die Auslegung besonders mitzuteilen. Bei der Bekanntgabe und der Mitteilung sind die Frist für den Einspruch und die darüber entscheidende Stelle anzugeben (§ 34 Abs. 1).

(Wasserverbandverordnung §§ 87, 187.)

Die §§ 34 bis 38 lauten wie dieselben Paragraphen im Satzungsmuster A für landwirtschaftliche Wasser- und Bodenverbände.

§ 39.

Sachbeiträge.

Abs. 1. Der Vorsteher kann — *auf Beschluß des Vorstandes* — die Verbandmitglieder zu Hand- und Spanndiensten für das Verbandunternehmen heranziehen. Die Verteilung dieser Sachbeiträge richtet sich nach dem Beitragverhältnis (§ 31).

Abs. 2. Wenn über den Inhalt der Sachbeitraglast Streit entsteht, setzt der Vorsteher den Inhalt fest. Für die Bekanntgabe der Festsetzung, für den Einspruch gegen sie und für die Beschwerde gegen den Einspruchbescheid gelten die Vorschriften des § 33, Abs. 2 und § 34 entsprechend. Die Entscheidungen brauchen aber nicht öffentlich bekanntgegeben zu werden, sondern können den Betroffenen besonders mitgeteilt werden.

(Wasserverbandverordnung §§ 79, 91, 187.)

IV. Abschnitt. Ordnungsgewalt, Zwang.

§ 40.

Ordnungsgewalt.

Abs. 1. Die Mitglieder des Verbandes und die Besitzer der nach dem Plane und dem Mitgliederverzeichnisse zu ihm gehörenden Grundstücke und Anlagen der dinglichen Mitglieder (§ 2) haben die auf der Wasserverbandverordnung oder der Satzung beruhenden Anordnungen des Vorstehers, insbesondere die Anordnungen zum Schutze des Verbandunternehmens (§ 4), zu befolgen.

Abs. 2. Der Vorsteher erläßt insbesondere die Wasserbezugordnung gemäß einem Beschlusse des Vorstandes nach Anhörung des Ausschusses — *der Verbandversammlung* —.

(Wasserverbandverordnung § 96.)

§ 41.

Ordnungstrafen.

Abs. 1. Der Verbandvorsteher kann gegen die Mitglieder und gegen die Besitzer der nach dem Plane und dem Mitgliederverzeichnisse zum Verbande gehörenden Grundstücke und Anlagen der dinglichen Mitglieder (§ 2) Ordnungstrafen von höchstens 10 DM verhängen für einen wiederholten Verstoß gegen die auf der Wasserverbandverordnung oder der Satzung beruhenden Anordnungen des Vorstehers zum Schutze des Verbandunternehmens (§ 4) und gegen die Sachbeitragpflicht (§ 39.)

Abs. 2. Das Strafgeld fällt an den Verband.

(Wasserverbandverordnung § 97.)

Die §§ 42 bis 47 lauten wie dieselben Paragraphen im Satzungsmuster A für landwirtschaftliche Wasser- und Bodenverbände.

VI. Abschnitt. Aufsicht.

§ 48.

Staatliche Aufsicht.

Abs. 1. Der Verband steht unter der Aufsicht des Landrates in ....

Abs. 2. Die Aufsichtsbehörde hat sicherzustellen, daß der Verband im Einklang mit den Gesetzen, der Satzung und den Zielen der Staatsführung verwaltet wird.

Abs. 3. Neben der Aufsichtsbehörde steht zur Beratung in technischen Angelegenheiten das Wasserwirtschaftamt und in gesundheitlichen Angelegenheiten das Gesundheitsamt. Diese sind befugt, mit dem Verbandvorsteher von Aufsicht wegen unmittelbar Verbindung zu halten, die technischen und die gesundheitlichen Angelegenheiten des Verbandes zu prüfen und den Vorsteher zu beraten. Sie können, wenn Eile geboten ist, insbesondere bei der ersten Ausführung des Unternehmens (§ 4) einstweilige Anordnungen geben.

(Wasserverbandverordnung §§ 111, 112, 118, 121.)

Der § 49 lautet wie derselbe Paragraph im Satzungsmuster A für landwirtschaftliche Wasser- und Bodenverbände.

Ich erlasse mit Zustimmung der oberen Aufsichtsbehörde die vorstehende Satzung des Wasserbeschaffungsverbandes .... in .... auf Grund des § 145 — § 169 — der Ersten Verordnung über Wasser- und Bodenverbände vom 3. September 1937 (Reichsgesetzbl. I S. 933).

.........., den .... 19...

Der Landrat

des Kreises ....

Dritte Ausführungsvorschriften zur Ersten Verordnung über Wasser- und Bodenverbände vom 3. September 1937

(Dritte Wasserverbandvorschriften.)

Vom 15. Oktober 1941.

Kosten im Gründungsverfahren.

Auf Grund des § 190 der Ersten Verordnung über Wasser- und Bodenverbände (Wa.Vb.Vo.) vom 3. September 1937 (Reichsgesetzblatt Teil I Seite 933)[1]) und des Erlasses des Führers und Reichskanzlers über den Generalinspektor für Wasser und Energie vom 29. Juli 1941 (Reichsgesetzblatt Teil I Seite 467)[2]) bestimme ich im Einvernehmen mit dem Reichsminister der Finanzen für die Festsetzung, Einziehung und Verrechnung der Kosten (baren Auslagen) im Gründungsverfahren (§§ 152 bis 173 Wa.Vb.Vo.) das Folgende:

I. Kostenschuld.

1. Nach § 172 der Ersten Wasserverbandverordnung werden für die in dem Verfahren zur Gründung des Wasser- und Bodenverbandes vorkommenden Verhandlungen und Geschäfte Gebühren der Gerichte und der Verwaltungsbehörden nicht erhoben; insbesondere Grundbuch- und Katasterauszüge und ähnliche Urkunden werden gebührenfrei erteilt.

2. Die Kosten der Gründungsverhandlung einschließlich der von der Gründungsbehörde nach

---

[1]) Abgedr. Heft 10/37 S. 361 ff.
[2]) Abgedr. Heft 10/41 S. 209.

§ 161 Wa.Vb.Vo. zu erlassenden Bekanntmachung des Gründungsvorhabens trägt daher die Gründungsbehörde. Die baren Auslagen für die von der Gründungsbehörde zu veranlassende Bekanntmachung der Satzung fallen jedoch dem Verbande zur Last (§ 169 Absatz 2 Wa.Vb.Vo.).

3. Die Gründungsbehörde — auch die nach § 46 der Reichsumlegungsordnung tätig werdende Umlegungsbehörde — kann dem Wasser- und Bodenverband die für die zweckdienlichen Arbeiten an Plan, Mitgliederverzeichnis und Satzung entstandenen baren Auslagen auferlegen, wenn sie dies vor dem Abschlusse der Verhandlungen (§ 162 Wa.Vb.Vo.) ankündigt (§ 173 Absatz 2 Wa.Vb.Vo.). Von dieser Möglichkeit ist Gebrauch zu machen, wenn die Bedürfnisse des einzelnen Falles es erheischen, z. B. wenn die Auslagen demjenigen, der sie geleistet hat, nicht zugemutet werden können. Wenn ein Land oder das Reich die Auslagen geleistet hat (Vorarbeitkosten), ist nach den hierzu gegebenen besonderen Vorschriften des Reiches oder Landes vorzugehen[1]).

4. Die Gründungsbehörde kann ferner die baren Auslagen, die im Gründungsverfahren durch Einwendungen entstehen, ganz oder zum Teil dem Einwendenden auferlegen, wenn die Einwendungen zurückgewiesen oder zurückgenommen werden (§ 173 Absatz 1 Wa.Vb.Vo.). Einem Einwendenden sind diese Auslagen dann aufzuerlegen, wenn bei der Lage der Sache und der gebotenen Rücksicht auf die Bedürfnisse der Beteiligten von ihm hätte erwartet werden müssen, daß er von seinen Anträgen oder Einwendungen absah, insbesondere also, wenn diese mutwillig oder in Ver-

[1]) S. den Erlaß des Reichsministers für Ernährung und Landwirtschaft vom 3. 9. 1938 — VI 1 - 1560 — (LwRMBl. S. 911) und D.L.Z. Heft 9/38 S. 355.

schleppungsabsicht erhoben oder von vornherein aussichtslos waren.

5. Die Erstattung der baren Auslagen nach den Vorschriften der Nr. 4 bezieht sich nur auf die der Gründungsbehörde erwachsenen Auslagen, nicht auf die Auslagen der Verfahrenbeteiligten. Jeder Beteiligte hat seine eigenen Auslagen (z. B. für die Teilnahme an Terminen und für seinen Bevollmächtigten und seinen Beistand) selbst zu tragen. Ansprüche des Bevollmächtigten und des Beistandes gegen den Auftraggeber können nur im ordentlichen Rechtswege geltend gemacht werden, wenn sich Streitigkeiten hierüber ergeben.

II. Ermittlung der Kosten.

6. Was zu den dem Einwendenden aufzuerlegenden baren Auslagen im Sinne des § 173 Absatzes 1 Wa.Vb.Vo. (oben Nr. 4) gehört, ist in Anlehnung an die §§ 71 bis 73 des Gerichtskostengesetzes (Bekanntmachung vom 5. Juli 1927, Reichsgesetzblatt Teil I Seite 152, nebst Änderungen: Verordnung vom 17. Juni 1933 Artikel III, Reichsgesetzblatt Teil I Seite 394; Gesetz vom 29. März 1935, Reichsgesetzblatt Teil I Seite 456; Verordnung vom 27. März 1936, Reichsgesetzblatt Teil I Seite 319; Justizbeitreibungsordnung vom 11. März 1937, § 19 Abs. 2, Reichsgesetzblatt Teil I Seite 298) zu ermitteln und zu berechnen. Diese Vorschriften lauten:

„Auslagen.

§ 71.

Schreibgebühren werden für solche Ausfertigungen und Abschriften erhoben, die nur auf Antrag erteilt werden, oder die angefertigt werden, weil die Partei es unterläßt, einem von Amts wegen zuzustellenden Schriftsatz die erforderliche Zahl von Abschriften beizufügen, sowie für Ausfertigungen und Abschriften aller Art in den Fällen der persönlichen oder sachlichen Gebührenfreiheit.

Die Schreibgebühren bleiben jedoch außer Ansatz bei Erteilung von

1. Ausfertigungen von Urteilen, die unter Weglassung des Tatbestandes und der Entscheidungsgründe erfolgen, sowie solchen, die gemäß § 317 Abs. 4 der Zivilprozeßordnung unter Benutzung einer dem Gerichte vorgelegten beglaubigten Abschrift der Klage oder des Zahlungsbefehls gefertigt werden;
2. Ausfertigungen vor Gericht abgeschlossener Vergleiche.

Der Abs. 2 kommt bei Erteilung einer zweiten oder weiteren von derselben Partei beantragten Ausfertigung oder Abschrift nicht zur Anwendung.

Die Schreibgebühr beträgt für die Seite, die 28 Zeilen von durchschnittlich 15 Silben enthält, 25 Pfennig, auch wenn die Herstellung auf mechanischem Wege stattgefunden hat. Jede angefangene Seite wird als voll gerechnet. Für Schriftstücke, die in fremder Sprache abgefaßt sind, für Schriftstücke in tabellarischer Form sowie für Verzeichnisse, Listen, Rechnungen, Zeichnungen und dergleichen kann die Schreibgebühr im Verwaltungsweg anderweit bestimmt werden.

§ 72.

An baren Auslagen werden ferner erhoben:

1. Postgebühren:

   a) für die Übersendung der auf Antrag erteilten Ausfertigungen und Abschriften,

b) für Ladungen von Zeugen und Sachverständigen,
c) für die Übersendung der Kostenrechnung;

2. Telegraphengebühren und die im Fernverkehre zu entrichtenden Fernsprechgebühren;
3. die durch Einrückung einer Bekanntmachung in öffentliche Blätter entstehenden Kosten;
4. die an Zeugen und Sachverständige zu zahlenden Gebühren;
5. die bei Geschäften außerhalb der Gerichtsstelle den Gerichtsbeamten und den nicht beamteten Beisitzern zustehenden Tagegelder und Reisekosten sowie die Kosten für die Bereitstellung von Geschäftsräumen;
6. die an andere Behörden oder Beamte oder an Rechtsanwälte für deren Tätigkeit zu zahlenden Rückreise Beiträge;
7. die Kosten einer Beförderung von Personen sowie die Beträge, die mittellosen Parteien, deren Vernehmung oder persönliches Erscheinen angeordnet ist, sowie mittellosen Beschuldigten für die Reise zum Terminort und die gewährt werden;
8. die Kosten einer Beförderung von Tieren und Sachen sowie die Verwahrung von Sachen und der Verwahrung und Fütterung von Tieren;
9. die Haftkosten nach Maßgabe der für die Strafhaft geltenden Vorschriften.

§ 72a.

Sind die im § 72 Abs. 1 Nr. 1 bezeichneten Aufwendungen durch mehrere Geschäfte veranlaßt, die sich auf verschiedene Rechtssachen beziehen, so werden die Aufwendungen auf die mehreren Geschäfte unter Berücksichtigung der Entfernungen und der auf die einzelnen Geschäfte ververwendeten Zeit angemessen verteilt. Jeder Zahlungspflichtige haftet jedoch gegenüber der Staatskasse ohne Rücksicht auf diese Verteilung für die Auslagen, die bei gesonderter Erledigung des Geschäfts entstanden wären.

§ 73.

Für die von Amts wegen bewirkten Zustellungen werden unbeschadet der Vorschrift im § 72 Nr. 1b nur diejenigen baren Auslagen erhoben, welche durch die Zustellung im Ausland oder bei der öffentlichen Zustellung durch Bekanntmachung in öffentlichen Blättern entstehen.

Wird ein Zeuge oder Sachverständiger ohne Inanspruchnahme der Post geladen, so wird als Auslage der Betrag der Postgebühren erhoben, die entstanden sein würden, wenn die Ladung unter Inanspruchnahme der Post erfolgt wäre."

Außer den hier aufgeführten Kosten für Schreiben, Postbeförderung, Ferngespräche, Telegramme, Bekanntmachungen, Sachverständige gehören also zu den baren Auslagen auch die Kosten der Reisen und örtlichen Verhandlungen (Zimmermiete) der Gründungsbehörde und der sie beratenden Behörden.

7. Die Gründungsbehörde hat die Höhe der zu erstattenden baren Auslagen festzusetzen und dabei den Kostenschuldner zu bestimmen. Die Beschwerdebehörde (§ 168 Wa.Vb.Vo.) kann an ihrer Stelle dies selbst übernehmen.

III. Einziehung und Beitreibung der Kosten.

8. Die festgesetzten Kostenzahlungen sind erst dann anzufordern, wenn die Entscheidung Rechtskraft erlangt hat.

Die Einziehung kleiner Kostenbeträge, die zu den Kosten der durch sie veranlaßten Verwaltungstätigkeit in einem Mißverhältnis stehen — im allgemeinen bis zu 1.— DM —, unterbleibt.

9. Die im Gründungsverfahren von der Gründungsbehörde festgesetzten baren Auslagen stehen dem Reich zu, wenn die Gründungsbehörde ihren Sitz in einem Reichsgau hat, sonst dem Lande, in dem die Gründungsbehörde ihren Sitz hat. Auslagen, die einem anderen nach § 173 Absatz 2 Wa.Vb.Vo. zu erstatten sind, werden von der Gründungsbehörde mit eingezogen und dem anderen zugeleitet.

Die Gründungsbehörde hat den Zahlungspflichtigen aufzufordern, innerhalb von zwei Wochen an die (genau zu bezeichnende) Kasse (Landeshauptkasse, Regierungshauptkasse, Regierungsoberkasse, Kreiskasse) entweder in bar (unmittelbar oder durch portofreie Postanweisung) oder durch Gutschrift auf ihr Reichsbankgirokonto oder Postscheckkonto Zahlung zu leisten, widrigenfalls der Betrag beigetrieben werden müsse. Der Zahlungspflichtige ist zu ersuchen, bei der Einsendung des Betrages die Veranlassung der Zahlung, z. B. „Kosten im Gründungsverfahren des Wasserverbandes Moordorf" anzugeben. Eine Abschrift der Zahlungsaufforderung, auf welcher zu vermerken ist, an welchem Tage die Aufforderung dem Zahlungspflichtigen zugesandt ist, ist von der Gründungsbehörde der Kasse mit Annahmeanordnung zuzusenden. Für die Beträge, die nach § 173 Absatz 2 Wa.Vb.Vo. einer anderen Person zu ersetzen sind, ist der Kasse die entsprechende Auszahlungsanordnung zu erteilen.

10. Die Zwangsbeitreibung der Kosten bei dem Kostenschuldner obliegt der Kasse. Es gelten die allgemein für sie gegebenen Vorschriften. Insbesondere sind die durch die Zwangsbeitreibung verursachten Kosten bei dem Kostenschuldner mit beizutreiben.

11. Die Niederschlagung eines Kostenbetrages regelt sich nach den allgemeinen Haushaltvorschriften des Reiches oder des Landes, dem der Kostenbetrag zusteht.

Der Generalinspektor für Wasser und Energie.

Im Auftrage: Tönnesmann.

B 26192. — LwRMBl. S. 802

Vierte Ausführungsvorschriften zur Ersten Verordnung über Wasser- und Bodenverbände vom 3. September 1937.

(Vierte Wasserverbandvorschriften.)

Vom 20. April 1942.

Verfahrenkosten.

Auf Grund des § 190 der Ersten Verordnung über Wasser- und Bodenverbände (Wa.Vb.Vo.) vom 3. September 1937 (Reichsgesetzblatt Teil I S. 933) und des Erlasses des Führers und Reichskanzlers über den Generalinspektor für Wasser und Energie vom 29. Juli 1941 (Reichsgesetzblatt Teil I S. 467) bestimme ich im Einvernehmen mit dem Reichsminister der Finanzen und dem Reichsminister des Innern für die Festsetzung, Einziehung und Verrechnung der Kosten (Gebühren und Auslagen) im Verfahren der Spruchstellen für Wasser- und Bodenverbände und des Reichsverwaltungsgerichts als der obersten Spruchstelle für Wasser- und Bodenverbände (§§ 133 bis 142 WaVbVo.) das Folgende:

I. Kostenschuld.

1. Die Kosten des Spruchverfahrens hat grundsätzlich, also nicht nur bei abweisender Entscheidung, der Wasser- und Bodenverband zu tragen (§ 140 Wa.Vb.Vo.). Die Kosten können statt dessen ganz oder zum Teil einem Beteiligten auferlegt werden, soweit sie von diesem durch unbegründete oder zurückgezogene Anträge und Einwendungen veranlaßt sind. Sie sind einem Beteiligten dann aufzuerlegen, wenn man von ihm bei der Lage der Sache und der gebotenen Rücksicht auf die Bedürfnisse der anderen Beteiligten hätte erwarten müssen, daß er von seinem Antrag oder seiner Einwendung absah, insbesondere, wenn diese mutwillig oder in Verschleppungsabsicht erhoben oder von vornherein aussichtslos war. Die Entscheidung über die Kosten ist in die Entscheidung über die Hauptsache auszusprechen.

2. Die nach der Nummer 1 zu ersetzenden Kosten des Spruchverfahrens sind nach § 141 WaVbVo. und § 138 Abs. 1 RUO. in der Form eines Pauschsatzes zu erheben, der unter Berücksichtigung der im Spruchverfahren entstandenen baren Auslagen zu berechnen ist. Außerdem kann eine Gebühr festgesetzt werden. Eine solche ist grundsätzlich nur dann zu erheben, wenn nach § 140 Satz 2 Wa.Vb.Vo. ein Beteiligter wegen eines zurückgezogenen oder unbegründeten Antrages oder Einwandes kostenpflichtig gemacht wird (vgl. Nummer 1 zweiten Satz). Der Wasser- und Bodenverband (§ 140 Satz 1) ist nur dann mit einer Gebühr zu belasten, wenn sein Verhalten in der Sache als besonders unzweckmäßig angesehen werden muß. Die Höhe der Gebühr ist in der Entscheidung zur Hauptsache festzusetzen.

3. Die Erstattung der baren Auslagen nach den Vorschriften der Nummer 2 bezieht sich nur auf die

der Spruchstelle oder dem Reichsverwaltungsgericht erwachsenen Auslagen, nicht auf die Auslagen der Verfahrenbeteiligten (§§ 140, 141 Wa.Vb.Vo. und § 138 Abs. 5 RUO.). Jeder Beteiligte hat seine eigenen Auslagen (z. B. für die Teilnahme an Terminen und für seinen Bevollmächtigten und seinen Beistand) selbst zu tragen. Auch können die Ansprüche des Bevollmächtigten und des Beistandes gegen den Auftraggeber nicht vor der Spruchstelle oder dem Reichsverwaltungsgericht, sondern nur im ordentlichen Rechtswege geltend gemacht werden, falls sich Streitigkeiten hierüber ergeben.

4. Wenn für einen Wasser- und Bodenverband durch Anordnung der Fachminister eine besondere Spruchstelle eingesetzt wird, hat der Verband den gesamten, für die besondere Spruchstelle entstehenden Sach- und Geldaufwand zu tragen (§ 142 Abs. 2 Wa Vb.Vo.). Die Belastung anderer Personen mit den Verfahrenkosten nach den §§ 140 und 141 WaVbVo. (Nummern 1 und 5) ist auch in diesen Fällen zulässig. Im übrigen bleiben besondere Vorschriften für die besonderen Spruchstellen vorbehalten.

5. Im Spruchverfahren kann von dem, der die Beschwerde erhebt, den Antrag stellt, oder die Einwendung geltend macht, ein Vorschuß erhoben werden, der nach der Höhe der voraussichtlich entstehenden Kosten zu bemessen ist (§ 141 Wa.Vb.Vo., § 138 Abs. 4 RUO.). Einem Wasser- und Bodenverband gegenüber ist dies stets zulässig, einem anderen Beteiligten gegenüber jedoch nur dann, wenn er nach der Nummer 1 voraussichtlich zur Tragung der Kosten verpflichtet ist. Ein Vorschuß ist zu fordern, wenn besondere Gründe dazu Anlaß geben.

II. Ermittlung der Kosten.

6. Was zu den im Spruchverfahren nach den

§§ 140, 141 Wa.Vb.Vo. und dem § 138 RUO. (oben Nummern 1 und 2) aufzuerlegenden baren Auslagen gehört, ist in Anlehnung an die §§ 71 bis 73 des Gerichtskostengesetzes (Bekanntmachung vom 5. Juli 1927, Reichsgesetzblatt Teil I S. 152 nebst Änderungen; Verordnung vom 17. Juni 1933 Art. III, Reichsgesetzblatt Teil I S. 394; Gesetz vom 29. März 1935, Reichsgesetzblatt Teil I S. 456; Verordnung vom 27. März 1936, Reichsgesetzblatt Teil I S. 319; Justiz-Beitreibungs-Ordnung vom 11. März 1937, § 19 Abs. 2, Reichsgesetzblatt Teil I S. 298) zu ermitteln und zu berechnen. Diese Vorschriften lauten:

„Auslagen.

§ 71.

Schreibgebühren werden für solche Ausfertigungen und Abschriften erhoben, die nur auf Antrag erteilt werden, oder die angefertigt werden, weil die Partei es unterläßt, einem von Amts wegen zuzustellenden Schriftsatz die erforderliche Zahl von Abschriften beizufügen, sowie für Ausfertigungen und Abschriften aller Art in den Fällen der persönlichen oder sachlichen Gebührenfreiheit.

Die Schreibgebühren bleiben jedoch außer Ansatz bei Erteilung von

1. Ausfertigungen von Urteilen, die unter Weglassung des Tatbestandes und der Entscheidungsgründe erfolgen, sowie solchen, die gemäß § 317 Abs. 4 der Zivilprozeßordnung unter Benutzung einer dem Gerichte vorgelegten beglaubigten Abschrift der Klage oder des Zahlungsbefehls gefertigt werden;
2. Ausfertigungen vor Gericht abgeschlossener Vergleiche.

Der Abs. 2 kommt bei Erteilung einer zweiten oder weiteren von derselben Partei beantragten

Ausfertigung oder Abschrift nicht zur Anwendung. Die Schreibgebühr beträgt für die Seite, die 28 Zeilen von durchschnittlich 15 Silben enthält, 25 Pfennig, auch wenn die Herstellung auf mechanischem Wege stattgefunden hat. Jede angefangene Seite wird als voll gerechnet. Für Schriftstücke, die in fremder Sprache abgefaßt sind, für Schriftstücke in tabellarischer Form sowie für Verzeichnisse, Listen, Rechnungen, Zeichnungen und dergleichen kann die Schreibgebühr im Verwaltungsweg anderweit bestimmt werden.

§ 72.

An baren Auslagen werden ferner erhoben:

1. Postgebühren:
   a) für die Übersendung der auf Antrag erteilten Ausfertigungen und Abschriften,
   b) für Ladungen von Zeugen und Sachverständigen;
2. Telegraphengebühren und die im Fernverkehre zu entrichtenden Fernsprechgebühren;
3. die durch Einrückung einer Bekanntmachung in öffentliche Blätter entstehenden Kosten;
4. die an Zeugen und Sachverständige zu zahlenden Gebühren;
5. die bei Geschäften außerhalb der Gerichtsstelle den Gerichtsbeamten und den nicht beamteten Beisitzern zustehenden Tagegelder und Reisekosten sowie die Kosten für die Bereitstellung von Geschäftsräumen;
6. die an andere Behörden oder Beamte oder an Rechtsanwälte für deren Tätigkeit zu zahlenden Beträge;
7. die Kosten einer Beförderung von Personen sowie die Beträge, die mittellosen Parteien, deren Vernehmung oder deren persönliches Erscheinen angeordnet ist, sowie mittellosen

Beschuldigten für die Reise zum Terminort und die Rückreise gewährt werden;
8. die Kosten einer Beförderung von Tieren und Sachen sowie die Verwahrung von Sachen und der Verwahrung und Fütterung von Tieren;
9. die Haftkosten nach Maßgabe der für die Strafhaft geltenden Vorschriften.

§ 72a.

Sind die im § 72 Abs. 1 Nr. 1 bezeichneten Aufwendungen durch mehrere Geschäfte veranlaßt, die sich auf verschiedene Rechtssachen beziehen, so werden die Aufwendungen auf die mehreren Geschäfte unter Berücksichtigung der Entfernungen und der auf die einzelnen Geschäfte verwendeten Zeit angemessen verteilt. Jeder Zahlungspflichtige haftet jedoch gegenüber der Staatskasse ohne Rücksicht auf diese Verteilung für die Auslagen, die bei gesonderter Erledigung des Geschäfts entstanden wären.

§ 73.

Für die von Amts wegen bewirkten Zustellungen werden unbeschadet der Vorschrift im § 72 Nr. 1b nur diejenigen baren Auslagen erhoben, welche durch die Zustellung im Ausland oder bei der öffentlichen Zustellung durch Bekanntmachung in öffentlichen Blättern entstehen.

Wird ein Zeuge oder Sachverständiger ohne Inanspruchnahme der Post geladen, so wird als Auslage der Betrag der Postgebühren erhoben, die entstanden sein würden, wenn die Ladung unter Inanspruchnahme der Post erfolgt wäre."

Außer den hier aufgeführten Kosten für Schreiben, Postbeförderung, Ferngespräche, Telegramme, Bekanntmachungen, Sachverständige gehören also zu den baren Auslagen auch die Kosten der Reisen und örtlichen Verhandlungen (Zimmermiete) der Spruchstellen, des Reichsverwaltungsgerichts und der Gerichte, Behörden des Reiches, der Länder, der Gemeinden und Gemeindeverbände, sowie anderer Körperschaften des öffentlichen Rechts, die Rechts- und Verwaltungshilfe gewähren. Die Kosten der Rechts- und Verwaltungshilfe haben sich die Spruchstellen (Reichsverwaltungsgericht) auch soweit sie gemäß dem § 140 Wa.Vb.Vo. und § 131 RUO. den Gerichten usw. nicht zu erstatten sind, mitteilen zu lassen, um sie bei der Berechnung des Kostenpauschalsatzes mit zu berücksichtigen.

Einer bis ins einzelne gehenden Berechnung der baren Auslagen bedarf es nicht, da der Kostenpauschsatz nur unter Berücksichtigung der baren Auslagen (§ 138 RUO.) zu berechnen ist.

7. Wenn bei Dienstreisen in Spruchverfahren ein staatseigener Dienstkraftwagen benutzt wird, so sind als bare Fahrauslagen $\frac{3}{4}$ des Betrages zu rechnen, der bei Benutzung eines gleichartigen Privatkraftwagens zu zahlen sein würde.

8. Wenn eine bare Auslage durch mehrere Spruchsachen veranlaßt ist, wird sie auf die einzelnen Spruchsachen nach dem Verhältnis derjenigen Auslagen verteilt, die bei getrennter Erledigung der Dienstgeschäfte entstanden sein würden.

9. Der Pauschsatz der baren Auslagen ist für eine jede Rechtsstufe von der Spruchstelle für Wasser- und Bodenverbände festzusetzen, die in der Sache entschieden hat. Das Reichsverwaltungsgericht teilt der Spruchstelle zu diesem Zwecke die bei ihm entstandenen baren Auslagen mit. Es kann die Festsetzung des Pauschsatzes an Stelle der Spruchstelle selbst übernehmen und teilt dann dieser den Pauschsatz mit.

Die Festsetzung des Pauschsatzes nimmt an der Rechtskraft der Entscheidung zur Hauptsache nicht teil und kann daher von der festsetzenden Stelle bei fehlerhafter Berechnung geändert werden. Dies gilt nicht, wenn der Pauschsatz ausnahmsweise in der Entscheidung selbst festgesetzt ist.

10. Die Gebühr nach § 138 Abs. 1 RUO. und § 140 WaVbVo. ist in der Entscheidung zur Hauptsache nach freiem Ermessen unter Berücksichtigung des Umfanges und der Bedeutung der Anträge und Einwendungen und des Verhaltens der Beteiligten festzusetzen. Sie soll nicht weniger als 5 DM und nicht mehr als 100 DM betragen. Das Reichsverwaltungsgericht kann eine höhere Gebühr festsetzen.

11. Die von der Spruchbehörde erhobenen Vorschüsse (oben Nummer 5) sind bei der Kostenfestsetzung anzurechnen.

III. Einziehung, Beitreibung und Verrechnung der Kosten.

12. Die festgesetzten Kostenzahlungen sind erst dann anzufordern, wenn die Entscheidung Rechtskraft erlangt hat.

Die Einziehung kleiner Kostenbeträge, die zu den Kosten der durch sie veranlaßten Verwaltungstätigkeit in einem Mißverhältnis stehen — im allgemeinen bis zu einer Deutschen Mark — unterbleibt.

13. Die im Spruchverfahren bei einer Spruchstelle entstehenden Kosten stehen dem Lande zu, in dem die Spruchstelle ihren Sitz hat. Hat die Spruchstelle ihren Sitz in einem Reichsgau, so stehen die bei ihr entstehenden Kosten ebenso wie die Kosten des Verfahrens vor dem Reichsverwaltungsgericht dem Reiche zu.

14. Die festgesetzten Kostenbeträge sind sogleich von dem Rechnungsbeamten in ein Verzeichnis der Kostenzahlungen im Spruchverfahren

für Wasser- und Bodenverbände einzutragen, das folgende Spalten hat:

1. Lfd. Nummer,
2. Bezeichnung des Spruchverfahrens,
3. Anschrift des Zahlungspflichtigen,
4. Höhe der Kosten: a) des Auslagenpauschsatzes, b) der Gebühren,
5. Tag der Festsetzung,
6. Tag der Zahlung.

Die Eintragungen sind in folgende Unterabschnitte zu gliedern:

I. Kosten der Spruchstelle,
II. Kosten des Reichsverwaltungsgerichts.

15. Die Einziehung der festgesetzten Kosten beider Rechtsstufen obliegt der Spruchstelle für Wasser- und Bodenverbände. Für die Annahme und haushaltsplanmäßige Verrechnung des Geldes ist die Landeshauptkasse, in Preußen die Regierungshauptkasse und in den Reichsgauen die Regierungsoberkasse am Sitze der Spruchstelle zuständig.

Die Spruchstelle hat den Zahlungspflichtigen aufzufordern, innerhalb von zwei Wochen an die (genau zu bezeichnende) Kasse (Landeshauptkasse, Regierungshauptkasse, Regierungsoberkasse) entweder in bar (unmittelbar oder durch portofreie Postanweisung) oder durch Gutschrift auf ihr Reichsbankgirokonto oder Postscheckkonto Zahlung zu leisten, widrigenfalls der Betrag beigetrieben werden müsse. Die Bezeichnung des Spruchverfahrens und die laufende Nummer des Kostenverzeichnisses sind dem Zahlungspflichtigen mitzuteilen. Der Zahlungspflichtige ist zu ersuchen, bei der Einsendung des Betrages das Spruchkammerverfahren und die laufende Nummer des Kostenverzeichnisses anzugeben.

Eine Abschrift der Zahlungsaufforderung, auf welcher zu vermerken ist, an welchem Tage die

Aufforderung des Zahlungspflichtigen zugesandt ist, ist von der Spruchstelle der Kasse mit Annahmeordnung zuzusenden. Die Seite und die Nummer, unter der der Sollbetrag in das Kostenverzeichnis eingetragen ist, ist auf der Annahmeordnung oben links zu vermerken. Die Kasse hat hierauf zu achten und unvollständige Kassenanweisungen zur Vervollständigung zurückzugeben. Soweit von den einzuziehenden Kosten ein Teil an die Reichshauptkasse abzuführen ist, ist der Kasse gleichzeitig die entsprechende Auszahlungsanordnung zu erteilen.

Die bei dem Reichsverwaltungsgericht entstandenen Gebühren und baren Auslagen sind nach der Einziehung durch die unter Nummer 15 Abs. 1 bezeichnete Kasse, bei der auch die Rechnungslegung im ganzen zu erfolgen hat (§ 4 Reichskassenordnung) monatlich an die Reichshauptkasse in Berlin im Abrechnungswege abzuführen mit dem Vermerk:

„Kosten des Reichsverwaltungsgerichts in der Beschwerdesache .... (Akten-Z. ....) zur Vereinnahmung bei Einzelplan XXVI Kap. Wa.Wi-Tit. ‚Vermischte Einnahmen' des ordentlichen Haushalts des Generalinspektors für Wasser und Energie."

Eine Änderung in der Bezeichnung der Buchungsstelle wird von dem Generalinspektor für Wasser und Energie jeweilig bekanntgegeben werden.

16. Alle Vierteljahre ist das Kostenverzeichnis von dem Rechnungsbeamten der Spruchstelle mit den Büchern der Kasse (Landeshauptkasse, Regierungshauptkasse, Regierungsoberkasse) zu vergleichen. Unstimmigkeiten sind aufzuklären und zu beseitigen.

17. Beim Jahresschluß ist das Kostenverzeichnis abzuschließen. Die am Ende des Rechnungsjahres noch offenstehenden Einnahmereste sind in

das Kostenverzeichnis des neuen Rechnungsjahres vorzutragen. Gleichzeitig ist an Hand der Bücher der Kasse (Landeshauptkasse, Regierungshauptkasse, Regierungsoberkasse) zu prüfen, ob alle Einnahmereste in das Handbuch des neuen Rechnungsjahres richtig übernommen sind.

18. Die Kassenanweisungen sind von dem Vorsitzenden des Reichsverwaltungsgerichts oder der Spruchstelle oder ihren Stellvertretern zu unterzeichnen.

19. Die Zwangsbeitreibung der Kosten bei dem Kostenschuldner obliegt der Kasse. Es gelten die allgemein für sie gegebenen Vorschriften. Insbesondere sind die durch Zwangsbeitreibung verursachten Kosten bei dem Kostenschuldner mit beizutreiben.

20. Die Niederschlagung eines Kostenbetrages regelt sich nach den allgemeinen Haushaltsvorschriften des Reiches oder des Landes, dem der Kostenbeitrag zusteht.

IV.

Andere Vorschriften der Reichsumlegungsordnung vom 16. Juni 1937 (Reichsgesetzblatt Teil I S. 629) als die in den vorstehenden Bestimmungen aufgeführten, sind nicht anzuwenden.

Der Generalinspektor für Wasser und Energie.

Im Auftrage: Tönnesmann.

B 1. 25058. — LwRMBl. S. 429.

Wortverzeichnis.

(Die Zahlen bezeichnen die Seiten.)

A

Abstimmung bei der Verbandgründung 248
Abteilungsvorsteher 103
Abwasser abführen, verwerten 40f., 145, 169; —chemiker 213; Einleitung der — 145; Einwirkungen durch — 231; —verbände 47, 148, 159, 182, 218
Aktiengesellschaften für wasser- und bodenwirtschaftliche Zwecke 35
Amtsenthebung 204f.
Amtsniederlegung 107
Amtszeit des Vorstandes 105, 291, 313f.; — der Ausschußmitglieder 318f.
Anbauzwang 40
Änderung der Aufgaben 69f., 72; — des Entwurfs 253; — des Unternehmens 72; — des Beitragbuches 154f.; — des Mitgliederverzeichnisses 58 234, 247; — des Planes 72, 61, 244, 247, 286, 309f.; — der Satzung 55f., 70, 244, 253
Androhung des Zwangsmittels 173f.
Angestellte des Verbandes 108ff., 182ff., 188f.
Anhörung des Ausschusses 56; — der Mitglieder 121f., 292; — über die Verbandgründung 227, 242f.
Anlagen 45, 47, 68, 72, 74, 99, 238
Anleihen, Genehmigung von — 200ff.
Anschlußgründungen 61
Arbeiter des Verbandes 182ff.
Arbeitsleistungen für den Verband 302
Arbeitsstellen, gesonderte 162
Aufforstungen 42, 283; vgl. auch Windschutzstreifen
Aufgaben der Verbände 23, 37ff., 44, 49, 66ff., 282, 307f.; obrigkeitliche — 48f.; Änderung der — 69f.; Ausführung der — 70f; Neuverteilung, Vereinigung der — 258ff.
Auflösung der Verbände 262ff.
Aufsicht über das Unternehmen 70f. 189ff.; Inhalt der — 189f.; Durchführung der — 204; —schau 99, 198f., 288f.

Aufsichtsbehörde 18ff., 70, 102, 106ff., 112, 189ff., 212, 228, 334, 351f.; — kann an Sitzungen der Organe teilnehmen 198; Unterrichtung der — 108f.; Genehmigung der — zu Geschäften 199ff.; Aufhebung von Maßnahmen der Organe durch die — 203; Anordnungen der — 203, 207f., 305; Stellenbesetzung, Amtsenthebung durch die — 204f.; Bestellung eines Staatsbeauftragten durch die obere — 206f.
Aufsichtsbeschwerde 270
Aufsichtsschau 198f.
Ausbau von Gewässern 39, 43, 53, 74, 146
Ausdehnung des Verbandes 257f.
Auseinandersetzung 258ff.
Ausfallhaftung 148
Ausführungsregeln der Wassergesetze 272
Ausgaben des Verbandes 123f., 131f., 134f.
Aushub 68f., 75, 140, 302
Auslagen, bare 94, 105, 312, 354ff., 361ff., 366
Ausscheiden, Haftung bei — 137ff.
Ausschuß 18, 102f., 113ff., 289, 291, 293ff., 317ff., 343ff.
Ausschußmitglieder im Vorstand 290f.

B

Bäche s. Gräben
Bauausführung 74ff., 196, 235, 309
Baubeginn, vorzeitiger 128, 235, 253
Baubehörde, oberste, für Bayern 191
Baukostenanteil 64
Bauleitung 236
Bauunternehmer, Forderungen der — 138
Bayern 162, 191
Bayrisches Wassergesetz 39, 74, 109, 162
Beamte des Verbandes 182ff., 187ff.; die Vorstandsmitglieder als mittelbare — 109f., 182
Beihilfen 124, 129f., 280, 286
Beitragsbuch 137, 150ff., 153ff., 293, 299ff., 317, 326f., 349
Beiträge 124f., 129f., 136ff., 140f., 160, 324ff.; Verbände zur Aufbringung von — s. Beitragsverbände; Geldbeiträge 139ff., 158f.; Befreiung von — 149, 233; Sachbeiträge 139f.; Ermäßigung der — 155; Hebung der — 156ff.; rückständige — 124f., 160, 329
Beitragsabteilungen —klassen 147f., 155, 297f., 326
Beiträgegesetz 122
Beitragmaßstab 143ff., 146ff., 298, 348f.

Beitragsverbände 43f.
Beitreibung von Beiträgen 137; — von Zwangsgeld, Kosten, Strafen 174
Bekanntmachung des Verbandes 56f., 70, 225, 333; — der Schau 100f.; — der Ausschußwahl 115; — des Gründungsvorhabens 240ff.; — der Satzung 251f.
Benutzung für das Unternehmen 73ff., 286f., 310, 341
Beratende Stellen 195ff.
Beregnungsablagen 40, 67
Bergbau, Bodensenkung durch — 43, 145, 241
Bergbeamter, höherer, als Mitglied der Spruchstelle 212f.
Bergwerk 46f., 212f., 241
Berufung des Vorstehers 18, 102, 105ff., 290
Berufungsausschüsse 218, 220
Beschlußbuch 113, 120, 316, 321
Beschränkungen des Eigentums 75ff.
Beschwerde über Änderung der Aufgabe 56, 70; — im Entschädigungsverfahren 82f.; — gegen den Enteignungsbescheid 89; — gegen den Einspruchbescheid 152f., 160; — gegen Anordnungen des Vorstehers 171; — gegen Aufsichtsanordnungen 169, 171, 207ff.; — gegen Zwang 173f.; — über Beiträge, Mitgliedschaft 209ff., 327ff.; — gegen Ordnungsstrafen 246f.; 332, — gegen Entscheidungen der Gründungsbehörde 250f.; weitere — gegen Entscheidungen der Spruchstelle 214ff.
Besoldung des Vorstehers, der Beamten 186f., 312
Bestätigung des Vorstehers, der Beisitzer 102, 105ff., 108, 290, 313; — der Ausschußmitglieder 118, 294, 318
Beurkundung, erleichterte Form der — 92f.
Bevollmächtigte s. Vertretung
Bewässerung 40, 169
Bezeichnung des Verbandes 50, 280f.
Bodenverbände 34, 41f., 146, 228, 280, 325
Bodenverbesserungsgenossenschaften 41f., 325
Bremen, Aufsichtsbehörde in — 192
Brücken, Ausbau, Unterhaltung 80f.
Bürgermeister, als Vorstandsmitglied 205; — als Ausschußmitglied 115
Bürgschaften, Übernahme von — 200

D

Darlehen 111, 124, 126f., 129f., 133, 200ff., 280
Deichachten, Deichkommunen 33f.
Deichamt 220
Deichaufsicht 194
Deiche, Anlage von — 67f.; Begriff der — 69; Benutzung von — 75, 77; Unterhaltung von — 67, 181; Wege auf — 175f.
Deicherde 82
Deichgebiete 39, 43, 273
Deichhauptmann, Deichgraf 103, 179
Deichinspektor, Deichrentmeister 103, 185
Deichlasten 137
Deichpolizei 167f., 175ff., 178ff.;
Deichpolizeiliche Anordnungen 167, 175ff.
Deichpolizeiverordnung 77
Deich- und Sielrecht 33f., 39, 273
Deichverbände 27, 35, 39, 148, 181, 192ff.; — und Abwasserverbände 182, 194; Ober- und Unterverbände 192f., 197
Deichvorland 76ff., 82
Demokratie 17, 19f.
Dienstaufsichtsbeschwerde 56, 62, 169, 270
Dienstkräfte der Verbände 182ff., 197, 305, 333
Dingliche Mitgliedschaft s. Verdinglichung
Dränverbände 39f., 50, 148, 298, 325
Duldungspflicht der Verbandmitglieder 74
Durchlässe 80f.

E

Ehegatten, Vertretung der — 246, 251
Ehrenamt 105, 118, 187f., 205, 312
Eigentumsbeschränkungen 74ff.
Einkommensteuer 142
Einmannverband 65, 230, 289f.
Einmannvorstand 104
Einnahmen des Verbandes 129, 131, 296f., 326
Einschätzung der Grundstücke 150, 155
Einspruch gegen das Beitragsbuch 152f., 327; — gegen die Hegeliste 157f.; —bescheid 300f.
Einwendungen gegen die Benutzung der Grundstücke 78f.; unbegründete, zurückgezogene — 217, 354f., 361; — gegen Verbandgründung 243ff., 249f.; Zurücknahme der — 244f.; Entscheidung über — 249f.
Einwirkungen, schädigende 230f.
Eisenbahnanlagen 78, 287
Emschergesetz 272
Einschränkung der Teilnahme 63

Enteignung 85ff.; Verfahren der 86f.; Vollziehung der — 89; Enteignungsgesetze, Anwendung der — 89f.; —befugnisse der Verbände von Körperschaften 90f.; Einwand der — zur Begründung des Einspruchs 152; vereinfachtes — 86
Entlassung von Mitgliedern 62ff.
Entlastung des Vorstandes 122, 136, 324
Entschädigung für Benutzung von Grundstükken 76f., 79ff.; angemessene — 81, 86; Hinterlegung der — 82; —verfahren 82f.; Klage gegen die Höhe der — 89; —des Vorstehers s. Besoldung
Ent- und Bewässerungsverbände 40, 146, 148
Entwässerung 39f., 80, 231
Entwässerungsverbände 146, 148, 218, 283
Entwurf 233f., 236; Änderung des — 247f.
Erbbauberechtigte, Erbpächter 46, 84f.
Ergänzung der Satzung 55f.; — des Unternehmens, des Planes 72
Erläuterungsbericht 236
Ernährungsminister 40, 191
Ersatzvornahme 204
Erstattungsverfahren 109, 184
Erwerbs- und Wirtschaftsgenossenschaften 35, 47, 280
Exekutivgewalt 167

F

Fachbehörden, staatliche 101, 195f., 235f., 279f., 285, 304
Fachminister s. Minister
Fischereiamt 71
Fischereirecht 68
Fischereiverbände 47
Flächeninhalt als Beitragsmaßstab 146, 239, 293f., 325f.; Abstimmung nach — 239
Flößerei 37, 39
Flureinteilung 92f.
Flußwasseruntersuchungsamt 196
Folgeeinrichtungen, landwirtschaftliche 41f., 142, 197, 229
Förderungsverbände 44f., 186
Forstverwaltung 71
Fortschreibung 58, 282

G

Gebühren, Freiheit von — 93f., 254f., 353f.; Schreibgebühren 355f., 363f.
Gemeindeabgaben 47, 268f.
Gemeinden, Gemeindeverbände als Verbandsmitglieder 47, 91, 114f., 232, 269; Hilfe der — bei der Ausschußwahl 118; — als Unternehmer 128;

Aufsichtsbehörde der — 128, 161f.
Genehmigung von Geschäften durch die Aufsichtsbehörde 199ff., 335; wasserdeich-gewerbepolizeiliche — 53
Generalplan s. Plan
Genossenschaft s. Wasergenossenschaften
Gerichte, Zuständigkeit der — 50f., 53, 57, 76, 79, 81, 212
Gesamtrechner 186
Geschäfte des Verbandes 199ff., 303f., 335; — des Vorstehers 291, 314; — des Vorstandes 314
Geschäftsfähigkeit der Mitglieder 246; — des Verbandes 254
Geschäftsführer des Verbandes 185f.
Gesellschaften m. b. H. für wasser- und bodenwirtschaftliche Zwecke 35, 226
Gesundheitsamt 101, 196
Gewässer 38f., 282f.; unterhalten, reinhalten 38f., 145f., 283
Gewerbeaufsichtsämter 101
Gewerbesteuer 97
Gewohnheitsrecht, früheres 272
Gläubiger des Verbandes, Schutz der — 138f., 149, 201f.
Gräben 68, 75, 101, 140, 283; Räumung von — 101, 140, 287, 302, 330
Grundbuch 47, 53, 58, 89, 141, 143, 162
Grundbuchauszüge, gebührenfrei 254f., 353
Grundeigentum, Beschränkungen des 74ff., 287
Grunderwerb für das Unternehmen 85f.; erleichterter — 91f.
Grunderwerbsteuer, Freiheit von — 95
Grundsteuer 97f.
Grundstücke, Benutzung der — für das Unternehmen 73ff., 78ff., 286f., 310; nicht zum Verbande gehörende — 74; — mit öffentlichen Zwecken 78ff., 286f.; Erwerb von — 74; Veräußerung von — 200ff., 249f.
Grundschuld, Hypothekengläubiger 82f.
Grundwasserschäden 43, 87
Gründung der Verbände 227ff.; — unanfechtbar 51; Kosten der — 255f.
Gründungsbehörde 227ff., 237; Beauftragter der — 242
Gründungsverfahren 227ff.
Grundwasserbewirtschaftung 43; —entziehung 231

Gutachten bei der Verbandsgründung 243, 250; — des landwirtschaftlichen Berufsstandes 229

H

Haftung des Verbandes 24, 136; — der Mitglieder 24, 61, 136, 138f.; — des Vorstandes 109; — der Beitragslast auf Verbandgrundstücken usw. 141f.
Hamburg, Aufsichtsbehörden in — 192
Hand- und Spanndienste 139f., 302, 330
Hannover, Deich- und Sielrecht 39, 273; Ebbe- und Flutgebiet der Provinz — 273; Kalibergbau in — 47; Realgemeinden in — 42
Hauberggenossenschaften 42
Hauptverband s. Oberverband
Haushalt 122ff., 296ff.
Haushaltplan 123, 130, 321ff.; Prüfung des — 135f., 296, 323f., 347f.
Hebeliste 156ff., 215, 301, 328f.
Hebung der Geldbeiträge 156ff.; — ohne Beitragsbuch 159
Hinterlegung 82f.
Hochwasser, Schutz gegen — 38f., 48, 77, 175
Hoheitsrechtliche Befugnisse der Verbände 48f.

J

Jahnschaften 42
Jahresrechnung 297
Industriegebiet, linksrheinisches 272
Innenminister 191
Juristische Person, Wasser- und Bodenverband als — 38; — als Mitglied von Verbänden 46

K

Kannvorschriften 19f.
Kassenkredit 127
Kassen- und Rechnungswesen der Verbände 44
Kassenprüfungen 199
Kassenverwalter 185ff., 304, 333
Kataster, Bezeichnung im — 47, 58; —auszüge gebührenfrei 94, 254f., 353
Kläranlagen 40, 154
Kommissar 228, 242
Konkurs eines Mitgliedes 142; — des Verbandes 263
Konversion 201
Körperschaften 90f., 246; öffentlich-rechtliche — 33ff., 48, 90f.; öffentlich-rechtliche — als Mitglieder von Verbänden 46ff., 246; Enteignungsbefugnis der öffentlich-rechtlichen — 90f.; öffentlich-rechtliche — als Unternehmer 128

Körperschaftssteuer 96f.
Kosten der Gründung 260, 353ff.; — des Spruchverfahrens 360ff.
Kostenanschlag 236
Kredit-Genehmigung von — 201f.; — umwandlung 201; s. auch Zwischenkredit
Kreis als Unternehmer 128
Kreislandwirtschaftsvorsteher 195, 309, 334
Kreisbaumeister 196, 236, 242f., 279, 284ff., 287, 309, 334
Kulturamt s. Umlegungsbehörde
Kulturbauamt s. Wasserwirtschaftsamt
Kündigungsrecht des Nutzberechtigten 84
Kunstwiesen, Anlegung von — 145

L

Ladung der Vorstandsmitglieder 112; — der Aufsichtsbehörde 112; — der Mitglieder zur Verbandsgründung 240ff.; — durch Umlauf 242
Landesgrenzen 194, 229
Landgewinnung, Verbände zur — 37, 43
Landeswassergesetze s. Wassergesetze der Länder
Landnutzungstausch 45
Landrat als Verbandsvorsteher 171; — als Aufsichtsbehörde 191ff., 285, 334; — als Gründungsbehörde 242
Landschaftsschutz 75
Landwirtschaftliche Dienststelle 41, 71, 101, 115, 138, 193f., 198, 229, 286, 304f., 309, 334
Landwirtschaftliche Wasser- und Bodenverbände 124, 296f., 304f.; Satzungsmuster für — 277ff., 306ff.
Lasten, öffentliche 24, 94, 136f., 141
Lippegesetz 43, 272
Liquidation bei Auflösung 265f.

M

Markgenossen 84.
Mehrheit, Berechnung der — 238f., 247ff.
Meliorationsentwürfe 236
Mieter 46, 84, 163
Minister, als oberste Aufsichtsbehörde 36, 45, 46, 191
Miteigentümer, Stimmrecht bei Ausschußwahl 117; im Ausschuß 321; bei Verbandgründung 244f.
Mitglieder 45ff., 307; dingliche — 46, 58, 61, 74, 154, 227, 229; nicht dingliche — 227, 231f.; Zuweisung neuer — 59ff. Entlassung, Ausscheidung von — 62ff.; An-

hörung der — 121f., 242ff.
Mitgliederverzeichnis 57ff., 61, 223f., 281f., 307; Berichtigung des — 58, 61; Festsetzung des — der alten Verbände 223f.
Mitgliederzahl 65
Mitgliedschaft 57ff.; verdinglicht 46f., 58, 61; Streit um die — 58f.; — unanfechtbar 65f.
Mustersatzung 55, 223, 277ff., 306ff., 337ff.

N

Namen der Verbände 280
Nationalsozialistische Gesetze 17, 21, 29 Anm. 1, 31 Anm. 1
Naturalleistungen 139
Naturschutz 71, 75
Nettovorteil s. Reinvorteil
Neugestaltung der alten Verbände 219ff.
Niederschlagsgebiete 231
Niersgesetz 34, 273
Nießbrauch 46, 84f., 163
Nothilfe 167, 180f.
Nutzberechtigte 46, 81, 84, 86; Zwangsvollstreckung gegen — 162ff.
Nutzen, wirtschaftlicher 23, 48
Nutznießer, Beiträge der — 61, 164ff.
Nutzrechte 83f.

O

Oberbürgermeister als Aufsichtsbehörde 192
Oberverband 192f., 197f., 260
Obrigkeitliche Aufgaben der Verbände 49
Ödlandgenossenschaften bayrische 41f.
Offenlegung des Planes 240f.
Öffentliche Lasten s. Lasten
Öffentlich-rechtlicher Charakter der Verbände 23, 32, 48, 52, 76
Ordnung in den Gründungsversammlungen 246f s. auch Verordnungen
Ordnungsgewalt 167ff., 331, 359
Ordnungsstrafen 170, 246f., 300, 331f., 351
Organe der Verbände 20, 102ff., 114; der alten — 220; neue — 225; erste Berufung der — 253f.

P

Pächter 46, 84f., 302f.; Entschädigung der — 81; Beitreibung gegen den 162f.
Pachtverhältnis, Kündigung des — 84
Pfarrer als Nießbraucher von Verbandsgrundstükken 163

Plan des Unternehmens 67f., 224f., 233f., 309; Änderungen des — 72, 286; Unterrichtung der Behörden von dem — 71; Festsetzung des — der alten Verbände 224; — —prüfung 71, 235f.; Generalplan, Sonderpläne 71f.; 236
Planarbeiten auf Grundstücken 237
Planungsbehörden 71
Polizei 167ff.
Polizeiliche *Vorschriften* für den Verband maßgebend 75, 168f.; — Befugnisse 77, 180, 223; Entschädigung bei — Eingriffen 81
Polizeiverfügungen 167, 169, 171, 178
Polizeiverordnung 77, 98, 167, 169f.
Postverwaltung 78, 287
Privatgräben s. Graben
Privatrechtliche Verbände 33, 35, 47; Umwandlung der — 226f.
Projekt s. Plan, Entwurf
Prozeßfähigkeit des Verbandes 38
Prüfstellen 135f., 236, 296, 323

R

Räumung der Bäche und Gräben 101, 140, 287, 302, 330
Raseneisenerz, Verbände zum Abbau von — 43
Realmitgliedschaft 46f., 227
Rechengeschäfte 44, 186f.
Rechnungsjahr 124, 296
Rechtsbehelfe 270
Rechtsfähigkeit des Verbandes 38
Rechtsmittel 167, 189, 209f., 215
Rechtsmittelbelehrung 214f., 270, 332
Rechtsweg, ordentlicher 76, 81, 83, 211f.
Regierungspräsident als Aufsichtsbehörde 191f., 193f.; — als Gründungsbehörde 228
Reichsnährstand 195f., 229, 235f., 304
Reichsbahn, Entlassung der — 64
Reichsverband der Wasser- und Bodenverbände 44
Reinhaltung von Gewässern 145f., 166
Reinvorteil s. Vorteil
Restgrundstücke, Enteignung der — 87
Rohvorteil s. Vorteil
Rücklagen 125, 296f.
Rückstände, Zuschläge bei — 160; Untersagung der Vorstandsgeschäfte bei — 205, s. Beiträge
Ruhrreinhaltungs-,Ruhrtalsperrengesetz 272

Ruhrtalsperrenverein 272, 276
Ruhrverband 276

S

Sachbeiträge 139f., 159f., 170, 330, 350
Sachverständige für Ermittelung des Vorteils 243, 298f., 326
Sanierung des Verbandes 63
Satzung 23, 33; Grundgesetz des Verbandes 52ff., 234; Verhältnis der — zur Verordnung 52f., 223; Ergänzung, Änderung der — 55f., 70, 304, 334; Erlaß der — 51, 222, 251f., 336, 352; Inhalt der — 54ff., 68, 222f.; Fortentwicklung der — 56; Prüfung der — 221ff., 239f., 305; Anpassung der — an das neue Recht 222f.; Verkündung der neuen — 224f.; — bei Gründung 227, 234
Satzungsmuster 19f., 41, 55, 223, 277ff., 306ff., 337ff.
Schadenersatzansprüche gegen Verband 81
Schau der Verbandsanlagen 99ff., 199, 287ff., 311, 341f.; —beauftragter 99, 311; —buch 101; —führer 101, 311; —Ordnung 99, 169, 288, 311
Schauämter 99, 289
Schiedsgerichte 210
Schiffahrtsanlagen 39
Schleusenverbände 39
Schleswig-Holstein, Deich- und Sielrecht 273
Schöpfwerke 40, 149, 233
Schuldentilgung s. Schuldenplan
Schuldübernahme 128f.
Schuldurkunde 111
Selbstverwaltung 17ff., 23f., 33, 48, 107, 131; Eingriffe in die — 19, 190, 206, 208f.
Sicherungshypothek, Eintragung einer — 162
Siegen, Wiesenordnung für den Kreis — 35
Sielverbände 27, 33, 35, 39, 273
Sitz des Verbandes 50f., 194
Sitzungen des Vorstandes 111f., 198; — des Ausschusses 119, 198, 291; Teilnahme der Aufsichtsbehörde an den — der Verbandsorgane 198
Sitzungspolizei 246
Sondergesetze, wasserrechtliche 26, 272f.
Spruchbehörden 209ff.
Spruchstelle für Wasser- und Bodenverbände 25, 76, 153, 155, 159, 209ff.; oberste — 216; besondere — 218, 362
Spruchverfahren, Kosten des — 361ff.
Staatsaufsicht 24f., 49, 189ff., 206f.

Staatsbeauftragter 206f.
Städtische Abwässer, Verbände zur Verwertung der — 40f.
Stauanlagen, Verbände z. Herstellung von —. 37, 39, 69, 148
Stellen- und Besoldungsplan 125, 188
Stellvertreter 103f., 108, 110, 114f., 293, 312, 317
Steuern, Freiheit von — beim Grunderwerb 94ff.; s. die einzelnen Steuerarten
Stimmrecht bei der Ausschußwahl 116ff.; — des Vorstehers im Ausschuß 295
Strafgeld 169f., 246, 303, 331f.
Streitgegenstand, Wert des — 210, 214f.
Streitigkeiten, Entscheidung über — betr. Beiträge, Entschädigungen, Mitgliedschaft 25, 58f., 209ff.; — zwischen Verband und Dritten 53, 211

T

Tarif- und Dienstordnungen 184
Techniker des Verbandes 104, 185f., 197, 286, 304f., 333
Technische Abschlußprüfung 285
Technische Behörden 196
Technische Berater 195ff., 279, 305
Technischer Staatsbeamter, höherer als Mitglied der Spruchstelle 212f.
Thüringisches Wassergesetz 46, 141
Tilgungsplan 126f, 323, 347
Torfentnahmeverbote 75, 287
Trink- und Brauchwasser, Verbände zur Beschaffung von — 41, 148, 337ff.

U

Übergangszeit, Verfahren in der — 219ff.
Umgestaltung der Verbände 256ff.
Umlegung der Beiträge 138
Umlegungsbehörde 71, 87, 194, 228f., 354
Umlegungsgemeinschaft 45, 128f., 228, 233
Umlegungsordnung, Anwendung der — 210, 212, 216f., 370
Umlegungsverfahren für Grundstücke 45, 87, 218; für Beiträge 138
Umsatzsteuer 95f.
Umwandlung der privatrechtlichen Verbände 226
Unterhaltung, Verbände zur — von Gewässern 38f., 40, 145f., 166, 232 — von Ent- und Bewässerungsanlagen 40, 146; — von Anlagen 74; Wegfall der — last als Vorteil 145f.

Unterhaltung *der Gewässer, Wasserläufe* 39, 146, 283
Unternehmen 66ff., 73, 282, 308ff.; 339ff.; Aufsicht über das — 70f; Änderung des — 66, 72, 282f.; Durchführung des — 73ff., 253, 286, 310; Wirtschaftlichkeit des — 136, 229
Unterverbände 45, 169, 192f., 197f., 260.

V

Veranlagung zu Lasten 153
Verbandanlagen s. Anlagen
Verbandausschuß s. Ausschuß
Verbände, alte 22, 33ff., 56, 84f.; neue — 22ff., 32, 227ff.; öffentlichrechtliche — 22f., 33ff., 48, 280; privatrechtliche — 23, 33f., 226, 280
Verbandgebiet 49, 68
Verbandgrundstücke s. Grundstücke
Verbandorgane s. Organe
Verbandschau s. Schau
Verbandtechniker s. Techniker
Verbandversammlung 102, 121, 289, 295, 319ff., 344ff.
Verdinglichung der Mitgliedschaft 28, 46, 281
Verdingung 71, 196, 285
Vereinigung der Aufgaben 258ff.
Verfahren — zur Neugründung 227ff.; urkundliche Grundlagen des — 233ff.; Mängel des — 51, 245; — kosten 217, 255f.
Verfassung der Verbände 102ff.
Verfehnung, Verbände zur — 42
Verfügungen 169
Vergütung s. Besoldung
Verhandlungsschrift 243ff.
Verjährung von Beiträgen 142f.
Verleihung 53, 74
Vermessungsgebühren 94
Vermögen des Verbandes 124ff., 297
Vermögensteuer 97
Verordnung, Inhalt der — 22ff.; Verhältnis der — zur Satzung 52f., 223
Verordnungen i. S. des Polizeirechts 168f.
Verpflichtung zur Amtsübernahme 107
Verpflichtungserklärung 74
Versammlung der Mitglieder 102, 121, 289, 292, 294
Verträge, Genehmigung der — 200ff.
Vertrauensmänner 242f., 251
Vertrauensrat 49
Vertretung bei Ausschußwahl 117; — bei Verbandgründung 242f., 246

Vertretungsmacht des Vorstehers 110f., 291f.
Verunreinigung von Gewässern 145, 154
Verwaltungsrechtsweg 189
Verwaltungszwangsverfahren 161f.
Verzeichnis der Anlagen und Gewässer 68, 224; — der Mitglieder s. Mitgliederverzeichnis
Vollmachten 117, 243; — stempelfrei 255
Vollstreckung s. Zwangsvollstreckung
Vollstreckungsbehörde 162, 166
Vorarbeiten 237, 354
Vorflutbeschaffung 149, 233
Vorfluter 68
Vorland s. Deichvorland
Vorstand, Wahl des Vorstandes s. Wahl; Befugnisse des — 102ff., 108ff., 124ff, 315 Geschäfte des — s. Geschäfte — können auch Nichtmitglieder sein 104, 106, 291; keine Pflicht zur Übernahme des Amtes als — 107; Vertretungsbefugnis, Haftung des — 108, 110f., 291f.; Sitzungen des — 111f., 292f., 315f., 342; Beschließen im — 111ff., 316; Entlastung des — 122, 136, 324; Amtsenthebung, Untersagung der Geschäfte im — 205f
Vorlandbesitzer 170
Vorsteher, Befugnisse des — 104 ff., 108ff., 124ff., 182ff., 314; Geschäfte des — s. Geschäfte; Berufungsbefugnis des — 18, 106ff.; Haftung des — 108f.; Vertretungsmacht des — 110f, 291f.; Stimmrecht des — 295
Vorteil 144, 154, 164ff., 230ff.; Anrechnung des — 79f.; — ausgleichung 80; Schätzung des — 239, 325f.; Rein — (Netto) — 160, 230f.; Roh- (Brutto) — 144
Vorteilmaßstab 137, 144ff.

W

Wahl des Ausschusses 115ff., 254, 278, 293, 317f., 343f.; — des Vorstandes 19, 108, 291ff., 313
Waldkulturgesetze 42
Wasserabfluß, Verbände zur Regelung des — 39
Wasserbauverwaltung 71
Wasserbeschaffungsverbände 41, 96f., 148, 337ff.
Wasserbauämter s. Wasserwirtschaftsämter; Wasserbezugordnung 341
Wasserbuch 53
Wassergenossenschaften 27, 35, 48, 50

Wassergesetze der Länder 41, 73f.
Wasserkraftanlagen 39
Wassernutzrecht 46
Wasserpolizei 99, 175; —liche Genehmigung 53
Wasserstraßen 39, 71, 101, 287
Wasserstraßenamt 71, 101
Wasserstraßendirektion 39
Wasserverbandgesetz 21ff., 27ff.
Wasserverbandordnung Erste, Grundzüge der — 22ff., 38; Vorspruch zur — 31f.; s. auch Verordnung; zweite — 275; dritte — 275f.
Wasserverbandvorschriften — Erste — 277ff.; Zweite — 337ff.; Dritte — 353ff.; Vierte — 360ff.
Wasserversorgungsverbände s. Wasserbeschaffungsverbände
Wasserwehr 168, 180f.
Wasserwirtschaftsamt 67, 101, 115, 195f., 198f., 213, 285ff., 304, 309, 334, 340
Wege, öffentliche 78, 287
Wegegerechtigkeit 75
Wegepolizei 175f., 179
Weidegrundstücke 310
Weideverbote 75, 175
Wertzahlen 151, 238f., 248, 293
Wertzuwachssteuer 95
Wiedereinsetzung in den vorigen Stand 218
Wiesenverbände 35
Windschutzstreifen 42f.
Wirtschaftlichkeit der Melioration 240, 245
Wirtschaftserschwernisse, Entschädigung für — 80
Wirtschaftsminister 191f.
Wohl, öffentliches 23
Wuppergesetz 34, 273
Württembergisches Wassergesetz 35, 141

Z

Zäune, Errichtung von — 75
Zeichnungen 235f., 283f.
Zuschläge bei Rückständen 160
Zustellung des Bescheides über Verbandgründung 249f.; Kosten der — 358, 365
Zuweisung von Mitgliedern 59ff.; — zwecks Ausdehnung des Verbandes 257f.; Anspruch auf — 61, 166
Zwang, Zwangsmittel 172ff., 331f.; Rechtsmittel gegen — 173f.
Zwangsbeitreibung der Kosten 174, 359
Zwangsfestsetzung des Haushaltplanes 132ff.

Zwangsstrafe 173f., 303f.
Zwangsversteigerung, Ersteher wird Verbandsmitglied 46; — von Verbandsgrundstücken 142
Zwangsvollstreckung gegen den Verband 134, 138; — von Forderungen des Verbandes 160ff., 329; — gegen Nutzberechtigte 46
Zweckverband 36
Zweimannverband 230
Zwischenkredit 202

Kolibri 360 GmbH
Ferdinand-Jühlke-Straße 7
99095 Erfurt, Deutschland
produktsicherheit@kolibri360.de